Das Geographische Seminar

Herausgegeben von
Prof. Dr. Rainer Glawion
Prof. Dr. Hartmut Leser
Prof. Dr. Herbert Popp
Prof. Dr. Klaus Rother

Cay Lienau
Die Siedlungen des ländlichen Raumes

westermann

Cay Lienau, geb. 1937 in Lübeck. Studium der klassischen Philologie, Philosophie und Geographie in Freiburg/Br., Rom und Kiel 1956-1963. Promotion in Gräzistik 1963 in Kiel. Wiss. Assistent am Institut für Klassische Philologie der Universität Gießen 1963-1964. Von 1965 bis 1972 hauptamtlicher Mitarbeiter im Forschungsprojekt „Geographische Terminologie der Agrarlandschaft" am Institut für Geographie der Universität Gießen. 1972-1974 Dozent an demselben Institut. Habilitation 1974 am Fachbereich Geowissenschaften mit einem Thema über regionale Entwicklungsprobleme in Griechenland. Seit 1974 Professor für Geographie an der Universität Münster. Arbeitsschwerpunkte: Siedlungs- und Bevölkerungsgeographie, ländlicher Raum. Südosteuropa, insbesondere Griechenland.

2. neu bearbeitete Auflage 1995
© Westermann Schulbuchverlag GmbH, Braunschweig 1995

1. Auflage Verlags GmbH Höller und Zwick, Braunschweig 1986

Verlagslektorat: Andreas Schultze
Herstellung: Hans-Georg Weber
Satz und Layout: Sachsen-Typo, Deersheim
Druck und Bindung: westermann druck GmbH, Braunschweig

ISBN 3-14-**16 0283**-2

Inhalt

Vorwort 7

1   Zur Definition der ländlichen Siedlung 9

2   Siedlungsgeographie im Wissenschaftsgebäude
der Geographie, Betrachtungsweisen, ... 15
Arbeitsweisen, Terminologie 15
2.1   Siedlungsgeographie und ihre Stellung
im Wissenschaftsgebäude der Geographie 15
2.2   Perspektiven der Objektbetrachtung 17
2.3   Zur siedlungsgeographischen Terminologie 20
2.4   Arbeitsweisen, Forschungs- und Darstellungsmethoden 23
2.5   Aufgaben und Literatur zur Vertiefung 26

3   Geschichte der Siedlungsgeographie 27
3.1   Siedlungsgeographie bis zum Ende des 19. Jahrhunderts 27
3.2   Deutsche Siedlungsgeographie
bis zur Schwelle der Gegenwart 29
3.3   Siedlungsgeographie im Ausland 33
3.4   Aktuelle siedlungsgeographische Forschung in Deutschland ... 34
3.5   Aufgaben und Literatur zur Vertiefung 37

4   Siedlungsgestalt 39
4.1   Behausungsformen 40
4.1.1 Gestaltung von Haus und Gehöft 42
4.1.2 Haus- und Gehöftformen bestimmende Einflußgrößen 52
4.1.3 Das Beispiel eines sibirischen Hofes 57
4.1.4 Nichtlandwirtschaftliche Gebäude und Einrichtungen
der materiellen Infrastruktur in der ländlichen Siedlung 60
4.2   Ortsgröße 61
4.3   Ortsformen 64
4.3.1 Typologie der Ortsformen 64
4.3.2 Ortsformen bestimmende Einflußgrößen 73

Inhalt

4.4	Flurformen	75
4.4.1	Typologie der Flurformen	75
4.4.2	Flurformen bestimmende Einflußgrößen	87
4.5	Natur im Dorf und traditioneller Bauerngarten	89
4.6	Aufgaben und Literatur zur Vertiefung	92
5	**Siedlungsfunktion, Infrastruktur und sozialökonomische Struktur**	**93**
5.1	Siedlungsfunktionen	93
5.1.1	Wohnfunktion	94
5.1.2	Arbeitsstättenfunktion	96
5.1.3	Versorgungsfunktion	99
5.1.4	Erholung, Bildung, in Gemeinschaft leben, Kommunikation	102
5.2	Funktionale Differenzierung	103
5.3	Siedlungsarten und Wohnweise	104
5.4	Demographische und soziale Strukturen der Dorfbewohner und ihr Ausdruck in Ortsgestalt und Flur	107
5.4.1	Demographische und soziale Strukturen	107
5.4.2	Soziale Differenzierung und Ortsgestalt	109
5.4.3	Sozialbrache - Ein Beispiel für die Flur als Spiegel sozialer Strukturen und Prozesse	117
5.5	Sozialökonomische Siedlungs- und Gemeindetypisierung	118
5.6	Aufgaben und Literatur zur Vertiefung	122
6	**Lage und räumliche Verteilung von ländlichen Siedlungen**	**123**
6.1	Siedlungslage	123
6.2	Siedlungsmuster	130
6.2.1	Zur Erfassung von Siedlungsmustern	130
6.2.2	Unterschiedliche Siedlungsmuster bedingende Einflußgrößen	133
6.3	Siedlungsräume und Siedlungsgrenzen	140
6.3.1	Die Merkmale des Siedlungsraumes und der Siedlungsgrenzen	140
6.3.2	Die Dynamik der Siedlungsgrenzen	143
6.4	Aufgaben und Literatur zur Vertiefung	147
7	**Land-Stadt-Beziehungen**	**148**
7.1	Begriffe, Modelle	148
7.2	Das Agglomerationsmodell	151
7.3	Das Dependenzmodell	154
7.4	Aufgaben und Literatur zur Vertiefung	156

Inhalt

8	**Siedlungsgenese**	157
8.1	Arbeitsweisen der historisch-genetischen Siedlungsgeographie	158
8.2	Fragestellungen der historisch-genetischen Siedlungsgeographie	167
8.2.1	Siedlungsgenetische Forschung zur Erklärung der Gegenwart	167
8.2.2	Historisch-genetische Siedlungsforschung zur Rekonstruktion der Vergangenheit	168
8.3	Abriß der Entwicklung der ländlichen Siedlungen in Deutschland	168
8.3.1	Ur- und frühgeschichtliche Zeit	169
8.3.2	Frühgeschichtliche Landnahmezeit	169
8.3.3	Frühmittelalterlicher Landesausbau	170
8.3.4	Hoch- und spätmittelalterlicher Landesausbau und Ostkolonisation	171
8.3.5	Wüstungsperiode	173
8.3.6	Frühneuzeitliche Aus- und Umbauperiode	174
8.3.7	Absolutistischer Landesausbau	176
8.3.8	Französische Revolution und Industriezeitalter	176
8.3.9	Die Entwicklung nach dem Zweiten Weltkrieg	178
8.4	Modelle zur Erfassung der Siedlungsentwicklung	181
8.4.1	Typengenetischer Ansatz	181
8.4.2	Dynamische Modelle	182
8.4.3	Siedlungsstruktur und das Modell der Stufen der Gesellschafts- und Wirtschaftsentfaltung	183
8.4.4	Beispiele für Zusammenhänge von Siedlungsgestaltung und Gesellschafts- und Wirtschaftsentfaltung	186
8.4.4.1	Die Turmsiedlungen der Mani – Siedlungen einer akephalen sippenbäuerlichen Gesellschaft	186
8.4.4.2	Die ländlichen Siedlungen der Ostkolonisation – Siedlungsstruktur einer herrschaftlich organisierten Agrargesellschaft	190
8.4.4.3	Ländliche Siedlungen in einem sozialistischen Staat. Das – historische – Beispiel DDR	195
8.5	Aufgaben und Literatur zur Vertiefung	197
9	**Raumordnung und Siedlungsplanung im ländlichen Raum**	198
9.1	Ziele der Raumordnung und Siedlungsplanung	198
9.2	Raumordnung und Siedlungsplanung in der Vergangenheit	199
9.3	Theoretische Grundlagen und Arbeitsweisen der Raumordnung und Siedlungsplanung	200

9.4	Organisation der Planung	201
9.5	Siedlungsplanung auf Makroebene: Raumordnung und Landesplanung	203
9.5.1	Begriffe, Leitvorstellungen	203
9.5.2	Ordnungskonzepte und Instrumente der Siedlungsentwicklung auf Makroebene	204
9.6	Raumordnung und Siedlungsplanung auf Mesoebene	208
9.7	Siedlungsplanung auf der Mikroebene	210
9.7.1	Bauleitplanung und Fachplanungen	210
9.7.2	Flurbereinigung und Dorferneuerung	212
9.8	Aufgaben und Literatur zur Vertiefung	221
10	**Literatur**	224
11	**Register**	237

Vorwort

In dem jetzt in zweiter Auflage vorgelegten Band kommt es dem Verfasser wie in der ersten Auflage v.a. darauf an, einen systematischen, knappen Überblick über die Disziplin der ländlichen Siedlungen zu geben, der es möglich macht, die unterschiedlichsten, in diesem Themengebiet behandelten Fragestellungen klar einzuordnen. Der nur begrenzt zur Verfügung stehende Raum bedingte einen Verzicht auf eine möglichst enzyklopädische Darstellung, wie sie etwa im Lehrbuch von G. SCHWARZ angestrebt wird, wie auf die wissenschaftliche Diskussion kontroverser Punkte. Um den Charakter als Lehrbuch zu unterstreichen, wurden am Ende einzelner Kapitel Aufgaben zum Nacharbeiten des Stoffes und seiner Vertiefung formuliert.

Ein Jahrzehnt intensiver wissenschaftlicher Forschung machte eine starke Überarbeitung der ersten Auflage (Manusskriptabschluß 1984) notwendig. Die Ehrenliste verstorbener Siedlungsgeographen (Tab. 2) verlängerte sich leider um viele Namen.

Den roten Faden der Darstellung bildet das Schema Abb. 2. Da in einer Siedlungsgeographie die bauliche Substanz der Siedlung als Ausdruck vielfältiger Einflußgrößen in Gegenwart und Vergangenheit im Vordergrund stehen muß, finden in der vorgelegten Darstellung die ländliche Bevölkerung und deren soziale Strukturen ebensowenig einen eigenständigen Platz wie die wirtschaftlichen Strukturen des ländlichen Raumes. Deren Behandlung ist Aufgabe von Bevölkerungs-, Sozial- und Wirtschaftsgeographie und von Nachbardisziplinen wie Agrarsoziologie etc. Die getrennte Behandlung ländlicher und städtischer Siedlungen ist durch die ständig gewachsene Stoffülle fast zwingend geworden. Eine präzise Abgrenzung gegeneinander ist jedoch schwierig und wird kontrovers gehandhabt. Ländliche und städtische Siedlungen stehen zudem nicht unverbunden nebeneinander, so daß immer wieder auf die Stadt Bezug genommen werden muß. Fragen der aktuellen Struktur und Funktion ländlicher Siedlungen im Zusammenhang mit der Diskussion um die Schaffung gleichwertiger Lebensbedingungen in städtischen und ländlichen Räumen, Probleme der Planung im ländlichen Raum, der Dorferneuerung u.ä. bekamen einen zunehmend wichtigen Stellenwert in der Geographie der ländlichen Siedlungen, der sich in diesem Band niederschlägt.

Wie in der ersten Auflage wurde versucht, möglichst viele Beispiele aus Räumen außerhalb Mitteleuropas zu bringen, um damit Grundzüge einer allgemeinen Geographie der ländlichen Siedlungen, ihrer Frage- und Problemstellung deutlich zu machen. Der Leser wird bei den Beispielen trotzdem eine gewisse Deutschland- oder sogar Westfalenlastigkeit entdecken. Er möge es dem Verfasser nachsehen, daß dieser aus der übergroßen Fülle der möglichen Beispiele v.a. solche auswählte, die gut dokumentiert bzw. ihm gut bekannt waren. Nicht aufgenommen werden konnte in diesen Band aus Platzgründen eine systematische Behandlung der ländlichen Siedlungen in den verschiedenen Kulturregionen der Erde.

Für Mithilfe bei dem Kapitel „Natur im Dorf" danke ich meinem Kollegen Dr. Andreas Vogel vom Institut für Landschaftsökologie. Für unermüdliche Hilfe bei Korrektur und Reinschrift des Manuskriptes, Erstellung eines Registers und Anlage des Literaturverzeichnisses danke ich meinen Hilfskräften Raimond Filges und Gerassimos Katsaros. Die Kartographie besorgte in bewährter Manier Rudolph Fahnert.

Münster im April 1995   CAY LIENAU

1 Zur Definition der ländlichen Siedlung

Ungeachtet der Schwierigkeiten einer Definition der ländlichen Siedlungen soll der Leser mit dem Warten auf sie nicht so lange auf die Folter gespannt werden, wie in dem Pendant zu diesem Band, der Stadtgeographie von B. HOFMEISTER (7. Aufl. 1994), der die Definition von Stadt, gewissermaßen als Quintessenz seiner Ausführungen, an den Schluß des Buches stellt.

Wir beginnen darum mit diesem sprödesten Teil in der Hoffnung, den Leser trotzdem nicht zu verprellen.

Als ländlich werden hier die *Siedlungen des ländlichen Raumes* definiert. Eine solche Definition umfaßt alle im ländlichen Raum liegenden und mit diesem funktional eng verknüpften Siedlungen, auch wenn sie funktional und physiognomisch nicht von der Land- und Forstwirtschaft (mit)geprägt sind. Funktionale und physiognomische Prägung durch den primären Sektor machten SCHWARZ (1989, S. 55) und BORN (1977, S.27) noch zu wesentlichen Bestandteilen ihrer Definitionen.

Mit obiger etwas sophistisch anmutender Definition entfällt die Schwierigkeit, eine weitere Siedlungskategorie einführen zu müssen, wie es SCHWARZ mit den „zwischen Land und Stadt stehenden Siedlungen" tut. Der *ländliche Raum* ist eine *Raumkategorie*, der die Kategorien „städtischer Raum", „städtischer Verdichtungsraum", „Stadtregion" einerseits, „nichtbesiedelter und nichtkultivierter Raum" andererseits gegenüber gestellt werden können. Innerhalb des ländlichen Raumes bilden die Siedlungen eigene, nach verschiedensten Gesichtspunkten differenzierbare und typisierbare Raumkategorien.

Die Definition von ländlichem und städtischem Raum und von Siedlungen als Raumkategorien, d.h. in bestimmter Weise gestalteter Ausschnitte aus der Erdoberfläche, löst nicht die Schwierigkeiten einer Abgrenzung der Raumkategorien gegeneinander, also der Siedlung oder Siedlungsfläche gegen die Fläche, die nicht mehr zur Siedlung gerechnet wird, des ländlichen Raumes gegen den nichtländlichen.

Unter *Siedlung* wird hier jeder menschliche *Wohnplatz* mit seinen Wohn- und Wirtschaftsbauten, den Verkehrsflächen (Straßen, Wege, Plätze), den Gärten und Hofplätzen, Erholungsflächen (Grünanlagen, Sportplätze) und Sonderwirtschaftsflächen (Ausstellungsplätze, Hafenanlagen u.ä.) verstanden. Nach außen kann eine Siedlung durch Zäune (Etter), Gräben, Mauern und andere Befestigungsanlagen, die zur Siedlung zu rechnen sind, begrenzt sein. Eng verbunden mit der Siedlung, hier aber um der begrifflichen Schärfe willen nicht als Teil von ihr betrachtet, ist die *Flur* (s. MEYNEN 1985 s.v. Siedlung). Streng genommen müßte der Titel des Buches denn auch „Geographie der ländlichen Siedlungen und ihrer Fluren" lauten.

Wann bilden – die Frage wird akut, wenn ein räumlicher Zusammenhang nicht mehr unmittelbar ersichtlich ist – Häuser und Gehöfte *eine Siedlungseinheit* (lockere Gruppensiedlung), wann getrennte Siedlungseinheiten? Eine ganz eindeutige Antwort gibt es nicht, aber man wird Häuser und Höfe, die funktional eng miteinander verknüpft sind, wie das etwa beim Drubbel der Fall ist, auch bei fehlender Flächenkontingenz als Siedlungseinheit betrachten. Bei einem Gebäudeabstand von weniger als etwa 150 m wird die Siedlungseinheit als gegeben angesehen.

Die Behandlung der ländlichen Siedlungen verlangt eine Definition des *ländlichen Raumes*. In Umkehrung der Definitionskriterien für die Stadt der Gegenwart (HOFMEISTER 1994, S. 237) läßt sich, unter Hinzufügung weiterer Merkmale, der ländliche Raum der Gegenwart folgendermaßen definieren:

1. Im ländlichen Raum herrschen *land- und forstwirtschaftlich genutzte Produktionsflächen* vor. Sie übersteigen innerhalb des Territoriums einer Siedlung (Gemarkung) die von der Siedlung überbaute Fläche weit.

2. Seine Siedlungen besitzen eine *relativ geringe Größe*. Das impliziert zugleich eine *geringe Bebauungsdichte* bezogen auf den kultivierten Raum.

Die statistische Grenze zwischen als städtisch bezeichneten und ländlichen Siedlungen ist dabei in den verschiedenen Staaten sehr unterschiedlich festgelegt (s. Tab. 1).

3. Der geringen Einwohnerdichte entspricht eine *geringe Arbeitsplatzdichte*. Sie ergibt sich aus der Flächenabhängigkeit der landwirtschaftlichen Produktion, der geringen Industriedichte und der Art und Größe der Industrien in den ländlichen Räumen. Die Begriffe „Verdichtungsraum" und „Ballungsraum" für städtische Räume beinhalten das Merkmal der Dichte bereits im Terminus.

4. Die *geringe Industriedichte,* die *geringe(re) Größe der Industriebetriebe* und das *Hervortreten bestimmter Industriearten* ergibt sich aus den Standortvorteilen, die Verdichtungsräume trotz höherer Arbeitskosten, höherer Steuern und anderer Belastungen den meisten Industrien bieten können. Vor- und nachgelagerte Produktion und/bzw. Teilfertigung überwiegen, während die Planung von Produktionsprozessen und der Vertrieb der Produkte bzw. dessen Organisation auf die Agglomerationen konzentriert sind.

5. Mit der geringeren Arbeitsplatzdichte, der geringeren Industriedichte und dem Hervortreten bestimmter Industrien korrespondieren ein *schmaleres*

Zur Definition der ländlichen Siedlung 11

Tab. 1: Statistische Obergrenze der Einwohnerzahl für in die Kategorie „ländlich" fallende Siedlungen (Gemeinden)

max. Einwohnerzahl	Staat
250	Dänemark
300	Finnland
1000	Schweden, Kanada, Neuseeland
1500	Irland, Kolumbien
2000	Österreich, Schweiz, CSSR, Frankreich, Türkei
2500	USA, Venezuela
5000	Belgien, Portugal, Indien
10000	Italien, Japan, Spanien
20000	Niederlande

Quelle: PLANCK/ZICHE 1979, S. 24

Vielfach gibt es eine Zwischenkategorie zwischen ländlichen und städtischen Siedlungen (Gemeinden). In Deutschland werden Siedlungen mit 2000 bis 5000 Einwohnern als Landstädte bezeichnet, in Griechenland Siedlungen mit 2000 bis 10000 Einwohnern als halbstädtisch. Derartige statistische Festlegungen, die vielfach aus der Vergangenheit mitgeschleppt werden, sind funktional heute oft nicht mehr begründbar.

Spektrum der im ländlichen Raum vertretenen Berufsgruppen, geringere Einkommen *und ein* höherer Anteil im primären Sektor arbeitender Menschen. Deren Anteil überschreitet in Deutschland allerdings nur noch in seltenen Fällen 50%. Auch in Siedlungen, die physiognomisch noch von der Landwirtschaft geprägt sind, liegt er oft unter 5%.

6. Funktional sind die ländlichen Räume *in der Versorgung mit höherwertigen Gütern in hohem Maße von der Stadt abhängig.* Umgekehrt übernehmen sie zahlreiche *Funktionen für die Städte.* Stadt und Land sind als Produkte der arbeitsteiligen Gesellschaft funktional aufeinander bezogen. Während die Städte Versorgungsfunktionen im weitesten Sinne für die ländlichen Räume übernehmen, darüber hinaus Wohnsitz für Grundbesitzer im ländlichen Raum und Farmer sein können, lassen sich als wichtigste Funktionen der ländlichen Räume für die Städte neben ihrer Funktion als Wohn- und Arbeitsraum dort lebender Bevölkerung die folgenden nennen:

● sie dienen der Erzeugung von Nahrungsgütern und Rohstoffen aller Art, sowie als Standort dezentralisierter Industrien und ländlichen Kleingewerbes;

● sie sind Erholungsräume für die in den Städten und Stadtregionen lebenden Menschen. In zunehmendem Maße werden sie auch Wohn- und Lebensräume für verschiedene, die Städte und Stadtregionen verlassende Bevölkerungsgruppen (z.B. Ruhestandsbevölkerung);

● sie haben allgemein Wohlfahrts- und Schutzfunktionen und dienen der Lufterneuerung, der Wassergewinnung und -speicherung;

- sie sind Raumreserve für verschiedene Zwecke: Verkehrseinrichtungen, Mülldeponien, Kraftwerke, militärische Einrichtungen usw.

7. Aus den funktionalen Beziehungen von Stadt und Land entsteht eine *unterschiedliche Entwicklungsdynamik* beider Raumkategorien. Da der ländliche Raum seine Entwicklungsimpulse in hohem Maße von der Stadt empfängt, er in seiner Entwicklung von dort gesteuert wird, sind Städte (Agglomerationen, Verdichtungsräume) eher durch eine positive, die ländlichen Räume eher durch eine negative Entwicklungsdynamik gekennzeichnet (*Aktiv-/Passivräume*).

Im einzelnen gestalten sich Entwicklungsdynamik und Wirtschaftskraft ländlicher Räume allerdings sehr unterschiedlich in Abhängigkeit von den Ressourcen, vor allem aber der Entfernung zur Stadt bzw. Agglomeration und deren Größe und Wirtschaftskraft, so daß eine generelle Gleichsetzung von ländlichem Raum mit strukturschwachem Raum oder Passivraum verkehrt wäre. Ländliche Räume lassen sich z.B. in Räume mit (relativ) starker, mittlerer und schwacher Wirtschaftskraft oder Entwicklungsdynamik untergliedern. Charakteristisch für das Muster der räumlichen Ungleichentwicklung ist dessen große intraregionale Differenzierung (MOSE 1993, S. 15).

Die unter Punkt 1.bis 7. genannten Merkmale bedingen sich z.T. gegenseitig, bzw. sind voneinander abhängig.

Während bis an die Schwelle des Industriezeitalters die *Grenzen zwischen Stadt und Land* in Deutschland *rechtlich fixiert* und physiognomisch eindeutig erkennbar waren, sind sie seitdem fließend geworden. Wie sie im einzelnen zu setzen sind, muß nach Zeit, Region und Fragestellung entschieden werden. In jedem Fall müssen die Kriterien aus der Definition für Stadt und Stadtregion abgeleitet werden.

BOUSTEDT (1975, S. 41 f.) geht bei seiner Definition von Stadtregionen als „Gravitationskernen der räumlichen Ordnung von Wirtschaft und Kultur" von einer Mindestgröße von 80000, andere Autoren gehen in Deutschland von mindestens 20000 bis 30000 Einwohnern aus.

Im Bundesraumordnungsgesetz (BROG) wird eine Dichte von weniger als 200 Einwohner/qkm für als ländlich zu qualifizierende Räume angenommen. Erst ein gewisser Umfang bzw. Grad der Verdichtung von Wohnen und Arbeiten läßt so etwas wie „städtisches Leben" (KLÖPPER, 1956/57) aufkommen, eine Eigenschaft, die ländlichen Siedlungen – qua definitione – fehlen muß (die man aber auch bei den ganz auf das Auto abgestellten amerikanischen Städten wie Los Angeles vermißt).

Die Verhältnisse in einem hochindustrialisierten Staat wie Deutschland sind dabei nicht vergleichbar mit einem Entwicklungsland. Aber auch zwischen hochindustrialisierten Staaten ebenso wie zwischen Entwicklungsländern oder sog. Schwellenländern bestehen aufgrund der individuellen geschichtlichen Entwicklung und der naturräumlichen Bedingungen große Unterschiede, die die Festlegung individueller Schwellenwerte verlangen

Zur Definition der ländlichen Siedlung 13

können. Immer wird man jedoch zur Abgrenzung ein Bündel von Merkmalen heranziehen müssen. Abgrenzungen mit Hilfe von Merkmalsbündeln führen leicht zu Unschärfen, weshalb gern – so unbefriedigend dies geographisch ist – administrative Grenzen gewählt werden, zumal dafür in der Regel statistische Daten zur Verfügung stehen.

Die Grenzen zwischen Stadt und Land, Stadtregion und ländlichem Raum sind *nicht statisch*, sondern *dynamisch*. Sie unterliegen ständigen Veränderungen, wobei seit langem mit der Verbesserung der Verkehrsverhältnisse eine Ausweitung der Grenzen der Stadtregion zu beobachten ist.

Aus den Eigenschaften des ländlichen Raumes ergeben sich die *Eigenschaften der ländlichen Siedlungen*, die zusammenfassend gekennzeichnet werden können als
- Dominanz der landwirtschaftlichen Nutzfläche und sonstiger nicht überbauter Flächen gegenüber der Siedlungsfläche;
- eine im Vergleich zur Stadt geringe Größe und geringe innere Differenzierung;
- geringe oder fehlende Zentralität, oft Zentralitätsferne;
- ein geringer Verknüpfungsgrad untereinander, ein hoher mit den Städten;
- eine gegenüber Städten geringere Ausstattung mit Arbeitsplätzen im sekundären und tertiären Sektor sowie geringere Vielfalt und Qualität der Arbeitsplätze;
- ein Pendlerdefizit;
- eine insgesamt geringe(re) Wirtschaftskraft und Entwicklungsdynamik;
- im Regelfall ein nennenswerter Anteil von landwirtschaftlichen Arbeitsplätzen;
- eine sozial noch überschaubare Gesellschaft;
- von der Stadt unterschiedene Wohnformen (Überwiegen von Ein- und Zweifamilienhäusern);
- ein Erscheinungsbild, das wenigstens teilweise noch durch – ggf. frühere – Funktionen im primären Sektor und die enge Einbindung in den ländlichen Raum bestimmt ist.

Nicht jede der genannten Eigenschaften muß in jedem Fall zutreffen.

Bis in unser Jahrhundert hinein besaßen ländliche und städtische Siedlungen eine unterschiedliche *Rechtsstellung*. Die sich im Mittelalter entwickelnde rechtliche Differenzierung zwischen Siedlungen mit und ohne bzw. partiellem *Stadtrecht* ist heute in Deutschland weitgehend bedeutungslos. Trotz Rechtsgleichheit der Gemeinden bestehen allerdings einige regionale (nach Bundesländern) und von der Größe bestimmte verwaltungsrechtliche Unterschiede zwischen ihnen.Sie drücken sich z.B. in Gebühren- und Steuerhebesätzen, Lohntarifen, kommunalen Privilegien und Zuständigkeiten (z.B. hauptamtlicher Bürgermeister, Verwaltung) aus. Die Kennzeichnung einer Gemeinde als „Stadt", ihrer Vertretungskörperschaft als „Stadtrat", „Stadtdirektor" usw. statt „Gemeinderat", „Gemeindedirektor", die vom Staat (Land) verliehen wird, hat in Deutschland weitgehend nur noch formale Bedeutung bzw. kennzeichnet ein historisches Erbe (s. NOUVORTNE 1970, Sp. 3090 ff.).

In vielen Staaten bestehen jedoch noch Unterschiede in der Rechtsstellung zwischen ländlichen und städtischen Siedlungen, die über die o.g. hinausgehen.

2 Siedlungsgeographie im Wissenschaftsgebäude der Geographie, Betrachtungsweisen, Arbeitsweisen, Terminologie

2.1 Siedlungsgeographie und ihre Stellung im Wissenschaftsgebäude der Geographie

Da Siedlungen, gleich welcher Art, eine räumliche Ausdehnung besitzen, stellen sie spezifische *Raumkategorien* oder *Raumtypen* dar. Es sind Knotenpunkte und Verdichtungsräume der menschlichen Aktivitäten, des Wirtschaftens und Handelns und damit der Wege (auch im weiteren Sinne), über die die Aktivitäten abgewickelt werden. Als solche sind in ihnen die für die Erfüllung der Daseinsgrundfunktionen spezifischen Einrichtungen in besonderer Konzentration verortet und als unterschiedlich gestaltete Siedlungselemente materiell faßbar.

Ländliche Siedlungen bilden spezifische Raumkategorien innerhalb des ländlichen Raumes, der wiederum als Teilkategorie von Ökumene, Subökumene oder anderer Raumkategorien begriffen werden kann.

Als materiell gestalteter Raum sind Siedlungen einerseits Ausdruck gesellschaftlicher Strukturen und Entwicklungen (einschließlich kultureller Traditionen), andererseits sind sie aktueller menschlicher Aktionsraum, der durch die materielle Persistenz seiner Gestalteelemente die Aktionen beeinflußt und den veränderten Bedürfnissen immer aufs neue angepaßt werden muß.

Aufgrund ihres spezifischen Gegenstandes unterscheidet sich die *Siedlungsgeographie* grundlegend von den anderen anthropogeographischen Disziplinen wie Bevölkerungsgeographie, Wirtschaftsgeographie oder Verkehrsgeographie.

Jede der traditionellen geographischen Disziplinen befaßt sich allerdings mit der räumlichen Verteilung ihres Gegenstandes. Das kann man als den roten Faden ansehen, der sich durch alle Teildisziplinen der Anthropogeographie hindurchzieht (s. HAGGETT 1983, S. 31 ff. oder BARTELS und HARD 1975, S. 14-48). Während Bevölkerungs- und Wirtschaftsgeographie und deren Teildisziplinen jedoch Akteure und Aktionen in ihrer räumlichen Verteilung und deren Wirkungen auf den Raum untersuchen, untersucht die Siedlungsgeographie das Produkt des Handelns, den gestalteten Raum.

Wie jede Wissenschaft, so ist auch die Siedlungsgeographie bemüht, allgemein gültige, überprüfbare Aussagen zu machen, Regelhaftigkeiten, die sich ggf. im Modell darstellen lassen, aufzudecken und damit aufzuzeigen,

Siedlungsgeographie im Wissenschaftsgebäude der Geographie

daß das menschliche Handeln nicht reiner Willkür unterliegt. Es geht in ihr wie in den anderen Disziplinen um die objektive Erfassung von realen Sachverhalten mit ganz bestimmten Eigenschaften und um deren Erklärung. Daraus können Theorien entwickelt werden, wobei die Bildung neuer Theorien in ständigem Wechselspiel mit der Erfahrung steht.

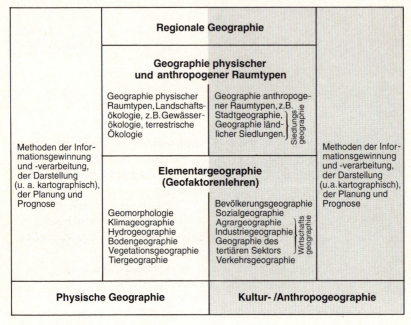

Abb. 1: Die Stellung der Siedlungsgeographie innerhalb der geographischen Disziplinen (Entwurf: C. LIENAU).

Abbildung 1 versucht die Einordnung der Siedlungsgeographie in einen „Organisationsplan" (H. UHLIG, Westermann Lex. d. Geogr. s.v. Geographie) der Geographie. Die hier vorgenommene Einordnung der Siedlungsgeographie unterscheidet sich von der von H. UHLIG und anderen Autoren vorgenommenen Einordnung allerdings wesentlich. Erscheint sie dort als gleichwertige Disziplin neben Bevölkerungs- und Wirtschaftsgeographie als Kräftelehre der Sozialgeographie, wird sie diesen Disziplinen in unserem Schema übergeordnet. Als Disziplin, die sich mit in spezifischer Weise strukturierten Räumen befaßt, unterscheidet sie sich von Disziplinen wie Bevölkerungs-, Agrargeographie etc. insofern grundlegend, als diese Akteure und die Art ihres Agierens (Wirtschaft, Verkehr) zum Gegenstand haben, die per se keine räumliche Ausdehnung besitzen. Die im Schema ausgewiesene Spalte „Geographie von Raumtypen" entspricht in etwa der alten Landschaftskunde, die allem übergeordnete „regionale Geographie", die sich mit Raumindividuen befaßt, der Länderkunde.

Raumtypen nach anthropogenen Merkmalen lassen sich in fast beliebiger Zahl bilden, z.B. dicht- und dünnbesiedelter Raum, Aktiv- und Passivraum, zentraler und peri-

pherer, ländlicher und städtischer Raum, Ökumene und Anökumene, Einzugsbereiche spezifischer Art etc. Nur für wenige haben sich – beständige – Disziplinen der Geographie herausgebildet, wie das bei der Siedlungsgeographie der Fall ist. Physische Raumtypen sind z.b. Marsch, Hochmoor, Wüste u.ä., in spezifischer Weise bestimmte Physiotope oder Ökotope. Selbstverständlich gibt es auch Raumtypen, bei denen die Typenbildung nach anthropogenen und physischen Merkmalen zugleich erfolgt. Die agrarbäuerlichen Landschaftstypen MÜLLER-WILLES *(1955) sind ein Beispiel dafür.*

Es sind der Phantasie keine Grenzen gesetzt, für die unterschiedlichsten Raumtypen die entsprechenden Geographien zu erfinden, also z.b. Marschengeographie, Hochgebirgsgeographie etc., wie sie ja auch immer wieder kreiert werden.

2.2 Perspektiven der Objektbetrachtung

Die Auffassung von Siedlungen als Raumkategorien bedingt Betrachtungsaspekte und Forschungsperspektiven und -methoden, die sich in mancherlei Hinsicht von denen der anderen Zweige der Anthropogeographie unterscheiden.

Sie sind zusammenfassend in Abb. 2 dargestellt. Die hier gezeigten Perspektiven bilden auch den roten Faden der Darstellung in diesem Buch.

Die wichtigsten Aspekte und Forschungsrichtungen zur faktischen, „objektiven" Raumerfassung sind im einzelnen

- Größe und Gestalt der Siedlungen und ihrer Nutzflächen;
- Funktion, Infrastruktur und sozioökonomische Struktur;
- innere Gliederung;
- Lage und Verteilung.

Die Fragen können sich auf ein *aktuelles Stadium* beziehen, aber auch auf ein *vergangenes* oder *zukünftiges*. Sofern es um die Rekonstruktion eines vergangenen Stadiums und um das *Initialstadium* (Siedlungsgründung) geht, ist die Forschungsrichtung Teilgebiet der *historischen Geographie*, sofern es um die Erklärung des gegenwärtigen Stadiums aus der Vergangenheit geht, sprechen wir von genetischer Arbeitsweise. Der *Genese* kommt dabei ein eigener Erklärungswert zu (vgl. MATZAT 1975, z.B. über die stabilisierende Wirkung bestehender Infrastruktureinrichtungen gegenüber Veränderungen.

Die *historisch-genetische Arbeitsweise* hatte in der Geographie der ländlichen Siedlungen immer eine zentrale Bedeutung. Gerade in jüngerer Zeit wendet sich jedoch auch dieser Zweig der Geographie in verstärktem Maße aktuellen Problemen der ländlichen Siedlungen und der zukünftigen Siedlungsentwicklung zu, so z. B. *prognostisch* im Rahmen der Abschätzung zukünftiger wünschenswerter oder nicht wünschenswerter quantitativer Entwicklung oder im Rahmen von qualitativer *Siedlungsplanung*, z.B. im Sinne des Konzeptes der „erhaltenden Dorferneuerung". Probleme der aktuellen

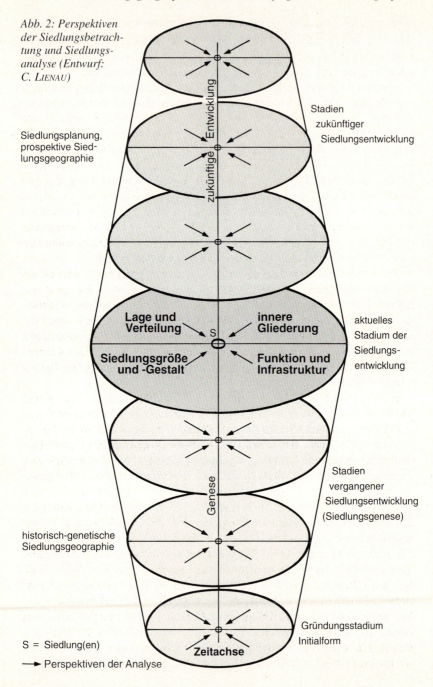

Abb. 2: Perspektiven der Siedlungsbetrachtung und Siedlungsanalyse (Entwurf: C. LIENAU)

Siedlungsentwicklung, der Siedlungsplanung und Entwicklungsprognose sind eng miteinander verbunden und heute wichtige Bestandteile von Raumordnung und Raumplanung und damit der sog. angewandten Geographie und anderer in dieser Richtung arbeitender Wissenschaften.

Die Beantwortung der Frage nach Gründen für eine spezifische *Verteilung* von Siedlungen und bestimmten Siedlungstypen und nach der Regelhaftigkeit einer Verteilung verlangt eine exakte *Beschreibung der Verteilung,* und zwar v. a. der *relativen Lage* der Siedlungen und Siedlungselemente; die Frage nach einer identifizierbaren Position einer Siedlung oder eines Siedlungselementes auf der Erdoberfläche erfordert eine nachvollziehbare Bestimmung der *absoluten, individuellen Lage.* Das Untersuchungsziel gibt dabei zugleich ein Kriterium ab für den *Maßstab der Betrachtung* und für die Art, wie die Verteilung bestimmt wird. Eine unter ganz großmaßstäbigen Gesichtspunkten betrachtete Verteilung führt etwa zur Unterscheidung von Ökumene und Anökumene, eine kleinmaßstäbige zur Unterscheidung von dicht und dünn besiedelten Gebieten in einem Raumausschnitt.

Zur *Erklärung der Verteilung,* sei es bestimmter Siedlungsformtypen, sei es bestimmter Funktionstypen oder genetischer Typen, aber auch zur Erklärung der Form und Siedlungsgestalt selbst oder zur Verteilung bestimmter Siedlungselemente innerhalb der Siedlung und ihrer Gestalt, muß die Siedlungsgeographie eine Fülle von *Einflußgrößen* untersuchen, angefangen von den natürlichen Bedingungen des Siedlungsraumes bis hin zur sozioökonomischen Struktur der Gesellschaft, ihrer Bedürfnisse und ihres Handlungsrahmens.

In die Betrachtung einbezogen werden die *Veränderungen von Form, Funktion, Lage (= Form-, Funktions-, Lagewandel)* der Siedlungen in der Zeit. Dabei sind in zeitlich-räumlicher Betrachtung die wechselnden Aufgaben von Siedlungen und Bedürfnisse ihrer Bewohner bei einer gewissen Persistenz der materiellen Substanz ebenso zu beachten wie die Abläufe von *Ausbreitungs-* und *Kontraktionsprozessen (Diffusions-* und *Reduktionsprozesse).*

Der *wahrnehmungsgeographische Ansatz* geht von der Erkenntnis aus, daß die Gegenstände, in dem vorliegenden Fall ländliche Räume und Siedlungen, zwar real existieren, aber subjektiv wahrgenommen werden (dazu z.B. HARD und SCHERR 1976). Es geht dabei also nicht um den mit quantitativen und qualitativen Merkmalen beschreibbaren „objektiven" Raum, sondern um subjektive bzw. subjektiv erlebte Räume. Das kann zu einer ganz anderen Einschätzung von Entfernungen und Raumbeziehungen und der *Bewertung* von Struktur und Gestalt von Räumen (und also auch Siedlungen) führen, als sie de facto bestehen. Darstellen lassen sich subjektive Einschätzungen mit dem sog. *Polaritätsprofil* oder *semantischen Differential* (s. ATTESLANDER 1984, S. 273 ff.). Als *Image* wird das einem Gegenstand (auch

Personen) zugeordnete Vorstellungsbild in der Öffentlichkeit bezeichnet, das einem Raum, einer Siedlung oder einem Siedlungsteil mit einem gewissen öffentlichen Konsens anhaftet. Es kann für die Entwicklung überaus wirksam sein.

Die Siedlungsgeographie stellt – um es noch einmal zusammenfassend zu sagen – bestimmte Fragen im Zusammenhang mit dem Objekt Siedlung. Die Fragen beziehen sich auf die Verteilung von Siedlungen und Siedlungstypen auf der Erdoberfläche, auf deren Strukturen und Funktionen und deren Beziehungen untereinander, aber auch die Art von deren Wahrnehmung. Für die Beantwortung der gestellten Fragen sind eine Vielzahl von natürlichen, sozialen und wirtschaftlichen Einflußgrößen in Betracht zu ziehen, deren Stellenwert sich im Laufe der Zeit ständig wandelt, weshalb der genetischen Betrachtung eine wichtige Rolle zukommt.

Kaum gestellt wurden in der Siedlungs- und Sozialgeographie bisher Fragen nach der *Wirkung bestimmter Siedlungsformen oder Siedlungsstrukturen (z.B. Einzelhof, Dorf) auf menschliches Verhalten,* die Sozialisation von Menschen usw. Es ist sicher auch eher Aufgabe von Psychologie, Medizin oder Volkskunde als der Geographie. Daß Auswirkungen bestehen, unterliegt keinem Zweifel, auch wenn konkrete Aussagen dazu bislang oft vage oder Postulat blieben, wie die von WEBER/BENTHIEN (1976, S. 111) angenommene Rückwirkung einer nach sozialistischen Gesichtspunkten gestalteten Siedlung auf die Formung der sozialistischen Gesellschaft.

2.3 Zur siedlungsgeographischen Terminologie

Die große Mannigfaltigkeit der Siedlungen, die sich nach Größe, Funktion, Alter, Struktur u.a.m. unterscheiden, verlangt eine sinnvolle *Typologie* der Siedlungen und Siedlungselemente und die Klassifikation der Beschreibungsmerkmale, d. h. eine klare *Begrifflichkeit*.

Wie andere wissenschaftliche Disziplinen, so hat auch die Siedlungsgeographie eine Fachsprache entwickelt, d.h. eine Sprache, die sich gegenüber der Standardsprache durch ihr eigene Termini und den spezifischen Gebrauch von Wörtern, die der Umgangssprache entnommen sind, auszeichnet. Die Nähe der Termini zur Umgangssprache ist dabei unterschiedlich groß: werden manche Wörter (z. B. Dorf) in nahezu gleichem Sinne gebraucht wie in der Umgangssprache, so unterscheidet sich der fachsprachliche Inhalt anderer umgangssprachlicher Wörter z. T. wesentlich, wie die Beispiele „Flur" und „Siedlung" zeigen.

Bezeichnet „Flur" in der Umgangssprache die zu einem Ort gehörende landwirtschaftliche Nutzfläche, das offene, landwirtschaftlich genutzte Land im Gegensatz zum Wald (vgl. die Wendung „durch Wald und Flur"), so ist der Gebrauch in der Sied-

lungsgeographie eingeschränkt auf die parzellierte Nutzfläche einer Siedlung oder eines Siedlungs- und Wirtschaftsverbandes. Damit ist die Allmende unabhängig von ihrer Nutzung aus dem Begriff Flur ausgeklammert. Gleiche Bedeutungsabweichungen ergeben sich zwischen Fach- und Umgangssprache z. B. für die Termini Weiler oder Siedlung.

Auf die siedlungsgeographische Fachsprache beschränkte Termini sind u.a. Waldhufendorf, Fortadorf oder der als Siedlungsbezeichnung von W. MÜLLER-WILLE (1944) eingeführte „Drubbel".

Begriffe – sie sind zugleich Modelle – stellen die gedankliche Verbindung von Merkmalen dar. Mit ihr können Thesen über Funktion, Art und Alter der Entstehung einer Siedlung verbunden sein. Da Thesen immer hypothetisch sind und nur so lange gelten, bis sie widerlegt sind und revidiert (modifiziert) werden müssen, heißt dies, daß sich die Begriffsinhalte solcher Wörter ändern können.

Das wird z. B. deutlich an Termini wie Unter-, Mittel- oder Oberzentrum, deren Definition mit den unterschiedlichen Vorstellungen und Konzepten über die Funktion dieser Zentren unterschiedlich ausfallen muß. Auch der Begriffsinhalt vieler genetischer Termini ist insofern hypothetisch, als bestimmte Erscheinungsformen mit einer spezifischen Genese verknüpft werden (z. B. Waldhufendorf, Angerdorf, Drubbel). Dies führt dazu, daß bei verändertem Kenntnisstand über die Genese die Definition zu revidieren oder der Terminus in seinem Gebrauch zu beschränken und neue Termini, die den neuen Sachverhalt umgreifen, zu schaffen sind. Der Bedeutungswandel vieler Termini spiegelt solch veränderten Kenntnisstand wider.

Schwierigkeiten entstehen häufig daraus, daß von bestimmten Wörtern (Termini), wenn kein allgemeiner Konsens über das vom Wort beinhaltete Phänomen besteht, unterschiedliche Vorstellungen über den Gegenstand hervorgerufen werden.

Jede Fachterminologie stellt das Ergebnis einer mehr oder weniger langen Wissenschaftsentwicklung dar. Diese führte dazu, daß nicht nur sehr unterschiedliche Phänomene mit denselben Termini belegt wurden (z. B. Rundsiedlung für die Rundlinge der frühen Kolonisation genauso wie für die genetisch vollkommen verschiedenen Wurtenrunddörfer der nordwestdeutschen Marschen), sondern auch, daß vielfach verschiedene Termini für die gleiche Erscheinungsform in Gebrauch kamen, da die Erkenntnisse in unterschiedlichen Regionen gewonnen wurden. Ein Beispiel für die Begriffsentwicklung mit verändertem Kenntnisstand über den Begriffsinhalt und damit für den hypothetischen Charakter von Begriffen (Modellen) bilden die in der Siedlungsgeographie viel diskutierten Begriffe *Gewann* und *Gewannflur*.

Wenn im Deutschen Wörterbuch von JACOB und WILHELM GRIMM (16 Bde, 1852-1961, Neuausg. Berlin u. Göttingen 1965 ff.) Gewann definiert wird als „die gesamtheit von feldern, die in einer bestimmten lage oder bodenbeschaffenheit zusammentreffen, und das führt zurück auf die zeit des flurzwanges, wo jedem flurgenossen an *jeder lage ein gleicher anteil gesichert war, denn jede lage war in gleiche streifen abgetheilt, die ursprünglich mit der zahl der flurgenossen übereinstimmten"*, so entspricht diese Definition der seinerzeit herrschenden Theorie, die auf die Agrarhistoriker HANSSEN und MEITZEN (1895) zurückgeht, daß Siedlungs- und Flurformen volksgebunden sind. Die Auffassung MEITZENS, daß die „Gewanneintheilung" eine typische, an urgermanischen Siedlungsraum gebundene Flurform sei, die sich mit einer bestimmten Ortsform, dem Haufendorf („Gewanndorf"), einer bestimmten Sozialverfassung und Wirtschaftsweise verbindet, übernahm in modifizierter Form ROBERT GRADMANN (u.a. Süddeutschland, Bd. 1, 1931, S. 120 f.), wobei er sich allerdings gegen die Vorstellung MEITZENS wendet, das System sei von vornherein festgelegt gewesen.*

Die weitere Forschung konnte dann zeigen, daß die Annahme eines hohen Alters dieser Flurform keineswegs richtig ist, sie vielmehr das Ergebnis langer und komplizierter Entwicklungsvorgänge darstellt. Es zeigte sich, daß die gleichen Erscheinungsformen keineswegs eine einheitliche Erklärung haben müssen, sie vielmehr durch ganz unterschiedliche Einflußgrößen hervorgebracht sein können (vgl. LIENAU 1982a, S. 168 f.).

Die wachsende Kenntnis über die unterschiedliche Genese von Gewannen und Gewannfluren schlug sich in Komposita nieder wie Blockgewannflur (eine aus Blöcken entstandene Streifengemenge(verbands)flur), Streifengewannflur (eine aus breiten Streifen hervorgegangene Streifengemenge(verbands)flur), primäre Gewannflur (eine als Streifengemenge(verbands)flur angelegte Flur), sekundäre Gewannflur (eine aus anderen Vorformen entstandene Streifengemenge(verbands)flur) und Plangewannflur für alle planmäßig (d. h. primär) angelegten Streifengemengeverbandsfluren. Damit werden die Termini Gewann und Gewannflur immer mehr zu reinen Formbegriffen und nun auch gebraucht für junge Streifengemengeverbandsfluren, die aus einer Flurbereinigung hervorgingen.

Die kurze Begriffsgeschichte zeigt, wie sich der mit den Termini Gewann und Gewannflur verbundene Begriffsinhalt mit dem veränderten Kenntnisstand über ihre Entstehung und Entwicklung wandelt. Das muß zu Schwierigkeiten in der Begriffsbestimmung (Definition) und in der Übertragbarkeit in andere Sprachen und damit auch in der internationalen Verständigung führen. Um terminologische Klarheit zu schaffen, wurden darum von der *Internationalen Arbeitsgruppe für die geographische Terminologie der Agrarlandschaft Gewann* und *Gewannflur*, deren Gebrauch mit genetischen Vorstellungen behaftet bleibt, durch die Termini *Streifengemengeverband* und *Streifengemengeverbandsflur* ersetzt. Diese können dann je nach Länge, Breite und Verlauf der Streifen, Größe der Verbände und deren Lage zueinander und anderen Merkmalen genauer beschrieben werden. Das ermöglicht eine genaue Übersetzung in andere Sprachen, denn die englischen Termini *flatt, furlong, wong* und *shott* für Gewann und *openfield system* für Gewannflur wandelten sich ebenfalls in ihrem begrifflichen Inhalt und decken sich keineswegs ganz mit den deutschen Wörtern. Wie schwierig eine Übersetzung in andere Sprachen ist und wie leicht andere als die beabsichtigten Vorstellungen erzeugt werden, zeigt auch die unterschiedliche Inhaltsbreite der deutschen Wörter *Dorf* und *Weiler* einerseits, *village* und *hamlet*, den gewöhnlich dafür verwendeten Übersetzungen, anderseits.

Verwirrend ist die Terminologie im Bereich der Siedlungsplanung. Nicht nur, daß der Begriff *Siedlung* mehrdeutig verwendet wird, dies gilt auch für *Dorferneuerung, Flurbereinigung* und andere Termini.

Die Beispiele machen deutlich, daß es notwendig ist, eine klare wissenschaftliche, in andere Sprachen übertragbare Terminologie zu haben bzw. zu schaffen, eine Aufgabe, die sich die *Internationale Arbeitsgruppe für die geographische Terminologie der Agrarlandschaft* gestellt hatte. Durch Zurückgehen auf einzelne (wichtige) Merkmale (Prinzip der Einfachstruktur), ihre Benennung, typologische Ordnung und Klassifikation, wurden terminologische Rahmen für Siedlungs- und Flurformen geschaffen. Diese *terminologischen Rahmen* tragen nicht nur zu einer Normierung der Fachsprache und damit auch zur Übertragbarkeit in andere Sprachen und fachlichen Verständigung bei, sondern bilden zudem ein Raster für die Definition und Ordnung der bestehenden Begriffsvielfalt.

Für den Gebrauch der vielen traditionellen Begriffe bzw. Termini wie Waldhufendorf, Marschhufendorf, Angerdorf, Rundling, Gewannflur, Langstreifenflur, Gelängeflur etc. gilt wegen der Verbindung formaler, funktionaler und genetischer Merkmale und damit ihrer Theoriegebundenheit äußerste Vorsicht.

Für Flur und Flurformen, die Siedlungen des ländlichen Raumes und die ländliche Bevölkerung liegen die Ergebnisse der o.g. Arbeitsgruppe in den „Materialien zur Terminologie der Agrarlandschaft" Band 1-3 vor (H. UHLIG u. C. LIENAU 1967, 2. Aufl. 1978, und 1972, H. J. WENZEL 1974), auf die hier nachdrücklich verwiesen sei.

2.4 Arbeitsweisen, Forschungs- und Darstellungsmethoden

Gegenstand wissenschaftlichen Fragens und Erkenntnisziel können allgemeine Strukturen, Prozesse, Zusammenhänge sein, aber auch Siedlungsindividuen (z.B. Struktur und Genese eines bestimmten Dorfes oder der Siedlungen in einem bestimmten Gebiet). In ersterem Falle können wir von allgemeiner, im letzteren von spezieller Siedlungsgeographie sprechen, die Teil der regionalen Geographie ist.

Die angewendeten *Arbeitsverfahren* und *Forschungsmethoden* zur Lösung siedlungsgeographischer Fragestellungen hängen von der genauen Formulierung der Fragen, denen nachgegangen werden soll, und der Definition des Problems ab; der Wert einer wissenschaftlichen Untersuchung von den gewählten Methoden und benutzten Quellen, die immer genau anzugeben sind.

Die *Methoden* der Siedlungsforschung lassen sich gliedern in:

1. *Beobachtung* und *Kartierung*. Beobachtung und Kartierung im Gelände spielen in der Geographie der ländlichen Siedlungen, Objekten mit räumlicher Ausdehnung, eine besondere Rolle. Sie sind – sofern keine Pläne vorliegen – Voraussetzungen u.a. für die genaue Erfassung des Baubestandes, des Ortsgrundrisses, der Verteilung von bestimmten Siedlungselementen innerhalb der Siedlung und deren Analyse, der Rekonstruktion einer wüstgefallenen Siedlung, der Anlage von Registern (z.B. als Voraussetzung für die Erhaltung kulturhistorisch wertvoller Objekte) etc.. Auch eine *Ortsbildanalyse* hat Beobachtung zur Voraussetzung. Die GRADMANNS Steppenheidetheorie (vgl. dens. 1948) zugrundeliegende „landschaftskundliche Methode" ist die Kombination von Beobachtungen im Gelände und daraus abgeleiteter Folgerungen.

2. *Auswertung aller Arten von schriftlichen Quellen*: Auswertung alter Karten, insbesondere Katasterkarten (= Flurkarten, Gemarkungskarten, Katasterpläne), alter Register (Urbarien, Lagerbücher, Flurbücher, Kirchenregister, Katasterbücher), von Reisebeschreibungen, aber auch aktueller Orts- und Gemeindestatistiken. Wichtig ist die Verbindung archivarischer Aussagen mit der Lokalisierung in Karten, da häufig nur durch die Lokalisierung der Einzelfakten für die Siedlungsforschung brauchbare Ergebnisse zu erzielen sind (FEHN K. 1975, S. 94).

3. *Archäologische Methoden*: Unter archäologischen Methoden sollen alle Methoden verstanden werden, die der Wiederfindung und Rekonstruktion von Siedlungssubstanz und ihrer Deutung durch Grabung und systematisches Aufspüren im Gelände („survey") dienen. Damit verbunden werden ggf. naturwissenschaftliche Untersuchungen, z.B. die *Pollenanalyse* zur Bestimmung von früheren Nutzpflanzen, die *Radiokarbonmethode* (C-14 Analyse) zur Altersdatierung von Bausubstanz, Geräten, Plaggenböden und anderem und die ebenfalls der Altersdatierung dienende *Dendrochronologie* oder die *Phosphatmethode* (vgl. dazu u.a. EIDT 1977, JANSSEN 1975). Die Datierung ist für die Siedlungsarchäologie die wichtigste Aufgabe. Wo möglich, sind die Funde mit Archivalien zu vergleichen. Eine besondere Rolle spielen diese Methoden in der Wüstungsforschung (s. u.a. BORN 1970b, S. 246 ff.).

4. *Ortsnamen-, Wortforschung*: Als v.a ergänzende Methode kommen Ortsnamen- und Wortforschung hinzu, beides Gebiete, in denen sich der Geograph i.d.R. fremder Hilfe bedienen muß. Ortsnamen bieten nicht nur wichtige Hinweise z.B. auf die Lage wüstgefallener und nicht lokalisierbarer Orte, sondern auch auf Genese und frühere Funktionen.

Wortforschung, wie sie etwa der Volkskundler und Germanist J. TRIER betrieben hat (1952), macht Ortsnamen verständlich und sagt ggf. etwas über veränderte und sich verändernde Dimensionen eines Begriffes und Gegenstandes aus (z.B. SCHÜTTE 1990).

5. *Befragung*: Auch die Befragung, Methode der empirischen Sozialforschung, kann ein wichtiges Mittel siedlungsgeographischer Forschung sein,

um z.B. Differenzierungen im zentralörtlichen Gefüge oder der Abgrenzung von Einzugsbereichen herauszubekommen, aber auch, um Siedlungssubstanz zu rekonstruieren. Im Sinne der „oral history" dient das Gespräch mit noch lebenden Einwohnern einer Siedlung dazu, deren Zustand zu früheren Lebzeiten des Befragten zu rekonstruieren (z.B. MATTES und LIENAU 1994, S. 63 ff.).

Befragungen können auch dazu dienen, das Image einer Siedlung oder eines Bauwerkes oder die Akzeptanz geplanter oder durchgeführter Baumaßnahmen zu erkunden. Zur Methodik von Befragungen und der Auswertung der Ergebnisse s. LAMNECK 1988 und ATTESLANDER 1984.

6. *Statistische Verfahren*: Statistische und mathematische Verfahren lassen sich zur Lösung vieler Fragen einsetzen.

Wichtiges Hilfsmittel sind mathematische Verfahren etwa bei der Gemeindetypisierung (vgl. z.B. BÄHR 1971). Sie dienen dazu, Datenmengen unterschiedlicher Art aufzubereiten und Beziehungen zwischen Datenreihen herzustellen. Die Daten können eigenen Erhebungen entstammen oder veröffentlichten Datensammlungen (Statistiken) entnommen sein.

Zur Sicherung der Repräsentativität ist bei eigenen Erhebungen, die nicht alle Einheiten einer Gesamtheit umfassen, eine Zufallsauswahl (Stichprobe) nötig. Stichproben können in verschiedenster Form genommen werden (dazu z.B. HANTSCHEL und THARUN 1980, S. 61 ff.). Mit Hilfe mathematisch-statistischer Verfahren lassen sich dann Aussagen über Ähnlichkeiten von Siedlungen und Siedlungselementen, über Siedlungshierarchien etc. machen.

Für die Analyse von Verteilungen von Siedlungen und Siedlungselementen oder die Berechnung des optimalen Standortes einer Einrichtung sind solche Verfahren unentbehrlich (z.B. BAHRENBERG 1974). Für das Messen von Siedlungsmustern gibt KING (1962) ein Beispiel (s. BAHRENBERG u. GIESE 1975, S. 86 ff. und HAGGETT 1983, S. 455 f.). Auch zur Simulierung siedlungsgeographischer Prozesse und in der genetischen Siedlungsforschung finden mathematisch-statistische Verfahren Anwendung, wie die Methode von BYLUND und MORRIL (s. HAGGETT 1973, S. 121 f. und in diesem Band Abb. 26 und 27) oder die Arbeiten von LÖFFLER (1978, 1979) zeigen.

Die *Darstellung siedlungsgeographischer Sachverhalte* kann neben der üblichen schriftlichen Form v.a. in *Karten* erfolgen. Zur Darstellung von Siedlungsformen in der topographischen Karte und ihrer Interpretation s. A. HÜTTERMANN (1975, S. 85 ff.) und F. FEZER (1974, S. 94 ff.).

Sind die Siedlungen bzw. Wohnplätze und ihre Elemente in der Grundkarte 1 : 5000 noch grundrißgetreu dargestellt, so erfahren sie mit Verkleinerung des Maßstabes eine fortschreitende Generalisierung. Diese resultiert v.a. aus den gegenüber dem natürlichen Grundriß breiteren Kartenzeichen für das Verkehrsnetz und den Mindestgrößen der Gebäudesignaturen, was dazu führt, daß Gebäude z.T. nicht ganz lagetreu eingezeichnet sind, ab 1 : 50000 die Zahl der Einzelsignaturen für Gebäude gegenüber der tatsächlichen Anzahl vermindert werden muß. Generalisiert, nicht allerdings verein-

heitlicht wird v.a. die Grundrißgestalt der Gebäude, so daß nur mit größeren Einschränkungen erkennbar ist, welche Funktionen sie haben. Industrieanlagen und andere Funktionsbauten sind ggf. auch an Schriftzusätzen, wie z.b. EW (= Elektrizitätswerk) oder UW (= Umspannwerk) erkennbar. Kirchen haben eine besondere Signatur. Die Ortsränder sind i.d.R. lagetreu eingezeichnet, die Ortsformen bleiben bis zum Maßstab 1 : 100000 meist klar erkennbar (vgl. dazu die Anhänge der Musterblätter). Flurformen sind nur indirekt aus dem Wege-, Knick- oder Grabennetz erkennbar; Besitzgrenzen selbst werden in der topographischen Karte nicht verzeichnet. Die in der TK 1 : 25000 noch verzeichneten Gemarkungsgrenzen erscheinen in der 1 : 50000 nur in Sonderausgaben.

Mit der Ortsgröße korrespondiert deren Beschriftung (Schrifthöhe und -stärke). Städte (= Orte mit Stadtrechten) erscheinen in Kapitalien. Mit Schrägschrift wird zum Ausdruck gebracht, daß es sich um Orts- bzw. Gemeindeteile handelt (vgl. Musterblätter). Für die Schreibweise der Ortsnamen sind – das gilt zumindest für Deutschland – die amtlichen Gemeindeverzeichnisse maßgeblich.

Für die Darstellung von Siedlungsformen in *thematischen Karten* gibt KRENZLIN (1974) Anregungen.

Erkannte Eigenschaften von Verteilungen, Beziehungen zwischen Siedlungen, etc. lassen sich auch in anderen *Modellen* als Karten darstellen.

Unter Modell wird die zwei- oder mehrdimensionale Abbildung erfahrener Realität unter Hervorhebung als wesentlich, Fortlassung als unwesentlich erachteter Aspekte verstanden. Mit Hilfe eines Modells lassen sich durch Abstraktion wesentliche Zusammenhänge und Verläufe deutlich machen. Modelle entwickeln sich aus der Wechselbeziehung zwischen Hypothesenbildung und Beobachtung.

Beispiele für siedlungsgeographisch relevante Modellbildungen sind das Modell der zentralen Orte von W. CHRISTALLER, das Modell der ringförmigen Anordnung von Landnutzungszonen bzw. landwirtschaftlichen Betriebsformen um einen Markt von J.H. von THÜNEN, die vielen Modelle der inneren Gliederung von Städten (vgl. HEINEBERG 1989), aber auch die Formenreihen und Formensequenzen BORNS (1977). Wichtiges Kriterium für die Wahl der Darstellungsform ist die *Anschaulichkeit*. Zu Methoden der historisch-genetischen Siedlungsforschung vgl. im einzelnen auch Kap. 8.1.

2.5 Aufgaben und Literatur zur Vertiefung

1. Analysieren Sie mit Hilfe geeigneter Lexika Begriffe wie Siedlung, Flur, Allmende, Gemarkung, Waldhufendorf oder Gewannflur.

2. Versuchen Sie die Beiträge zur Geographie der ländlichen Siedlungen in geographischen Fachzeitschriften der letzten Jahre oder auch Jahrzehnte nach Themenschwerpunkten zu ordnen.

Lit.: R. HANTSCHEL und E. THARUN 1980, C. LIENAU 1973, C. LIENAU 1989.

3 Geschichte der Siedlungsgeographie

Die Entwicklung der Siedlungsgeographie als ein eigener Forschungszweig in der Geographie ist aufs engste verknüpft mit der Entwicklung der Anthropo- oder Kulturgeographie und deren Teildisziplinen. Die Grenzen zu den anderen Zweigen der Kulturgeographie sind vielfach fließend und kaum scharf zu ziehen. Die Fragestellungen, denen sich die Geographie bezüglich des Objektes Siedlung zuwandte, wandelten sich im Laufe der Zeit, die Mittel und Wege zur Lösung von Fragestellungen veränderten sich.

3.1 Siedlungsgeographie bis zum Ende des 19. Jahrhunderts

Die Geographie war in der Antike einerseits eine Wissenschaft, deren Aufgabe, wie es der Name sagt, in der *Beschreibung der Erdoberfläche* und in der nachvollziehbaren Lagebestimmung von Lokalitäten bestand, andererseits war sie *Hilfswissenschaft der Geschichte* insofern, als sie die Erde als Schauplatz des menschlichen Handelns auffaßte und beschrieb. Die vom Logos (ratio) der Griechen bestimmte Erderkundung führte dabei zu einem sich ständig erweiternden Wissen über die Erde, drängte die mythischen Regionen in immer fernere Gebiete.

Wie in anderen Wissenschaften, z.B. der Medizin, so vollzieht sich auch in der Geographie im 5./4. Jh. v.Chr. in Griechenland die Wende vom mythologischen zum logischen Denken, werden die Wurzeln der modernen geographischen Wissenschaft gelegt. Die Siedlungen spielen als Knotenpunkte der menschlichen Aktivitäten in der antiken Geographie zwar eine wichtige, aber keine bestimmende Rolle, so daß es sicher verkehrt wäre, hier bereits von Siedlungsgeographie zu sprechen.

Die Festlegung der Lage (Position) von Siedlungen war die wichtigste Aufgabe der Geographie. PTOLEMAIOS (2. Jh. n. Chr.) gibt in seinem Hauptwerk, der „geographias hyphegesis", die Lage von rd. 8100 Lokalitäten nach Längen- und Breitengrad an. Sein *„Kanon bekannter Städte"* enthält einen Katalog von ca. 360 Städten (im antiken Sinne) mit ihrer mathematisch berechneten Position. Das war praktische Geographie im wörtlichen Sinne.

Fruchtbarer für die Kenntnis von Gestalt und Struktur der Siedlungen damals lebender Völker ist die andere Seite der antiken Geographie, die

Beschreibung von Land und Leuten (z. B. bei HERODOT im Buch II über Ägypten). Man kann diesen Zweig der Geographie als literarische Erdkunde (im Gegensatz zur wissenschaftlichen Kartographie) bezeichnen, die die ethnographischen Hintergründe für die Historie lieferte. Allerdings werden auch hier Siedlungen nicht zum eigentlichen Gegenstand der Betrachtung und Forschung.

Mittelalter und frühe Neuzeit brachten gegenüber der Antike keine wissenschaftlichen Fortschritte für die Siedlungsgeographie. Die praktischen Bedürfnisse (z. B. Informationen für Pilgerfahrten) ließen in der systematischen Betrachtung von Siedlungen das Schwergewicht auf einer Beschreibung der Lage und Erreichbarkeit von Ortschaften liegen. Derartige Abhandlungen bilden die Fortsetzung der römischen *Itinerarien (z. B.* der Tabula Peutingeriana). Im übrigen sind Siedlungen in der Literatur Schauplätze von Geschehnissen, nur selten ein Gegenstand, auf den die Darstellung direkt bezogen ist, wie bei B. IDRISI über Kabul oder HANS STADEN in seiner *„Wahrhaftig historia und beschreibung eyner Landschaft der Wilden/Nakketen/ Grimmigen Menschenfresser Leuthen ..."* (1557) über die Siedlungen der Tupinambu-Indianer.

Die Reisebeschreibungen des 17., 18. und beginnenden 19. Jh. liefern dann immer genauere Schilderungen von Siedlungen (z.B. v. MAURER 1835 in seinem Buch *„Das griechische Volk vor und nach dem Freiheitskampf"* über die Turmsiedlungen der Mani), ohne daß bereits von einer systematischen Behandlung gesprochen werden kann. Das geschieht zum ersten Mal bei J. G. KOHL (1808-1878), der in seinen Werken *„Der Verkehr und die Ansiedelungen der Menschen in ihrer Abhängigkeit von der Gestaltung der Erdoberfläche"* (1841) und *„Die Geographische Lage der Hauptstädte Europas"* (1874) allgemeine Prinzipien von Siedlungslagen herauszuarbeiten versucht.

Die Wirkungszeit KOHLS fällt etwa in die Zeit von CARL RITTER (1779-1859) und ALEXANDER VON HUMBOLDT (1769-1859), die zwar keinen direkten Beitrag zur Siedlungsgeographie leisteten, aber durch ihre entscheidenden Beiträge zur Entwicklung einer wissenschaftlichen Geographie auch die der Siedlungsgeographie förderten. So beeinflußte RITTER mit Sicherheit FRIEDRICH RATZEL (1844-1904), den Begründer der Anthropogeographie. In seiner *„Anthropo-Geographie"* (1. Aufl. 1882-91) betont RATZEL z.B. die Naturabhängigkeit von Größe und Verteilung der Siedlungen. Anfänge einer Systematisierung der ländlichen Siedlungen finden sich bei FERDINAND VON RICHTHOFEN (1833-1905) in seinen Vorlesungen über Allgemeine Siedlungs- und Verkehrsgeographie (posth. 1908), beispielsweise mit der Unterscheidung von bodenvagen und bodensteten Siedlungen.

3.2 Deutsche Siedlungsgeographie bis zur Schwelle der Gegenwart

Die historisch-genetische Siedlungsgeographie, die auf die Erforschung von Ursprung und Entwicklungsgeschichte (Genese) von Siedlungen, Siedlungselementen, Fluren und Siedlungsräumen gerichtet ist und die jahrzehntelang weitgehend identisch war mit der Geographie der ländlichen Siedlungen, hat wesentliche Wurzeln in der Agrargeschichte des 19. Jh., so in JUSTUS MÖSER, G. HANSSEN, A. v. HAXTHAUSEN und K. LAMPRECHT. Größte Anregungen gingen von dem Agrarhistoriker AUGUST MEITZEN (1822-1910) aus, der in seinem Hauptwerk „*Siedlungen und Agrarwesen der Westgermanen und Ostgermanen, der Kelten, Römer, Finnen und Slawen*" (1895) systematisch formale Grundzüge von Orts-, Haus- und Flurformen und deren räumlicher Verbreitung herausarbeitete und dokumentierte. Seine – inzwischen widerlegte – These von der Stammesgebundenheit der Siedlungsform als Resultat unterschiedlicher Agrarverfassungen beschäftigte die historisch-genetische Siedlungsgeographie noch lange. Bereits vor ihm hatten VICTOR JACOBI in seiner Darstellung von Siedlung und Agrarwesen des Altenburger Osterlandes (1845 und 1858) und W. ARNOLD (1826-1883) in seinem Werk „*Ansiedlungen und Wanderungen germanischer Stämme*" (1875), in dem er mit Hilfe von Ortsnamen die Wanderwege während der Völkerwanderungszeit und verschiedene Phasen der Landnahme nachzeichnet, die Stammesgebundenheit der Siedlungsformen vertreten.

Auf diesen Grundlagen entstanden dann mit den Arbeiten von OTTO SCHLÜTER (1872-1959) und ROBERT GRADMANN (1865-1950) zum ersten Mal ausschließlich der Geographie der ländlichen Siedlungen gewidmete Arbeiten. Ausgehend von den physiognomisch faßbaren Elementen der Siedlung gelingt es SCHLÜTER in seinem Werk „*Die Siedlungen im nordöstlichen Thüringen als Beispiel für die Behandlung siedlungsgeographischer Fragen*" (1903), bestimmten Formtypen bestimmte Zeiten der Besiedlung zuzuordnen. Er benutzte dabei die Ergebnisse der Ortsnamenforschung W. ARNOLDS ebenso wie die Ergebnisse der bis dahin vorliegenden Arbeiten von R. GRADMANN zur Siedlungsgeschichte. Zahl, Größe, Gestalt, räumliche Verteilung und wirtschaftlichen Charakter der Siedlungen definiert GRADMANN (1913) als Gegenstand seiner siedlungsgeographischen Arbeit. Mit in die Untersuchungen einbezogen werden von ihm, wie es bereits MEITZEN getan hatte, die Flurformen, die seitdem wichtiger Bestandteil siedlungsgeographischer Forschung blieben.

Starke Anregungen gab der Siedlungsgeographie die von GRADMANN selbst mehrfach modifizierte *Steppenheidetheorie*. Seine letzte Fassung (GRADMANN 1948) unterscheidet sich nicht mehr wesentlich von der These ELLENBERGS (1954), daß die Gebiete am frühesten besiedelt wurden, deren Waldgesellschaften licht und günstig für nach Knospen, Kräuter und Eicheln suchendem Vieh waren, was zu weiterer Auflichtung und leichten Rodbarkeit des Waldes führte (O. WILMANNS 1993, S. 339).

Die auf die Rekonstruktion von *Altlandschaften* (Landschaftszustände in weit zurückliegender Zeit) und *Urlandschaft* (Landschaftszustand beim ersten Auftreten des Menschen) mit ihren Siedelformen gerichteten historisch-genetischen Kulturlandschaftsforschungen (Altlandschafts- und Urlandschaftsforschung; vgl. H. JÄGER 1973, S. 89) bestimmten für lange Zeit insbesondere in Süddeutschland die davon nicht zu trennende siedlungsgeographische Forschung. SCHLÜTERS groß angelegte Arbeiten über die Siedlungsräume in frühgeschichtlicher Zeit (1953-1958) sind ein Beispiel. Mit SCHLÜTER und GRADMANN hatte sich die Siedlungsgeographie als eigener Zweig der Geographie gebildet. ALFRED HETTNER (1859-1941), der bereits um die Jahrhundertwende mit zwei siedlungsgeographischen Beiträgen (1895 und 1902) hervorgetreten war, räumt ihr in seinem Werk über *„Die Geographie, ihr Wesen und ihre Methoden"* (1927) denn auch eine selbständige Stellung ein.

Forschungsthemen der *historisch-genetischen Siedlungsgeographie* sind neben der Ur- und Altlandschaftsforschung die Verbreitung und Genese bestimmter Orts- und Flurformen. Im Vordergrund stehen Fragen nach der Entstehung des Rundlings, der Reihensiedlungen mit hofanschließender Streifenflur (Waldhufendörfer, Marschhufendörfer usw.), der Langstreifenfluren und der Gewannfluren (Streifengemengeverbandsfluren) (vgl. H. J. NITZ 1974). Die Themen sind dabei auf vielfältigste Weise untereinander verknüpft. Breiten Raum nimmt auch die *Wüstungsforschung* als Teil der Altlandschaftsforschung ein (z. B. SCHARLAU 1956, SIMMS 1976). Sie sucht die Verbreitung der im ausgehenden Mittelalter aufgegebenen Siedlungen und Fluren und die Aussagekraft von deren Relikten für das mittelalterliche Siedlungsbild zu ermitteln (vgl. BORN 1974, S. 22 ff.).

Richtete sich die Forschung in der Anfangsphase noch stark auf die Beschreibung und Typisierung der Siedlungs- und Flurformen (physiognomische Betrachtungsweise), so zielte die Forschung im weiteren Verlauf immer stärker auf die die Formen und deren Veränderungen in der Zeit bestimmenden Einflußgrößen.

R. MARTINY, F. STEINBACH, A. HÖMBERG, G. NIEMEIER und W. MÜLLER-WILLE sind für die historisch-genetische Siedlungsforschung in Nordwestdeutschland wichtige Namen, nach GRADMANN vor allem F. HUTTENLOCHER, A. KRENZLIN und K. H. SCHRÖDER für Süddeutschland, R. KÖTZSCHKE, H. SCHLENGER, A. KRENZLIN und W. SCHLESINGER für Ost- und Mitteldeutschland. Siedlungsgeographie und Siedlungsgeschichte, die v.a. als historische Landeskunde betrieben wurde, berühren sich dabei sehr eng und sind nach Zielrichtung und Arbeitsweisen kaum zu trennen; ein Teil der genannten Forscher sind Historiker.

Tab. 2: Ahnentafel für die Geographie der ländlichen Siedlungen wichtiger verstorbener deutscher Siedlungsforscher und -forscherinnen (mit Lebensdaten und wichtigsten Wirkungsorten)

Johann Georg Kohl	1808-1878	Dresden
August Meitzen	1822-1910	Berlin
Wilhelm Christoph Friedrich Arnold	1826-1883	Basel, Marburg
Ferdinand von Richthofen	1833-1905	Bonn, Leipzig, Berlin
Friedrich Ratzel	1844-1905	München, Leipzig
Alfred Hettner	1859-1941	Leipzig, Heidelberg
Robert Gradmann	1865-1950	Tübingen, Erlangen
Rudolf Kötzschke	1867-1949	Leipzig
Otto Schlüter	1872-1959	Berlin, Bonn, Halle
Fritz Klute	1885-1952	Gießen, Mainz
Adolf Bach	1890-1972	Straßburg, Bonn
Walter Christaller	1893-1969	Berlin
Friedrich Huttenlocher	1893-1973	Tübingen
Hans Mortensen	1894-1964	Freiburg, Göttingen
Franz Steinbach	1895-1964	Bonn
Hans Dörries	1897-1945	Göttingen, Münster
Georg Niemeier	1903-1984	Münster, Straßburg, Braunschweig
Hans Fehn	1903-1988	München
Hans Bobek	1903-1990	Berlin, Freiburg, Wien
Anneliese Krenzlin	1903-1993	Berlin, Frankfurt
Herbert Schlenger	1904-1968	Breslau, Kiel
Wilhelm Müller-Wille	1906-1983	Göttingen, Münster
Harald Uhlig	1922-1994	Köln, Gießen
Ingeborg Leister	1926-1990	Marburg
Martin Born	1933-1978	Marburg, Saarbrücken
Winfried Moewes	1939-1994	Gießen, Tübingen

An der Frage der *Entstehung der Gewannflur* (vgl. Kap. 2.3), die seit MEITZEN die Diskussion in der historisch-genetischen Siedlungsforschung beherrscht und ihren Höhepunkt in einer Diskussion in Göttingen 1962 (s. Kolloquium 1962) fand, läßt sich die Entwicklung der Forschung besonders gut dokumentieren. Die Erforschung der Entstehung der Gewannflur nahm deshalb einen so breiten Raum ein, weil es dabei um grundsätzliche Fragen nach den Zusammenhängen von Flurformen, ethnischer Zugehörigkeit und Agrarverfassung und um die Konstanz kulturlandschaftlicher Erscheinungen und damit um ihren Ausdruckswert und schließlich um die Deutung eines in vielen Teilen vor allem Mittel- und Westeuropas sehr auffallenden Kulturlandschaftselementes ging. Die von MEITZEN und auch GRADMANN vertretene These einer stammesmäßigen Bindung der Gewannflur mit Haufendorf (Gewanndorf) als Ausdruck kollektiver Landnahme und spezifischer Agrarverfassung der Germanen wurde Zug um Zug revidiert durch den Nachweis sekundärer Entstehung der Gewannfluren und sehr differenzierter Entstehungsursachen (z. B. STEINBACH 1927 und HÖMBERG 1938).

Veränderungen der Agrarverfassung (u.a. durch Einführung der Zelgenwirtschaft), Teilungsvorgänge im Zuge von Bevölkerungswachstum usw. werden als wichtige Einflußgrößen für die Entstehung von Gewannfluren aus anderen Vorformen (Blockfluren, Breitstreifenfluren) erkannt und die Vorstellung einer einheitlichen Entstehung zugunsten vielfältiger Entstehungsmöglichkeiten aufgegeben. Die Forschungen von A. KRENZLIN dazu (zusammengefaßt 1983) brachten entscheidende Fortschritte und markieren einen vorläufigen Endpunkt. Mit den Fragen nach Entstehung der Gewannflur sind die Forschungen zur Entstehung der Langstreifenfluren, die besonders in Nordwestdeutschland breiten Raum einnahmen (A. HÖMBERG, W. MÜLLER-WILLE, H. HAMBLOCH, H.-J. NITZ), aber auch zur Entstehung von Haufendorf, Drubbel und anderer Ortsformen engstens verknüpft.

Die *Hausforschung* ist in der deutschen Siedlungsgeographie leider in den Hintergrund getreten; sie wird heute vorwiegend in der Volkskunde und – sofern es sich um Ausgrabungen handelt – von der Siedlungsarchäologie betrieben. Die Arbeiten von WEISS (1959), WIEGELMANN (1975), SCHEPERS (1994) oder HAARNAGEL (1968) sind Beispiele dafür. Arbeiten in der deutschen Siedlungsgeographie wie von SCHRÖDER (1974) oder KRENZLIN (1954/55) sind rar. Über die Erfassung und Beschreibung von Haus- und Hofformen und die Herausarbeitung von Verbreitungsgebieten spezifischer Haus- und Hofformen (Hauslandschaften; z.B. die Karte bei SCHRÖDER 1974) hinaus zielt die Hausforschung in jüngerer Zeit besonders auf die Deutung aus funktionalen und gesellschaftlichen Bedingungen heraus (BREITLING 1967, DENECKE 1981, S. 353). Zwei bemerkenswerte geographische Arbeiten zur Gesamterscheinung bäuerlicher Haus- und Hofformen in Mitteleuropa und ihren geoökologischen und gesellschaftlichen Entstehungsbedingungen lieferte ELLENBERG (1984 und 1990).

Schwieriger als die Entwicklung der historisch-genetischen Siedlungsforschung läßt sich die Entwicklung der *auf die aktuelle Siedlungsstruktur, die Siedlungsfunktionen und auf planerische Aspekte gerichteten Forschung* nachzeichnen. Die erwähnten Arbeiten von A. HETTNER können von siedlungsgeographischer Seite an den Anfang gestellt werden. Die eigentlichen Impulse gingen aber wohl erst von den aus aktuellen Bedürfnissen im Zusammenhang mit Gemeindeentwicklung und Gemeindereform erwachsenen Versuchen der *sozioökonomischen Gemeindetypisierung* aus. Zweifellos übten auch die Arbeiten von CHRISTALLER (insbesondere 1933) – mit zeitlicher Verzögerung und via USA – stärksten Einfluß auf die Forschungen zur Geographie der Siedlungen des ländlichen Raumes aus. In diesem Bereich sind siedlungsgeographische Forschungen ebensowenig scharf von raumplanungsbe-

Geschichte der Siedlungsgeographie 33

zogenen zu trennen wie die kulturlandschafts- von den siedlungsgenetischen Forschungen. Mit den zunehmenden Möglichkeiten zu Forschungsreisen ins Ausland und gesteigertem Interesse an weltweiter geographischer Forschung entstanden in wachsendem Maße auch deutsche Arbeiten über siedlungsgeographische Probleme außerhalb Europas. Eine erste Zusammenfassung vor dem Krieg bildet das von KLUTE herausgegebene Sammelwerk „*Die ländlichen Siedlungen in verschiedenen Klimazonen*" (1933 ff.).

3.3 Siedlungsgeographie im Ausland

Im Ausland hat die historisch-genetische Siedlungsforschung nicht den Umfang und die Bedeutung gewinnen können wie in Deutschland. Bei dem Begründer der wissenschaftlichen Geographie in *Frankreich*, VIDAL DE LA BLACHE *(1845-1918),* spielen in seinem Hauptwerk *(Principes de Géographie humaine, 1922)* die Siedlungen allerdings eine wichtige Rolle (Weltkarte der Wohnstätten, differenziert nach deren Baumaterialien !). Hausformen, ihre Klassifikation und Deutung aus den physischen Bedingungen der Landnutzung und den sozialen Verhältnissen nehmen auch bei A. DEMANGEON (1872-1940) eine zentrale Stellung ein. In der Frage der Kulturlandschaftsentwicklung wird in Frankreich der Unterschied zwischen *offener* und *eingehegter Landschaft* („*openfield*" und „*bocage*") zur Hauptfragestellung, der, angefangen mit DION (1934), BLOCH (1931), JUILLARD und MEYNIER (1955), bis heute eine Vielzahl von Beiträgen französischer Geographen gewidmet sind.

Die Frage nach der Siedlungsstruktur vor den *Einhegungen (enclosure)* seit dem *14.* Jh. spielt in der *englischen siedlungshistorischen Forschung* (die überwiegend von Historikern getragen wird) die wichtigste Rolle. Die wenigen noch bestehenden Relikte dieser Kulturlandschaft bilden wichtige Ansatzpunkte für die historisch-genetische Forschung (vgl. z.B. C. S. und C. S. ORWIN 1967), die Begriffe „openfield" und „runrig" wurden zu zentralen Begriffen der siedlungsgenetischen Forschung.

In Italien steht zunächst die Hausforschung im Vordergrund, während in Nordeuropa eine stark von der deutschen Forschung angeregte historisch-genetische Siedlungsgeographie betrieben wird. Hier sind es die verschiedenen planmäßigen Veränderungen der Siedlungs- und Flurstruktur (bolskifte, solskifte, enskifte usw.) im Laufe der Geschichte, die die Genese der ländlichen Kulturlandschaft zu einem dankbaren Forschungsgegenstand machen. Namen wie ENEQUIST, HANNERBERG, GRANÖ und HELMFRID sind damit verbunden. Die historisch-genetische Orientierung gilt auch für die *polnische* Siedlungsgeographie (M. KIELCZEWSKA-ZALESKA, H. SZULC).

Historisch-genetische Siedlungsforschung bildet den wichtigsten Themenbereich der seit 1957 in zwei- bis dreijährigem Rhythmus wechselnd in verschiedenen europäischen Ländern stattfindenden internationalen *Konferenz zum Studium der europäischen Kulturlandschaft* (Permanent Conference for the Study of the Rural European Landscape), die auf diesem Gebiet arbeitende Wissenschaftler der europäischen Länder regelmäßig zusammenführt und deren Ergebnisse in zahlreichen Sammelbänden veröffentlicht sind (s. DUSSART 1971, PATELLA 1975, BUCHANAN et.al. 1976, KIELCZEWSKA-ZALESKA 1978, FLATRes 1979, HANSEN 1981). Sie zeigen die Forschungsfronten auf diesem Gebiet für viele europäische Länder auf.

Außerhalb Mitteleuropas besitzt die Geographie der ländlichen Siedlungen nur einen geringen Stellenwert. In den USA, wo die Stadtgeographie einen hohen Standard erreichen konnte, mag das v.a. bedingt sein durch die große Einförmigkeit der ländlichen Kulturlandschaft, die wenig zu Forschungen anregte.

Eine größere Zahl deutscher Siedlungsgeographen arbeitete auch außerhalb des deutschen Sprachraumes, als Beispiel seien DÖRRENHAUS (Italien), HÜTTEROTH (Türkei), LEISTER (England), LIENAU (Griechenland), MONHEIM (Italien) und UHLIG (SO-Asien) genannt. Sie behandelten sowohl aktualgeographische wie genetische Fragestellungen. Eine Arbeitskreissitzung beschäftigte sich auf dem Dt. Geographentag 1983 mit dem Thema (HENKEL und NITZ 1984).

3.4 Aktuelle siedlungsgeographische Forschung in Deutschland

Eine stringente historische Darstellung der *Entwicklung* der jüngeren deutschen siedlungsgeographischen Forschung zu geben, ist noch nicht möglich. Darum sollen hier die wichtigsten Fragestellungen und Forschungsansätze, die in den letzten Jahrzehnten aufgegriffen wurden, in Anlehnung an Diagramm Abb. 2 dargestellt werden.

Forschungsüberblicke gaben NITZ (1980) und LIENAU (1989), für Teilbereiche s. LOOSE (1982) und v.a. die Zeitschrift SIEDLUNGSFORSCHUNG.

1. Untersuchungen zur aktuellen Siedlungsstruktur und -gestalt.
Die meisten diesbezüglichen Arbeiten sind als historisch-genetische oder planungsbezogene Arbeiten angelegt. Die Zustandsbeschreibungen und -analysen dienen als Ausgangspunkt für die Konstatierung von Mängeln und die Entwicklung planerischer Konzeptionen oder sie sind das „explanandum" siedlungsgenetischer Arbeit. Nur soweit es sich um ganz gegenwartsbezogene Arbeiten handelt, sollen sie hier eingeordnet werden. Dazu gehören Arbeiten, die sich mit *Infrastruktur* und *Lebensqualität* (SCHENK und SCHLIEPHAKE 1989), mit *zentralörtlicher Struktur* und *Ausstattung* und der Erreichbarkeit zentraler Einrichtungen (MOEWES 1968, KROGMANN und PRIEBS 1988, KÜMMERLE 1992) oder den Beziehungen zwischen *Siedlungs-*

Geschichte der Siedlungsgeographie 35

und *Sozialstruktur* (BURDACK 1990) befassen. Einen gewichtigen Raum beanspruchen heute auch Forschungen zur *subjektiven Raumwahrnehmung und -bewertung* (HARD und SCHERR 1976, HAUS 1990). Das gleiche gilt für Beziehungen zwischen *Alltags-, Lokal-* oder *Regionalbewußtsein* und Siedlungsstrukturen oder Regionalentwicklung (WIRTH 1990, ERNST 1991, DANIELZYK und KRÜGER 1993). Bei diesen Fragen steht nicht eigentlich die Siedlung im Mittelpunkt, sondern menschliches Verhalten. Sie sind darum eher der Sozialgeographie zuzuordnen.

2. *Historisch-genetische Siedlungsforschung*

Mit der Gründung des Arbeitskreises für genetische Siedlungsforschung und der von diesem unter Federführung von K. FEHN herausgegebenen Zeitschrift SIEDLUNGSFORSCHUNG hat die – nunmehr sehr interdisziplinär angelegte – historisch-genetische Siedlungsforschung in den letzten Jahren nach einer Zeit des Niedergangs Ende der 60er Jahre einen enormen Aufschwung erfahren.

Stand früher die beschreibende Typengenese im Vordergrund der Betrachtung, so traten in jüngerer Zeit komplexere Fragen an deren Stelle, Fragen nach Einflußgrößen auf die Siedlungs- und Flurgestalt und deren Veränderungen, nach Einflußgrößen der *Gesellschaftsstruktur* (LIENAU 1979, 1994), des sich veränderten *politisch-ökonomischen Kontextes* (NITZ 1984) oder *demographischer und sozialer Faktoren* (GREES 1975, HERMANNS und LIENAU 1981), um nur einige Beispiele zu nennen. Gegenstand können dabei die Siedlungen und ihre Fluren insgesamt, aber auch Teilbereiche sein, z.B. Flurformen (z.B. BOBEK 1976, 1977) oder bäuerliche Haus- und Gehöftformen (ELLENBERG 1984, 1990). Zeitlich beschäftigt sich dieser Forschungszweig mit nahezu allen Phasen der Siedlungsentwicklung (vgl. Kap. 8.3). Die jüngere Entwicklung, wie etwa die *ländliche Neusiedlung* im mittleren Europa vom Ende des 19. Jh. bis in die Gegenwart (s. Themenheft der Zeitschrift Erdk. 40, 1986) und der sich in diesem Jh. vollziehende *Strukturwandel*, der sich in einem *Gestaltwandel* der ländlichen Siedlungen niederschlägt (z.B. NIGGEMANN 1984, PLANCK 1984, WINDHORST 1984, ROTH 1989, EBERLE-ROTH 1989) rückt dabei allerdings stärker ins Blickfeld. Mehr ins Blickfeld historisch-genetischen Interesses gerieten auch die *nichtbäuerlichen Siedlungen* des ländlichen Raumes: Märkte und Kleinstädte, Bergbau- und Hüttensiedlungen, Herrschafts- und Verkehrssiedlungen.

Einen besonderen, weiterhin gepflegten Forschungszweig der historisch-genetischen Siedlungs- und Kulturlandschaftsforschung bildet die *Wüstungsforschung* (s. u.a. SIMMS 1976, S. 223-238, DENECKE 1985, S. 9-35). Zur *Hausforschung* s. Kap. 3.2.

An der *Ortsnamenforschung* beteiligt sich die Geographie praktisch nicht mehr. Sie überließ dieses Feld Historikern und Germanisten (u.a. SCHÜTZEICHEL 1985, 1986).

Einen wichtigen Stellenwert hat die Frage nach der Bedeutung der historisch-genetischen Siedlungsgeographie für die aktuelle Siedlungsplanung (u.a. K. FEHN 1986), eine Thematik, die nicht zuletzt zum Aufschwung dieses Forschungzweiges beitrug. Methodisch haben Statistik und EDV auch in die historisch-genetische Siedlungsforschung Einzug gehalten (u.a. LÖFFLER 1978, 1979).

3. Planungsbezogene Siedlungsforschung

Arbeiten auf diesem Gebiet nehmen mittlerweile breiten Raum in der siedlungsgeographischen Forschung ein. Sofern sie sich auf die Makroebene beziehen, sind siedlungsgeographische Fragestellungen i.d.R. Teil der auf Raumordnung und Raumentwicklung bezogenen Problemstellung (GÜSSEFELDT 1980). Fragen disparitärer Raumentwicklung, deren Folgen für die Siedlungen und Konsequenzen für die Planungen zur Schaffung gleichwertiger Lebensbedingungen stehen dabei im Vordergrund (z.B. GORMSEN und SCHÜRMANN 1989).

Auf Mikroebene sind die hervorstechenden Themen *Dorferneuerung* und *Flurbereinigung* (s. dazu v.a. die zahlreichen Arbeiten von HENKEL; LILOTTE 1983). Einbezogen wird jetzt auch die *Dorfökologie* (GRABSKI 1989). Mit der historisch-genetischen Siedlungsforschung besteht eine direkte Verbindung insofern, als diese Kriterien für die Bewertung der materiellen Substanz und deren Erhaltungswürdigkeit und damit Planungsgrundlagen im Rahmen erhaltender Dorferneuerung und Flurbereinigung liefert (DENECKE 1981, FEHN 1986, V.D. DRIESCH 1988).

4. Typologisch-klassifikatorische und modelltheoretische Ansätze und Arbeiten

Als eine spezielle Gruppe können die typologisch-klassifikatorischen und modell-theoretischen Ansätze zusammengefaßt werden. Typologie und Klassifikation dienen dazu, Siedlungen nach Merkmalen der Form, Funktion, Genese oder Entwicklungsdynamik zu ordnen, die Vielfalt der Individuen zu Gruppen zusammenzufassen und unter bestimmten Aspekten überschaubar und vergleichbar zu machen. Sie bilden die Voraussetzung für Darstellungen der Verbreitung (Regionalisierung), die wiederum ein wichtiges Mittel sind, um etwas über die Entstehung von Siedlungen, ihre Entwicklung, aber auch vergangene Funktionen auszusagen (z.B. SCHRÖDER/SCHWARZ 1978, KRETSCHMER 1978).

Die sozioökonomische Siedlungs-/Gemeindetypisierung (u.a. BÄHR 1971) ist ein wichtiges Hilfsmittel anwendungsbezogener Forschung und Planung im ländlichen Raum.

Der *Internationalen Arbeitsgruppe für die geographische Terminologie der Agrarlandschaft* (s. UHLIG und LIENAU 1967/1978, 1972; WENZEL 1974; LIENAU 1971) dienten Typologie und Klassifikation dazu, um über sie in andere Sprachen übertragbare terminologische Rahmen zu entwickeln und die große Fülle der herkömmlichen siedlungsgeographischen Begriffe (Termini) zu definieren und unter bestimmten Aspekten zu ordnen.

In der Siedlungsgeographie hat es nicht an Versuchen gefehlt, allgemeine Prinzipien der Siedlungsentwicklung zu erfassen. Im modell-theoretischen Ansatz wird versucht, über induktiv oder deduktiv abgeleitete Modelle grundlegende Züge von Siedlungsverteilung und Besiedlungsvorgängen deutlich zu machen. Als Beispiele seien BYLUND (1960)und MORRILL (1962) genannt. Auch der Versuch BORNS (1977), allgemeine Züge der Siedlungsentwicklung in Formenreihen und Formensequenzen zu erfassen, ist dazuzurechnen (vgl. Kap. 8.4).

5. Monographien

Während es bei den zuvor genannten Ansätzen bzw. Forschungszielen um allgemeine siedlungsgeographische Fragen ging, können auch das *Siedlungsindividuum* oder eine *Region und ihre Siedlungen* ganz in den Vordergrund der Betrachtung rücken. Monographien zu einzelnen Siedlungen, häufig zu Jubiläen in Festschriften erscheinend, machen immer noch einen beträchtlichen Teil der siedlungsgeographischen Literatur aus. Allerdings werden auch hier in jüngerer Zeit die Akzente oft etwas anders gesetzt als früher, Sozialgeschichtliches mehr mit der Siedlungsgeschichte verknüpft, der Funktionswandel stärker herausgearbeitet.

In die gleiche Kategorie gehören auch siedlungskundliche Einführungen und Überblicke in regionsbezogenen Sammelwerken (z.B. NITZ 1969, SICK 1972).

3.5 Literatur zur Vertiefung

R. GRADMANN 1948, H.J. NITZ 1980, G. SCHWARZ 1989, S. 1-17.

4 Siedlungsgestalt

Die Siedlungsgestalt resultiert aus Anzahl, Gestalt und Anordnung ihrer Elemente, also der Haus- und Hofstätten und sonstiger Gebäude (Kirchen, Wirtshäuser, Fabrikationsstätten etc.), der Infrastruktureinrichtungen und der die Siedlung begrenzenden Befestigungsanlagen, Zäune und anderen Begrenzungen. Anzahl und Anordnung der Gebäudestätten bestimmen Siedlungsgröße und Grundriß, die Gebäudegestalt auch ihren Aufriß und ihre Silhouette.

Das *Erscheinungsbild* der Siedlung wird darüber hinaus mitbestimmt durch die Gestaltung der Gärten und öffentlichen Flächen und die Natur in der Siedlung. Das gilt in gleicher Weise für die mit ländlichen Siedlungen meist eng verknüpfte *Flur*, deren Struktur vor allem aus Flurform und Wegenetz resultiert, die aber zusätzlich ihr spezifisches Gesicht erhält durch Feldeinhegungen (Hecken, Wallhecken, Gräben, Zäune verschiedenster Machart), Feldterrassen, Raine, Feldscheunen und andere Elemente.

Alle Gestaltelemente zusammen (s. dazu Abb. 3), eingeschlossen die unterschiedlichsten Formen der Landnutzung, deren systematische Behandlung Teil der Agrargeographie ist, machen das Bild der ländlichen Kulturlandschaft aus.

Das Kap. 4 enthält eine Einführung in die Typologie der wichtigsten Siedlungselemente, also der Haus- und Hofformen, der Orts- und Flurformen, ergänzend dazu einen knappen Abriß der Dorfökologie.

Behausungsformen, Orts- und Flurformen sind für den Geographen Ausdruck in Vergangenheit und Gegenwart wirkender gesellschaftlicher Strukturen und Prozesse unter spezifischen naturräumlichen Bedingungen.

Die meist in langer Zeit entstandenen materiellen Strukturen mit ihrer Tendenz zur Erhaltung – Änderungen einmal geschaffener Substanz sind mühsam und oft teuer – bilden zugleich den aktuellen Rahmen des Wohnens und Wirtschaftens, der häufig den Bedürfnissen und Notwendigkeiten nicht mehr entspricht. Für den Siedlungsplaner ergibt sich daraus die Aufgabe einer Anpassung unter den politisch-gesellschaftlichen Gegebenheiten und finanziellen Möglichkeiten.

Schließlich verleihen die historisch gewachsenen Gestaltelemente der ländlichen Kulturlandschaft ihre unverwechselbare Identität, die es den Bewohnern möglich macht, sich mit ihrem Wohnort zu identifizieren, Hei-

Siedlungsgestalt 39

matgefühl zu entwickeln. Die Kenntnis der historisch gewachsenen Kulturlandschaftselemente ist darum auch für den Siedlungsplaner von größter Wichtigkeit, kann man doch nur das bewußt bewahren und in die Planung einbeziehen, was man kennt.

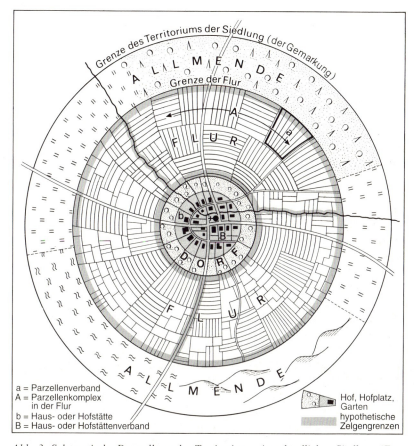

a = Parzellenverband
A = Parzellenkomplex in der Flur
b = Haus- oder Hofstätte
B = Haus- oder Hofstättenverband

Hof, Hofplatz, Garten
hypothetische Zelgengrenzen

Abb. 3: Schematische Darstellung des Territoriums einer ländlichen Siedlung (Entwurf: C. LIENAU).

Das Schema Abb. 3 gibt das Territorium einer Dorfgemeinde (Gemarkung) wieder, wie es sich im 12./13. Jh. herausbildete (s. Kap. 8.3) und bis ins vergangene, z.T. bis in unser Jh. bestand. Das Dorf bezeichnet den individuell genutzten, die Flur den individuell-kollektiv genutzten, die Allmende den kollektiv genutzten Teil (s. BLICKLE 1981, S. 26).

Allmendeteilung, Flurbereinigung und die insgesamt veränderten rechtlichen und gesellschaftlichen Bedingungen veränderten auch Bild und Struktur der Gemarkung. Mit den Flurbereinigungen erfolgte nicht nur eine Parzellenzusammenlegung, son-

dern v.a. die Erschließung der einzelnen Parzellen durch ein Wegenetz. Dies war die Voraussetzung für deren individuelle Nutzung und die Aufhebung von Flurzwang und kollektivem Anbau. Die Allmende, soweit nicht in Privateigentum umgewandelt, wurde zum Gemeindeland, d.h. die Nutzung ging von einzelnen Verfügungsberechtigten an die Gemeinde als Körperschaft über. Nur Reste erhielten sich. Der Gemeindewald, als Körperschaftswald unter Aufsicht der staatlichen Forstverwaltung gestellt, wurde zum forstlich genutzten Hochwald. Erst damit entwickelte sich der heute so charakteristische Gegensatz zwischen Offenland und Wald. Bis dahin war der für Waldweide und viele andere Zwecke genutzte, vielfach als Heide bezeichnete Wald (s. TIMMERMANN *1971) stark degradiert und halboffen. Das „Borkener Paradies" bei Meppen und die Wachholderheide bei Haselünne in Nordwestdeutschland geben noch einen Eindruck von einem solchen halboffenen Allmendewald (s.* POTT *und* HÜPPE *1991).*

4.1 Behausungsformen

In Ermangelung eines Oberbegriffes für Haus, Hof, Gehöft, Hütte, Zelt oder Windschirm benutzen wir mit NIEMEIER (1977, S. 24) den – wenig schönen – Terminus *Behausung* als Oberbegriff für alle Formen überdachter menschlicher Unterkünfte.

Behausungen können aus einem oder mehreren Gebäuden bestehen. *Gebäude* ist die zusammenfassende Bezeichnung für Wohnhäuser, Wirtschaftsbauten, Kirchen und andere geistlichen oder profanen Zwecken dienende Bauwerke. Sie können die unterschiedlichste Gestalt haben, resultierend aus Grundrißgestalt, Stockwerkhöhe, Raumaufteilung, Gestaltung der Wände, Dachform, Baumaterial, Zuordnung der Funktionsteile zueinander, zeitgebundenem Baustil u.a.m.

Als *Hof* werden die zu einem bäuerlichen Besitz gehörenden Gebäude (incl. des Hofplatzes) bezeichnet, als *Hofstätte* (= *Hofreite*, *Hofeinheit*) die Gebäude mit dazugehörigem Grundstück (incl. Hausgarten). Die Bezeichnung Hof ist mehrdeutig, da sie auch den neben und zwischen Gebäuden liegenden freien Platz und den zu einer Bauernwirtschaft gehörenden Gesamtbesitz, urspr. den eingezäunten Garten, bezeichnet.

Methoden der Hausforschung sind v.a. die sorgfältige Bestandsaufnahme von Konstruktion, Dach- und Wandgestaltung, der Raumaufteilung und der Schmuckelemente, die Auswertungen schriftlicher Quellen und Gespräche mit v.a. älteren Bewohnern, wenn es um die Deutung von Bauteilen geht, Wortforschung (z.B. J. TRIER 1952) und ggf. Grabung.

Siedlungsgestalt 41

4.1.1 Gestaltung von Haus und Gehöft

Die landwirtschaftlichen Wohn- und Wirtschaftsbauten bestimmen das Bild v.a. der traditionellen ländlichen Siedlungen. Für den Geographen sind sie Ausdruck natürlicher und anthropogener Einflußgrößen, die zu einer ungeheuren Fülle von Formen mit regionaltypischen Ausprägungen führten. Abb. 4 bringt ein Beispiel solcher regionaltypischer Ausprägung.

Behausungen und mit ihnen verbundene Gebäude (= Gehöft) dienen dem geschützten Wohnen und Arbeiten sowie der Lagerung von Ernte und Viehfutter (Speicher, Scheune, Keller), der Aufbereitung von Erzeugnissen (Trockenböden, Kelterräume u.ä.), der Unterbringung von Vieh (Ställe, Viehkral) und von Geräten (Schuppen, Garage), der Kommunikation und Religionsausübung (Gemeinschaftsräume, Kapelle, Kultraum). Sie sind Teile einer Siedlung oder bilden, allein gelegen, eine Siedlungseinheit. Zusammen mit dem ihnen eng verbundenen Grundstück, auf dem sie stehen, bilden sie die *Behausungsstätte*.

Haus- und Hofstätten (für Hofstätte wird auch der Terminus *Hofreite* gebraucht) werden im einzelnen näher bestimmt durch:

a. Behausungsart, Bauweise, Konstruktionsformen, Dach- und Wandgestaltung, Baustoffe;

b. Art der Verbindung der Bauten mit dem Untergrund;

c. Anordnung der Räumlichkeiten, Raumaufteilung und Ausstattung;

d. Art und Zahl der zu einer Behausung gehörenden Bauten und deren Zuordnung zueinander;

e. Größe und Gestalt des Grundstückes und Verhältnis von überbauter Fläche, Wohnfläche und Grundstücksfläche zueinander.

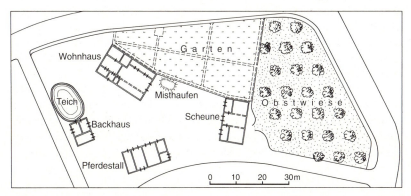

Abb. 4: Gehöft in Nordwestdeutschland, Zustand spätes 19. Jh. (Quelle: SCHEPERS 1994, S. 412).

a. *Behausungsart, Bauweise, Konstruktionsformen, Dach- und Wandgestaltung, Baustoffe*

Unter *Behausungsart* werden hier die Grundformen von Behausungen: Haus, Hütte, Zelt, Windschirm, Wohnwagen und deren Art der Verbindung mit dem Boden (die in den Begriffen enthalten ist) verstanden. Als *Bauweise* wird die v.a. aus den in der Natur zur Verfügung stehenden Baustoffen und ihren Verwendungsmöglichkeiten herrührende Bauart, als *Konstruktionsform* schließlich die spezifische Weise, in der der bauliche Rahmen erstellt wird, bezeichnet.

Unter *Haus* versteht man das aus Dach und Wänden als getrennten Konstruktionselementen bestehende Gebäude, im engeren Sinne auch nur die dem Wohnen dienende Behausung. Die Bauform findet sich v.a. in Gesellschaften mit einer seßhaften bäuerlichen Bevölkerung und städtischen Entwicklung.

Unter *Hütte* wird eine Konstruktion verstanden, die gewissermaßen nur aus Bedachung besteht. Dach und Wände gehen hier ineinander über, Konstruktionselemente und Baumaterialien sind einheitlich. Hütten haben gewöhnlich nur einen Raum und sind vorwiegend aus pflanzlichen Materialien (Holz, Reisig, Schilf), ggf. in Verbindung mit Tierhäuten errichtet. Auch für einfache Behausungen mit Dächern und Wänden als getrennten Konstruktionselementen findet der Begriff Verwendung (Almhütte, Feldhütte, Fischerhütte), gewissermaßen deminutiv schließlich auf oft sehr komfortable Behausungen (Skihütte, Berghütte). Der *Raumform* nach werden Rund- und Rechteckhütte, der Dachform nach Kuppel-, Bienenkorb-, Firstdach- und Tonnendachhütte unterschieden. Auch die *Zelte*, die es in einer Vielzahl unterschiedlichster Formen gibt, sind in weiterem Sinne ebenso Hütten, wie die Iglus (Schneehütten) der Eskimos, die allerdings heute weitgehend Holzhäuschen wichen.

Nach *Bauweise* kann zwischen der v.a. in den waldreichen Gebieten verbreiteten *Blockbauweise*, dem in den waldarmen Gebieten und einigen Gebirgen verbreiteten *Steinbau*, dem *Lehmbau* der Trockengebiete und dem *Fachwerkbau* der Übergangsgebiete unterschieden werden, wobei die Bauweise keineswegs nur von den vorhandenen Baustoffen abhängt.

Blockbau und *Ständerbau* sind unterschiedliche *Konstruktionsformen* aus demselben Werkstoff Holz: beim Blockbau wird das Stammholz liegend, beim Ständerbau v.a. stehend verwendet. Blockbau ist an das Vorkommen von Nadelholz gebunden, weil nur dies etwa gleichgroße und gleichdicke Stämme zu liefern vermag, die für die Errichtung der Wände notwendig sind, während in den Laubwaldgebieten, in denen hartes und gerbstoffreiches und damit gegen Wurmfraß resistentes Eichenholz vorkommt, der Ständerbau gewissermaßen naturbedingt ist (WEISS 1959, S. 40 f.). Aus dem einfachen Ständerbau entwickelte sich der Fachwerkbau. Genetisch ist die Blockbau-

Siedlungsgestalt 43

weise jünger als der Ständerbau, da ein erheblicher Mehraufwand bei der Holzbearbeitung geeignete Metallwerkzeuge erfordert.

Die traditionelle *Dach-* und *Wandgestaltung* hängt eng mit den verwendeten Baustoffen, den wirtschaftlichen Erfordernissen und sozialen Gegebenheiten zusammen.

Wände können aus Natursteinen (behauen, unbehauen), Backsteinen, Lehm, Torf, Schilf und anderen pflanzlichen Stoffen und der Kombination verschiedener in der Natur vorkommender Baustoffe oder künstlicher Baustoffe errichtet sein. Traditionelle Kombination verschiedener Baustoffe findet sich z.B. im *Fachwerkbau*. Unter Fachwerkbau versteht man eine Bauweise, bei der die einzelnen Fächer (Gefache) eines Rahmenwerkes aus Holz mit Lehm, Ziegelsteinen oder Flechtwerk mit Lehmverputz ausgefüllt sind.

Die Anordnung und Größe von *Fenstern*, *Türen* und *Toren* und Besonderheiten der Gestaltung (z.B. Erker, Pechnasen) lassen Rückschlüsse zu auf die innere Aufteilung von Gebäuden, auf Funktionen, soziale Strukturen der Bewohner oder städtische Einflüsse.

Dächer werden mit Reet, seltener Roggenstroh, Schieferplatten, Holzschindeln, Ziegeln unterschiedlicher Form (u.a. Hohlziegel, Flachziegel, Falzziegel), Pappe oder Wellblech gedeckt. Nach der Form werden Flachdach, Tonnendach, Kuppel- oder Kegeldach und Hangdach unterschieden.

Hangdächer können steil oder flach, zum Giebel hin ohne Walm oder mehr oder weniger stark abgewalmt sein (Krüppelwalm, Halbwalm, Vollwalm). Als Pyramiden- oder Zeltdächer fallen sie nach allen Seiten hin gleich ab. Im einzelnen werden *Satteldach, Walmdach, Zeltdach, Krüppelwalmdach, Mansardendach* (mit abknickendem Sattel), *Pultdach* (nur nach einer Seite abfallend) unterschieden. Das – moderne – *Terrassendach* bildet eine Übergangsform zwischen Hangdach und Flachdach (s. B. E. 24, 1976 s.v.Dach).

Nach der Konstruktion wird zwischen *Pfettendach, Sparrendach* und modernen Ingenieurformen unterschieden. Unter *Pfetten* versteht man die Dachstuhlbalken, auf denen die *Sparren* aufliegen, unter Sparren die Hölzer, die Dachlatten und Dachhaut tragen. Beim Pfettendach bilden *Kehlbalken*, die beim Sparrendach fehlen, ein tragendes Konstruktionselement.

Vorhandensein, Anzahl und Verteilung von *Kaminen* auf dem Dach (oft besonders eindrucksvoll bei englischen Häusern) geben Hinweise auf die Zahl der Feuerstellen im Haus, ggf. die Zahl der Haushalte.

b. *Verbindung der Bauten mit dem Untergrund*

Nach Art der *Verbindung mit dem Untergrund* unterscheidet man zwischen bodenvagen (d.h. beweglichen) und bodenfesten Behausungen.

Bodenvage Behausungen sind Zelte, Wohnboote, Wohnwagen. Sie werden – sieht man von ihrer Benutzung auch durch unsere mobile Freizeitgesellschaft („Freizeitnomaden") einmal ab – v.a. von einer Bevölkerung benutzt, die von nicht-stationärer Wirtschaft lebt (Nomaden, Jäger).

Die *bodenfeste* ländliche Behausung ist die Behausungsform der Ackerbau und stationäre oder semi-stationäre Viehhaltung betreibenden Bevölkerung, selbstverständlich auch aller anderen seßhaften Bevölkerung.

Die Art der Verbindung der Behausung mit dem Boden kann sehr unterschiedlich sein: mit und ohne Unterkellerung, gestelzt (Holz- oder Fachwerkbau auf Steinsockel), Pfahlbau, Grubenbau (d.h. Einsenkung des Baues oder eines Teiles, z.B. des Stalles, in den Boden) oder Errichtung des gesamten Baues im Gestein (Höhlenbau).

c. *Anordnung der Räumlichkeiten, Raumaufteilung und Ausstattung*

Das „Dach über dem Kopfe" und das Herdfeuer sind die wichtigsten, sicher ursprünglichen Bedingungen der Häuslichkeit. Durch sie werden ein Haus oder Teile eines Hauses zur *Wohnung*, denn ein Dach haben auch Stall und Scheune. Rauch und Schornstein verraten das vom Menschen bewohnte Haus (WEISS 1959, S. 101), sind Voraussetzungen für einen *Haushalt*. Rechte der Allmendnutzung, Abgaben und anderes waren früher häufig an die Feuerstelle gebunden.

Die Entwicklung der *Feuerstelle* im Haus ist von vier Faktoren bestimmt: man mußte das Feuer bewahren, seine Ausbreitung aber verhindern, v.a. das Dach vor dem Feuer schützen und schließlich die Wohnung möglichst vor Rauch bewahren.

Als erste wichtige *Feuerschutzeinrichtung* kam der *Funkenfang* über der offenen Feuerstelle – oft wohl aufgrund von Verordnungen – in Gebrauch, der in Kopfhöhe über dem Herd die Funken abfing, den Rauch aber noch in die Küche ließ („schwarze Küche"). Der Funkenfang entwickelt sich später zum *Rauchfang* (Rauchkanal, Kamin). Unterschiedlichste Kaminformen zeugen von regionalen handwerklichen Traditionen (WEISS 1959, S. 111 f.). Mit dem Einbau von Kaminen verlagerte sich die Feuerstelle von der Raummitte an die Wand. Letztes Glied der Entwicklungsreihe ist der direkt an den Kamin angeschlossene ummantelte Herd.

Mit dem Elektro- oder Gasherd beginnt eine andere Form der Koch- und Heizmöglichkeit. An die Stelle des Rauchfanges tritt die Dunstabzugshaube.

Das Problem des Backens, das am offenen Feuer kaum möglich ist, wurde früher häufig durch ein baulich selbständiges, gemeinschaftliches oder auch privates *Backhaus* gelöst, seltener durch Backöfen in der Küche.

Die Trennung von *Heizfeuer* (Ofen) und *Herdfeuer* (Herd) bringt die beheizte *Stube*, wobei die Feuerstellen an einen Kamin angeschlossen sein können, aber auch ein weiterer hinzukommen kann. Die Entwicklung der Wohnkultur ist entscheidend mit der Entwicklung der Stube zum rauchfreien beheizten Wohnraum verbunden.

Siedlungsgestalt

Grundriß und *Aufteilung* des Wohnhauses bzw. der Wohnung (= der bewohnte Teil des Hauses) können sehr unterschiedlich sein und die sozialen ebenso wie die ökonomischen Bedingungen spiegeln. Die Verteilung der Grundbedürfnisse Kochen, Schlafen, Wohnen auf unterschiedliche Räumlichkeiten (*Küche, Kammer, Stube*) hat zu verschiedenen Lösungen geführt. Im einfachsten (primitivsten) Fall steht dafür nur ein Raum zur Verfügung. Das ist bzw. war z.b. in vielen Almhütten (*Einraumwohnungen*) der Fall, wobei früher vielfach auch das Vieh noch im gleichen Raum untergebracht war (*Stallwohnung*). Zumeist allerdings stehen zwei oder mehrere Räume (*Zwei-, Drei-, Mehrraumwohnung*) zur Verfügung. Zur Küche können Nebenräume kommen (Speicher, Werkzeugkammer etc.), zur Stube Nebenstuben für die alten Leute oder besondere Gelegenheiten; das gilt auch für die Kammern.

Die *Anordnung, Zugänglichkeit* und *Verbindung der Räume* untereinander ist von Region zu Region und von Haustyp zu Haustyp sehr unterschiedlich. Grundsätzlich können die Räume neben- bzw. hintereinander und übereinander angeordnet und auf ein oder mehrere Gebäude verteilt sein, wobei Kombinationen häufig sind.

Ist bei uns im Regelfall die ganze Wohnung unter einem Dach zusammengefaßt (*Einhauswohnung*), so ist das in anderen Gesellschaften (z.B. einem afrikanischen Hüttendorf) keineswegs der Fall (s. NIEMEIER 1977, Abb. 5, S. 48). Auch die sog.*Stubenhäuser* in Almdörfern der Alpen resultieren aus der baulichen Trennung von Küche und Stube.

In der Grundrißgestaltung der Wohnungen kann zwischen *addierenden* und *dividierenden Grundrissen* unterschieden werden (WEISS 1959, S. 156 ff.). Jener entsteht – entwicklungsgeschichtlich gesehen – aus dem Aneinanderfügen von Einzweckbauten, dieser durch Raumaufteilung für die verschiedenen Zwecke. Jener wirkt übersichtlich und klar, dieser unübersichtlich und komplex. Welche Art der Raumaufteilung und Raumanordnung gewählt ist, hängt wesentlich von der Konstruktionsform des Hauses, aber auch von der Oberflächengestaltung (z.B. Zugangsmöglichkeiten vom Hang), von zur Verfügung stehendem Baugrund, Erbsitte und anderem ab.

Nach der *Art der Raumerschließung* wird zwischen *Längs-* und *Quererschließung* unterschieden. Die Räume selbst können quadratisch, rechteckig, rund sein oder Apsidenform haben.

d. *Baulichkeiten des Gehöftes und deren Zuordnung zueinander*
Zum Hof gehören Räumlichkeiten zum Wohnen, Arbeiten, zur Unterbringung des Viehs, der Gerätschaften und der Ernte, ggf. noch weiterer mit dem Hof verknüpfter Funktionen: Wohnbau, Scheune, Speicher, Stall, Schuppen etc. Sind alle Funktionen unter einem Dach vereinigt, spricht man vom *Einheits-* oder *Einbauhof*, im anderen Falle vom *Mehrbauhof*. Je nachdem, wel-

che Funktionen unter einem Dach vereinigt sind, kann man von *Wohnhaus, Wohn-Stallhaus* oder *Wohn-Stall-Bergehaus* sprechen.

Der *Einheitshof* (Einbauhof, Einhof) ist ein Mehrzweckbau, bei dem sich nach der Grundidee Wohn- und Wirtschaftsräume unter einem einheitlich konstruierten Dach befinden. Häufig bestehen jedoch später hinzugebaute kleinere Nebengebäude, wie Geräteschuppen, Ställe, Altenteilerhaus usw. Ein solcher Hof kann als *Pseudo-Mehrbauhof* bezeichnet werden.

Einheitshöfe sind sehr unterschiedlich gestaltet. Die Grundformen finden sich in regionaltypischer Ausprägung in zahlreichen Variationen der Raumerschließung, der Raumaufteilung, der Stockwerkgliederung, der Anlage des Eingangs usw. Verbreitungsgebiete des Einheitshofes in Mitteleuropa sind Süddeutschland, Norddeutschland, Lothringen („Lothringer Haus"), Schweizer Jura und Engadin. Im übrigen Europa findet sich der Einheitshof auf den britischen Inseln, in Dänemark und in NW-Spanien. Er setzt eine hohe Stufe technischen Könnens voraus. In Süddeutschland herrscht der *quergeteilte* Einheitshof vor, bei dem Wohn- und Wirtschaftsgebäude quer zur Firstlinie nebeneinander angeordnet sind, mit Türen und Toren gewöhnlich zur Traufseite. Nach dem wichtigsten Teil des Hauses, dem zentralen Herdraum, wird das quergeteilte Einheitshaus im Deutschen auch *Ernhaus* genannt. Es kommt in Süddeutschland in dem Typ des Alpenvorlandhauses und des Schwarzwaldhauses vor. Auch das sog. *Engadiner Haus* ist ein schönes Beispiel für einen Einheitshof.

Das kleinbäuerliche Wohnstallhaus der südl. und westl. Mittelgebirge (Quereinhaus, Unterstallhaus) ist zweifellos eine Kümmerform des sog. *fränkischen Gehöftes*.

In Norddeutschland herrschen das *längsaufgeschlossene* Einheitshaus und der Zentralbau, in den Typen des sog. *Niedersachsenhauses-* und des *Gulfhauses* vor, beide auch als *Niederdeutsches Hallenhaus* gekennzeichnet (dazu v.a. SCHEPERS 1994). Als Charakteristikum des längsaufgeschlossenen Niedersachsenhauses erscheint die *Mittellängsdiele*, zu deren Seiten die Ställe und in deren Front der Wohnteil liegen. Der große Dachboden dient als Bergeraum. Im Zentralbau des Gulfhauses wird der zentrale, von vier Ständern getragene Teil („Gulf" oder „Vierkant") vom Boden bis zum Dach zur Erntebergung genützt (s. Abb. 4). Die Diele ist seitlich verschoben. Der oft mehrgeschossige Wohnteil, quer vor den Gulfbau gesetzt, gibt dem Bau in manchen Teilen eine ausgesprochene T-Form. Nach der Zuordnung der Wohn- und Wirtschaftsbauten stellt er eine Übergangsform zu den Sammelbauhöfen dar. Besonders bekannter Typ des Gulfhauses ist der *Eiderstedter Haubarg*.

Die Abbildung 5 zeigt – recht stattliche – traditionelle Bauernhaustypen im mittleren Europa, die alle Antworten auf physische Bedingungen und wirtschaftliche Anforderungen darstellen und zugleich Ausdruck sozialer und kultureller Bedingungen und Traditionen sind:

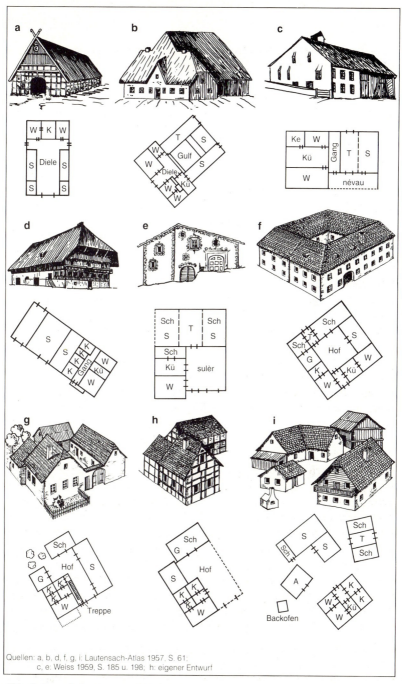

Quellen: a, b, d, f, g, i: Lautensach-Atlas 1957, S. 61;
c, e: Weiss 1959, S. 185 u. 198; h: eigener Entwurf

Abb. 5: Bäuerliche Haus- und Gehöftformen.

a. Niederdeutsches Hallenhaus (sog. Niedersachsenhaus), längsaufgeschlossenes Einhaus, in dem Mensch und Vieh unter einem Dach lebten; Satteldach, Giebel mit Holzverschalung und Euleneinflugloch. Zu beiden Seiten der Diele, die auch als Tenne genutzt wurde, Ställe für das Vieh, wobei rechts und links des Tores die Pferde standen. Am Kopfende der Diele lag urspr. die einzige Feuerstelle. Dieser als „Flett" bezeichnete Teil diente als Küche. Zweiständerbau. Die meisten Einbauhöfe entwickelten sich im Laufe der Zeit zu Mehrbauhöfen.

b. Sog. „Eiderstedter Hauburg", bes. Form des Gulfhauses, das seinerseits eine Fortentwicklung des niederdeutschen Hallenhauses darstellt. Zweiständerbau (s. dazu Abb. 6). Der „Gulf" dient der ebenerdigen Stapelung der Ernte. Wohntrakt am Kopfende.

c. Sog. Dreisässenhaus. Queraufgeschlossenes Einhaus des Schweizer Mittellandes. Die Tenne zwischen Wohnteil und Stallung ist zugleich Futtergang. Die Traufseite bildet die meist der Straße zugekehrte Gebäudefront. Misthaufen vor dem Stall. Der sog. névau ist ein überdachter, aber zur Frontseite offener Vorraum (Schnee- und Regenschutz).

d. Sog. Schwarzwaldhaus. Queraufgeschlossenes Einhaus mit über dem Wohnteil vorkragendem, abgewalmten Dach. Der der Heubergung dienende Dachboden ist über eine Rampe von der Hangseite her mit dem Heuwagen zu befahren.

e. Engadiner Haus. Längsaufgeschlossenes Einhaus. Unter dem „suler" (Söller), einem heute oft wohnlich eingerichteten Flur, liegt die sog. cuort mit Misthaufen und Gang zu den Viehställen, die sich unter den vom Söller aus zugänglichen Heukästen befinden. Die Außenwand der Heukästen ist der Durchlüftung wegen aus Brettern. Der Wohnteil springt etwas vor. Zwischen Wohnstuben und Stall befindet sich ein gemauerter Speicher (chaminada).

f. Vierkanter. Anders als beim Vierseithof liegen die Räumlichkeiten alle unter einer durchlaufenden Firstlinie. Die stattliche Hofanlage ist im Anerbengebiet von Niederösterreich, aber auch in Jütland verbreitet.

g. Dreiseithof. Der Mehrbauhof ist in unterschiedlicher Ausprägung v.a. in den Getreidebaugebieten des mittleren und südlichen Deutschland verbreitet. Der Misthaufen befindet sich auf dem Hofplatz. Der Abschluß gegen die Straße durch ein Tor kann fehlen.

h. Zweiseit- oder Hakenhof. Diese verkleinerte Form des Dreiseithofes ist in den Realteilungsgebieten des mittleren und südlichen Deutschland verbreitet. An den Hakenhof schließt sich meist unmittelbar der nächste Hof an, so daß der Eindruck einer geschlossenen Anlage entsteht, ein Eindruck, der dadurch verstärkt wird, daß der Hofplatz oft ebenfalls mit einem – vielfach reich verzierten – Torbau (z.B. Wetterau) gegen die Straße abgeschlossen wird.

i. Ungeregelter Mehrbauhof (Gebäude in Streulage), bei dem sich die Funktionen auf viele Einzelbauten verteilen. Es ist die weltweit sicher häufigste Anlage, die sich im mittleren Europa allerdings nur noch selten findet. Den Terminus Streuhof verwendet G. SCHWARZ (1989, s. 109) nur für Höfe, deren Wirtschaftsbauten in erheblicher Entfernung vom Wohnhaus liegen und bei denen der betriebliche Zusammenhang nicht ohne weiteres erkennbar ist, wie das dort der Fall ist, wo auf entfernten Wirtschaftsflächen eines Betriebes noch Wohn- und Betriebsgebäude irgendeiner Art liegen.

Siedlungsgestalt

Abb. 6 zeigt Beispiele von Konstruktionsformen und deren Weiterentwicklung baulich bereits hoch entwickelter Bauernhäuser im nordwestlichen Deutschland in Anpassung an die Erfordernisse der Ernteberung:

a. Zweiständer(reihen)haus in Ankerbalkenkonstruktion. Die geringe Tragfähigkeit des Dachbodens über durchgezapften Ankerbalken wird ergänzt durch einen sog. Rutenberg – man sieht ihn heute noch zuweilen in den Niederlanden – zur Lagerung des Heues.

Beim Ankerbalkenhaus (a) werden Ständer und Querbalken miteinander verzapft, indem man die Enden der Querbalken auf ihr mittleres Drittel reduziert, das man durch die Ständer hindurchführt, um diese so zu verbinden. Auch Streben zwischen Ständer und Querbalken (= Ankerbalken) vermögen die Tragfähigkeit des Dachbodens nur begrenzt zu erhöhen. Das geschieht beim Dachbalkenhaus (b) dadurch, daß man die Querbalken nicht mehr verankert, sondern auf die über die Ständer laufenden Balken legt und weit über die Ständer hinausragen läßt. Die auf den Enden der Querbalken aufliegenden Sparren, die der Dachkonstruktion den Namen Sparrendach gaben, benötigen nicht nur keine störenden Mittelstützen, sondern bewirken zugleich durch die mit dem Druck entstehende Hebelwirkung ein Anheben der Querbalken in der Mitte, was die Tragfähigkeit des Dachbodens erhöht. Die seitlichen sog. Kübbungen dienen der Aufstallung des Viehs.

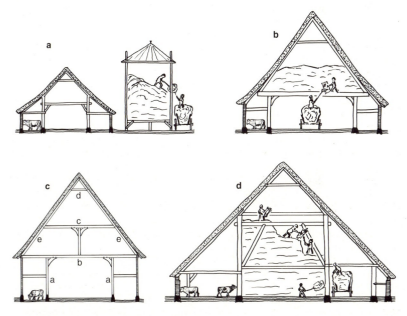

a Ständer (hier Giebelwandständer)
b Dachbalken (unterer Kehlbalken)
c aufgerähmter Dachbalken
d oberer Kehlbalken
e Sparren

Abb. 6: Konstruktionsformen von Bauernhäusern im nordwestlichen Deutschland und Formen der Ernteberung (Quelle: Schepers 1994, S. 59 und 129).

b. Zweiständer(reihen)bau mit Dachbalkenzimmerung. Die Dachbalkenzimmerung verleiht dem Dachboden eine gegenüber der Ankerbalkenkonstruktion wesentlich größere Tragkraft. Die zwischen den Ständerreihen und den – nicht tragenden – Außenwänden liegenden Seitenschiffe, die sog. Kübbungen, dienen als Stallung und Geräteraum. Mit der Kübbung erhält das Dach einen leichten Knick.

c. Vierständerbau mit Dachbalkenzimmerung. Diese Konstruktion gibt dem Dachboden eine noch größere Breite und Belastbarkeit, was die Lagerung noch größerer Erntemengen erlaubt. Die höheren Seitenschiffe machen zudem die Anlage von Geräteräumen, Schlafkammern für das Gesinde und Futter- und Erntekammern über den Stallungen möglich. Die – störenden – mittleren Stützpfeiler des sog. Kehlbalkendachstuhles fallen bei den späteren Sparrendächern fort. Zwischen Zwei- und Vierständerbau vermittelt der – asymmetrische – Dreiständerbau mit Kübbung auf einer Seite.

d. Im Gulfhaus wird die Ernte (v.a. Heu) erdlastig im zentralen Gulf gestapelt. Damit ist die Lagerung größter Erntemengen unter einem Dach erreicht. Die mittleren Ständerreihen tragen das tief herunter gezogene Dach (Zweiständerbau).

Beim *Mehrbauhof,* einer mehrteiligen agrarbäuerlichen Behausung, sind Wohn- und Wirtschaftsgebäude auf mehrere Bauten verteilt, die entweder ganz voneinander getrennt oder mehr oder weniger locker miteinander verbunden sind. Als Übergangsformen zu den Einheitshöfen lassen sich die Formen klassifizieren, die aus einem mehrgliedrigen Baukörper bestehen, eine Form, die auch als *Sammelbauhof* bezeichnet wird. Seine spezifische Gestalt erhält dieser durch die unterschiedliche Größe und Zuordnung der Funktionsteile zueinander.

Nach der Art der Zuordnung der Gebäude zueinander muß zwischen *geregelter und ungeregelter Anlage* unterschieden werden. Der *ungeregelte Mehrbauhof* kommt als *Haufenhof* oder *Streuhof* vor.

Beim *Haufenhof* bilden die regellos einander zugeordneten Wohn- und Wirtschaftsgebäude eine bauliche Einheit, können vom Wohnhaus aus überblickt werden; beim in allen Mehrsiedlungssystemen (s. Kap.5.3) charakteristischen *Streuhof* sind die zu einem Hof gehörenden Baulichkeiten den wirtschaftlichen Bedürfnissen entsprechend (etwa bei der Almwirtschaft) oft weit zerstreut: Scheunen, Ställe, Sennhütten, Käsespeicher und andere Wirtschaftsgebäude liegen in den Wirtschaftsflächen der verschiedenen Höhenstufen, dergleichen auch – oft primitiv und nicht einmal einem Besitzer gehörende – saisonal oder nur sporadisch genutzte Wohnbauten.

Zu den bäuerlichen *Wirtschaftsbauten* eines Gehöftes gehören *Ställe* für die Unterbringung des Viehs, *Scheunen* (Heuscheune, Stadel, Bargen etc.) für die Lagerung und den Drusch von Heu, Stroh, Hülsenfrüchten und Getreide. Zur Aufbewahrung von gedroschenem Getreide und anderen Nahrungsmitteln dient häufig auch ein gesonderter *Speicher* (Spieker). Sog. *Histen* sind mehr oder weniger aufwendige Gestelle zum Trocknen von Gras.

Stall und Scheune werden vielfach aus fütterungsökonomischen Gründen kombiniert als *Stallscheunen.* Als *Schuppen* bezeichnet man Baulichkeiten

Siedlungsgestalt 51

für die Unterbringung von Gerätschaften. Wirtschaftsbauten mit spezifischen Funktionen sind *Sennhütten, Käsespeicher, Kartoffelscheunen, Dörrhäuser* (z.B. für Kastanien), in modernen Höfen auch *Silageturm* und *Güllebehälter*. Bisweilen bilden solche Wirtschaftsbauten eigene Komplexe am Rande oder außerhalb einer Siedlung (*Scheunengasse, Kellergasse*).

Baulichkeiten, die spezifischen Tätigkeiten dienen, sind u.a. *Tenne* (Dreschplatz), *Waschhaus* und *Backhaus*, letzteres i.d.R. direkt beim Gehöft oder im Dorf. *Mühlen, Schmieden* und andere gewerblicher Tätigkeit dienende Bauten bilden gewöhnlich wirtschaftlich eigenständige Einheiten.

Auch die *Wohnfunktionen* eines Gehöftes können auf mehrere Bauten verteilt sein. *Maiensäß* und *Alphütten* dienen z.b. dem vorübergehenden Wohnen, die *Altenteiler-Wohnung* dem Wohnen des Bauern, der seinen Hof dem Erben übergeben hat, aber weiter auf dem Hof lebt.

Oft auch als Altenteil bezeichnet, beinhaltet dieser Begriff (synonym: Ausgedinge, Austrag, Auszug, Leibgedinge oder Leibzucht) Leistungen, die zur Versorgung des abtretenden Bauern auf Lebzeit festgelegt werden (u.a. Wohnung, Rente). Das Altenteil ist entweder Reallast oder persönliche Forderung, die aber durch grundbuchliche Eintragung gesichert werden kann.

In den Großfamilien-Gehöften afrikanischer Stämme haben die Familienmitglieder verschiedene Schlafhütten. Umgekehrt gibt es auch in der traditionellen Siedlung Wohnhäuser, in denen mehrere Familien wohnen. Als Beispiel mögen die Langhäuser der Dajak auf Borneo dienen.

In Mitteleuropa wichen Haufenhöfe weitgehend geregelten Formen. Sie finden sich z.T. noch in Nordeuropa, den Alpen und insbesondere in SO-Europa und dem Mittelmeergebiet. Zu den Haufenhöfen gehört auch der *Zwiehof (Paarhof)* der Alpen, bei dem im Zusammenhang mit der vorwiegenden Viehwirtschaft zwei Gebäude(-komplexe), der eine für das Vieh, der andere für die übrigen Funktionen, die Hofeinheit ausmachen (vgl. G. SCHWARZ 1989, S. 109 f.).

Als *geregelte Formen* bezeichnet man Höfe, deren Gebäude sich aneinanderreihen oder in geometrischer Form um einen Innenraum ordnen. Bei den Höfen mit Firstdach-Gebäuden wird je nach dem Verlauf der Firstlinie zwischen *Zwei-, Drei- und Vierseithöfen* (Firstlinie nicht durchlaufend) und *Zwei-, Drei- und Vierkantern* (Firstlinie durchlaufend) unterschieden. Der in Europa am weitesten verbreitete Typ des geregelten Mehrbauhofes ist das sog. *„fränkische"* oder *„mitteldeutsche" Gehöft*, ein Zweiseithof (Hakenhof), Dreiseithof oder Vierseithof, dessen Hofplatz beim Zwei- und Dreiseithof meist durch eine Torwand gegen die Straße abgeschlossen ist. Der Typ reicht bis weit nach SO- und Osteuropa. Das *Hofhaus* des Orients und das *Patiohaus* der Mittelmeergebiete und spanisch bzw. portugiesisch kolonisierter Überseegebiete müssen ebenfalls den geregelten Formen des Mehrbauhofes bzw. Sammelbauhofes zugerechnet werden.

Bei den modernen, neuangelegten bäuerlichen *Gehöften* der Industrieländer handelt es sich gewöhnlich um genau durchgeplante Anlagen, bei denen die einzelnen Gedäudekomplexe (z. B. Kuhstall, Kälberstall, Rauhfutteranlage, Silos, Dunglage) nach betriebswirtschaftlichen Gesichtspunkten so einander zugeordnet sind, daß die Arbeitswege möglichst kurz gehalten werden und die Transportvorgänge sich durch technische Hilfsmittel erleichtern bzw. ganz mechanisieren lassen.

4.1.2 Haus- und Gehöftformen bestimmende Einflußgrößen

Die unterschiedliche Gestalt von Hütten, Häusern und Gehöften resultiert aus einer Vielzahl von *Einflußgrößen* in Gegenwart und Vergangenheit (s. Abb. 8). Sie lassen sich grob untergliedern in natürlich und anthropogen.

Klima, Relief, Baugrund, Wirtschafts- und Gesellschaftsstruktur, soziale Verhältnisse etc. wirken einerseits direkt (wenn auch umgesetzt durch menschliches Handeln) auf die Gestaltung von Haus und Hof, andererseits indirekt über Produktionsweise und Betriebsformen und über die einmal geschaffene materielle Substanz.

Wird die bauliche Anlage des landwirtschaftlichen Betriebes insgesamt als Zweckform immer den wirtschaftlichen Erfordernissen mehr oder weniger angepaßt sein, so sind einzelne Elemente doch oft deutlich den besonderen natürlichen oder anthropogenen Einflüssen zuzuordnen.

Naturfaktoren

Die Naturfaktoren stehen z.T. in wechselseitiger Beziehung zueinander. Sie wirken einerseits durch Gefahren, Unbilden etc., auf die der Mensch in irgendeiner Form baulich reagiert, zum anderen durch die von ihnen vorgegebenen Möglichkeiten auf die Gestaltung von Haus und Gehöft.

Das *Klima* übt über Dachformen, Mauerdicke oder Fenstergröße, mit denen sich der Mensch klimatischen Bedingungen anpaßt, und über pflanzliche Baustoffe Einfluß auf die bauliche Gestalt. Schilf- und Strohdächer, die wegen ihrer die Temperatur ausgleichenden Wirkung dort, wo der Rohstoff vorhanden war, bis zur Einführung der Feuerversicherung viel gebaut wurden, erfordern ein steiles Dach (Sparrendach), damit das Regenwasser nicht zu sehr eindringt. In regenarmen Gebieten kann das Flachdach verwendet werden (wie z.B. auf den Inseln des Ägäischen Meeres und großen Teilen der altweltlichen Trockengebiete). Aber auch die Tatsache, daß vor Einführung der Dreschmaschine nicht im Hof oder auf dem Feld gedroschen werden konnte, sondern auf überdachter Tenne (dazu diente auch die Diele des niederdeutschen Hallenhauses = niederdeutsches Mittellängstennenhaus), ist direkt klimatischen Einflüssen zuzurechnen.

Siedlungsgestalt

Strahlungsarmes Wetter macht große Fenster und Veranden wünschenswert (wie in Nordwestdeutschland und den Niederlanden), strahlungsreiches mit großen Temperaturunterschieden kleine und/ oder mit Läden verschließbare, wie wir sie in den Höfen der Alpen (z.B. Engadin) finden. Auf der Wetterseite tief herabgezogene Dächer und Verkleidungen dieser Seite mit Schieferplatten (wie im Rheinischen Schiefergebirge) oder Holzschindeln (wie in vielen anderen Gebirgen) dienen wie die hohen Hecken in Eifel und Ardennen dem Schutz vor Wind und Wetter.

Mittelbar wirkt das Klima über die *Vegetation* auf in der Natur vorhandene Baumaterialien und vor allem auf Wirtschafts- und Betriebsformen.

In den Waldgebieten Nord- und Osteuropas, Sibiriens und Nordjapans ist *Nadelholz* der traditionell verwendete Baustoff, *Blockbau* die entsprechende Konstruktionsform.

Dort, wo der Rohstoff Holz dagegen Mangelware ist, wie in den Trockengebieten der Erde, herrschen Häuser (vorwiegend Flachdachhäuser) aus Stampflehm, Lehmziegeln oder Bruchsteinen (s. G. SCHWARZ 1989, S.95) vor, wie in den Mittelmeerländern und fast im gesamten altweltlichen Trockengürtel, aber auch z.B. bei den Pueblo-Indianern Neumexikos.

Die im SW der USA von Pueblo-Indianern aus mit Pflanzenmaterial gemischtem, an der Sonne getrocknetem Mörtel verfertigten Ziegel werden als Adobe bezeichnet, die aus diesem Material errichteten Bauten, die heute auch weite Verbreitung in der modernen Architektur der südwestlichen, trockenen Regionen der USA gefunden haben, als Adobebauten. Das Wort selbst ist arabischen Ursprungs und kam durch die Spanier nach Amerika.

Die Art der verfügbaren Gesteine wie rot oder gelbgrün leuchtender Sandstein, grauer Kalkbruchstein, Granit als Bruchstein oder Findling oder künstliche Steine, wie Backstein, kann in ganz unterschiedlicher Weise das Siedlungsbild prägen und Bauten hervortreten lassen. In den – meist früh entwaldeten – Lößgebieten der Erde dominieren Lehm- und Ziegelbauten (die Höhlenwohnungen der chinesischen Lößgebiete sind dazuzurechnen).

In der gemäßigten Klimazone bestimmen *Fachwerkbauten* das traditionelle Siedlungsbild. Sie schließen inselartige Gebiete ein, in denen aus Holzmangel, sozialen oder anderen Gründen Bauten aus Naturstein, Ziegelstein oder anderen Baustoffen errichtet wurden (z.B. Sandsteinbauten in den Baumbergen im westlichen Münsterland, Ziegelbauten in den Nordseemarschen, Teilen Ostholsteins, am Niederrhein oder in der Lombardei).

Anders als bei den Behausungen der ländlichen Bevölkerung sind die öffentlichen Bauten, wie Kirchen, in den Fachwerkgebieten sehr häufig aus dauerhafterem Material; in Ostholstein z.B. oft aus Findlingen und Backstein, in anderen Gebieten aus in der Umgebung anstehendem Naturstein.

Auch die traditionelle Dachbedeckung orientiert sich meist an in der Natur vorhandenen Baustoffen: Schilf, Roggenstroh (das Stroh der anderen

Getreidearten eignet sich nicht, weil es mangels Kieselsäure zu leicht fault), Tonziegel, Schiefer oder Platten aus anderem Gestein.

Das Vorhandensein oder Fehlen entsprechenden Baumaterials bestimmt auch die *Konstruktion* von Hütten und Häusern. *Relief und Beschaffenheit des Baugrundes* gehören ebenfalls zu den die bauliche Gestalt beeinflussenden Faktoren. Die Schwarzwaldhäuser mit ihren bergwärtigen, über Rampen geführten Zugängen zum Heuboden sind dafür ebenso ein Beispiel wie die im Wasser, Sumpf und periodisch überschwemmten Land angelegten Pfahlbauten Südost-Asiens (dazu u.a. UHLIG 1979). Da man Pfahlbauten auch auf festem Land findet (Südost-Asien, Südamerika, Afrika), müssen allerdings für deren Anlage noch andere Gründe verantwortlich sein, wie z.B. eine bessere Luftzirkulation oder Schutz vor Ungeziefer.

Auch *Naturgefahren* beeinflussen die Bauweise. Schützen Pfahlbauten oder Wurten vor Überschwemmungen, so bewahren ebenerdige Bauweise und spezifische Konstruktionen (z.B. Tonnendach) vor größeren Schäden bei Erdbeben. Auch die aus Brandschutzgründen vorgenommene Trennung von Wohn- und Wirtschaftsbauten der Paarhöfe der Alpen oder die – nicht zuletzt versicherungstechnisch (teure Feuerversicherung!) begründete – Verwendung weniger gefährlicher Baustoffe (z.B. Wellblech oder Ziegel statt Reet als Dachbedeckung) und Anbringung von Blitzableitern (z.T. gesetzlich vorgeschrieben) sind Beispiele für „Antworten" der Menschen auf Naturgefahren.

Anthropogene Einflußgrößen

Unter den anthropogenen Einflußgrößen, die auf die Gestalt der Behausungen wirken, kommt der *Gesellschaftsstruktur* zweifellos die größte Bedeutung zu. Sie wirkt mehr oder weniger nachhaltig auf alle anderen menschlichen Bereiche. Faßt man die verschiedenen Formationen als *Stadien eines gesellschaftlichen Entfaltungsprozesses* (vgl. BOBEK 1959) auf, dann müssen jeder Stufe bestimmte bauliche Ausdrucksformen entsprechen, in die die kulturellen Traditionen mit einfließen und so ein spezifisches Erscheinungsbild schaffen. Die Pachthöfe Oberitaliens mit Räumlichkeiten für die „villeggiatura" der in der Stadt lebenden Eigentümer (vgl. DÖRRENHAUS 1976), die Villen venezianischer Kaufleute auf der terra ferma Venetiens (vgl. BENTMANN und MÜLLER 1971), Haus und Hof des islamischen Orients (SCHWARZ 1989, S. 104 ff.), die Gulfhäuser der nordwestdeutschen Marschen (NITZ 1984), die Gutshöfe Ostholsteins oder die Betriebs- und Wohngebäude sozialistischer Staatsbetriebe und Kollektivwirtschaften lassen sich dafür als Belege anführen. An Hand von ausgewählten Beispielen wird darauf in Kap. 8.5 eingegangen. Alle Haus- und Gehöftformen spiegeln unabhängig von spezifischen, durch Betriebsform und Produktionsziele bestimmte Ausprägungen in ihrem gesamten Erscheinungsbild die gesellschaftlichen Verhältnisse. Mit ihnen korrespondieren weitgehend die *familialen Strukturen*. Sie finden ihren Ausdruck z.B. in den von Sippen bewohnten, sich z.T. über mehr als 100 m Länge erstreckenden Langhäusern Borneos (s. UHLIG 1966), den – bedingt durch die Stellung der Frau – ihr Gesicht einem Innenraum zukehrenden Höfen muslimischer Bauern in Westthrakien (LIENAU 1995b) oder den Höfen polygamer Bauern in Afrika mit Hütten und Kochstellen für jede Frau und deren Kinder. Auch die ganz auf Kleinfamilie zugeschnittenen modernen Wohnbauten westlicher Gesellschaften sind Ausdruck von deren Struktur.

Gleiches gilt für die *soziale Differenzierung*: Kotten (Katen, Buden) und Herrenhaus etwa markieren Gegensätze, zwischen denen eine Vielzahl nach der sozialen Stellung ihrer Inhaber abgestufter bäuerlicher Behausungen steht, unter denen z.b. die von Wassergräben umgebenen Gräftenhöfe Nordwestdeutschlands ausgesprochen großbäuerliche Hofanlagen darstellen (vgl. BOCKHOLT und WEBER 1988).

Schutzbauten gegen Feinde von außen und innen (z.B. bei Gesellschaften, in denen die Sitte der Blutrache herrscht) wie Kirchburgen, Wehrtürme oder durch Türme, Mauern, Schießscharten etc. geschützte Wehrhöfe, wie die Turmhöfe der Mani (s. LIENAU 1995a), die Kullen Nordalbaniens oder die Temben Ostafrikas resultieren ebenfalls letztlich aus den gesellschaftlichen Bedingungen. Das gilt auch für die o.g. Gräftenhöfe Nordwestdeutschlands, bei denen die den Hof umgebende Gräfte (Wassergraben) vermutlich allerdings nur bei den frühen Anlagen Wehrfunktion hatte, später zu einem den adeligen Wasserburgen entlehnten Statussymbol wurde.

Bedingen die gesellschaftlichen Verhältnisse Grundstrukturen baulicher Gestaltung, so finden diese durch *Kulturkreiszugehörigkeit* und *regionale kulturelle Traditionen* eine Modifizierung. Die gekreuzten Pferdeköpfe am Dachfirst der Niedersachsenhäuser mögen dazu ebenso zu rechnen sein wie die schmucken Hoftore der Gehöfte in der nördlichen Wetterau oder der Kratzputz (in den frischen Putz gekratzte Schmuckformen) hessischer Bauernhäuser – nicht alles läßt sich funktional oder aus sozialen und wirtschaftlichen Bedingungen erklären.

Unterschiedliche Antworten auf die gleichen Probleme werden – gefördert durch die materielle Persistenz von Gebautem – tradiert, ursprünglich Funktionales wird zum Symbol.

Insgesamt ist es eine Vielzahl anthropogener Einflußgrößen, die auf die Gestaltung von Haus und Hof einwirken können, wie FIEDERMUTZ (1994) sehr schön am Beispiel der traditionellen Lehmarchitektur afrikanischer Stämme im Nigerbogen in Afrika aufzeigt: Religion, damit zusammenhängend polygame Familienstruktur und Stellung der Frauen in der Familie, politische Bedingungen und Bautraditionen und die gesellschaftliche Stellung der Männer, alles findet baulichen Ausdruck in dieser Lehmarchitektur, die mit der Veränderung der gesellschaftlichen Bedingungen diesen allerdings kaum angepaßt wird, sondern verfällt.

Betriebsformen und Produktionsziele

Die baulichen Anlagen eines landwirtschaftlichen Betriebes sind als Zweckanlagen aufzufassen, die der Betriebsform und dem Wirtschaftsziel weitmöglichst entsprechen, wie das bei den modernen Hofanlagen eines Aussiedlerhofes der Fall ist. Gleiches gilt sicher auch für traditionelle Hofanlagen.

Für die Gestaltung bäuerlicher Hofanlagen in Mitteleuropa ist (war) der *Umfang von Viehwirtschaft und Ackerbau* (ELLENBERG 1984, S. 6) eines Betriebes von entscheidender Bedeutung, auch wenn sich damit die regionale Verteilung von Einheitshöfen (Viehwirtschaft) und Mehrbauhöfen (Ackerbau) nicht allein erklären läßt (WEISS 1959, S. 187 f.). Daß der Mensch vielfach bestrebt war, mit seinem wertvollsten Besitz unter einem Dach zu leben, zeigen eindrucksvoll z.B. die bronzezeitlichen Höfe des Wurtendorfes Feddersen-Wierde (HAARNAGEL 1979), aber auch die längsaufgeschlossenen Hallenhäuser Niederdeutschlands, der Eiderstedter Haubarg und die queraufgeschlossenen Einheitshöfe Oberdeutschlands, deren jeweilige innere Aufteilung den Erfordernissen der Viehhaltung (z.B. Nähe der Futtervorräte zu den Ställen) angepaßt ist.

In Ackerbau-Regionen sonderte man sich dagegen meist vom Vieh ab; es entstanden eigene Gebäude für die verschiedenen Funktionen (Wohnhaus, Stall, Scheune, Schuppen, ggf. Backhaus etc.), die zusammen den Mehrbauhof ausmachen.

Dort, wo die klimatischen Bedingungen eine winterliche Aufstallung nicht nötig machen, Futtervorräte nicht angelegt werden müssen und die Ernte nicht gelagert, sondern gleich verkauft wird, wie das in den Mittelmeerländern der Fall ist, fehlen die für Bauernhöfe Mittel-, West- und Nordeuropas so typischen Wirtschaftsbauten bzw. Gebäudeteile.

Sonderformen der Landnutzung bedingen auch bauliche *Sonderformen*. Beispiele dafür sind die großen Keller und Kellerzugänge bei Anhebung (Stelzung) des Erdgeschosses der Winzerhöfe in den Weinbaugebieten oder die steilen, mit vielen Luken versehenen Dachböden der Hopfenbauern (z.B. in der Holledau).

Daß *unterschiedliche Betriebsgrößen* (die wiederum Folge sozialer Differenzierung sind) in der baulichen Gestalt der Betriebe ihren Niederschlag finden, liegt auf der Hand. Die Gutshöfe mit Herrenhaus und Landarbeiterhäuschen, die Haciendas Südamerikas oder die Tschiftliks des Osmanischen Reiches sind dafür ebenso Ausdruck wie die Hakenhöfe in den kleinbäuerlichen hessischen Realteilungsgebieten.

Persistenz und Wandel

Kann ein Gehöft zur Zeit seiner Errichtung als eine den Zwecken entsprechende Anlage verstanden werden, so driften Zweckmäßigkeit der Anlage und aktuelle Erfordernisse mit zunehmendem Alter der Hofanlage vielfach auseinander. Die Umstellung eines Viehhaltungsbetriebes von Streu- auf reine Güllewirtschaft läßt z.b. Scheunen für die Lagerung von Stroh überflüssig werden, die Umstellung von Heufütterung auf Silage erfordert die Anlage eines Silageturmes, um nur zwei Beispiele zu nennen.

Die Gebäudesubstanz macht eine jeweils radikale bauliche Anpassung an veränderte betriebliche Bedingungen oft zu teuer und schwierig. So erfolgt die Anpassung zumeist schrittweise, selten radikal durch Abriß und Neubau an derselben oder an einer anderen Stelle (z.b. Aussiedlung aus der Dorflage in die Flur).

Dort, wo die vorhandene Gebäudesubstanz den Betriebsablauf nicht zu sehr hindert, wird sie übernommen, dort, wo sie angepaßt werden muß, möglichst ohne allzu große Eingriffe verändert, so daß sich die Physiognomie zwar ständig wandelt, dabei aber trotzdem Traditionelles bewahrt wird (dazu z.B. BOCKHOLT und WEBER 1988). Auch die Neuanlagen unterliegen über kurz oder lang solchen Anpassungszwängen, die bauliche Veränderungen erfordern.

Im Laufe der Jahrhunderte paßten sich Gehöft- und Konstruktionsformen bei Neuerrichtung – auch Häuser halten nicht ewig! – selbstverständlich den veränderten Bedürfnissen an. Es setzten sich Neuerungen durch, und zwar häufig in der Form, daß sich diese von einem Zentrum, in dem sie zuerst auftraten, in spezifischer Weise ausbreiteten. So paßten sich, um ein Beispiel zu nennen, die Konstruktionen des norddeutschen Einheitshauses der Notwendigkeit, größere Erntemengen im Haus lagern zu müssen, dadurch an, daß an die Stelle des *Ankerbalkenhauses* das *Dachbalkenhaus* mit Sparrendach, an die Stelle des *Zweiständerhauses* das *Vierständerhaus* (s. Abb. 5) trat. Eine Alternative zur Bergung größerer Erntemengen unter einem Dach bot die Erfindung des *Gulfhauses* (zum sozialökonomischen und politischen Kontext s. NITZ 1984) mit Stapelung der Ernte vom Boden aus. Als Zentrum, von dem sich die Innovation Dachbalkenhaus in einem spezifischen Diffusionsprozeß ausbreitete, vermutet TRIER (1938, bes. S. 43) das Weserbergland.

4.1.3 Das Beispiel eines sibirischen Hofes

Am Beispiel eines typischen sibirischen Hofes in der mittleren Taiga am Jenissej sei das zuvor Gesagte näher erläutert (vgl. MATTES und LIENAU 1994, S. 83 f. und Abb. 7).

Bei kurzen, recht warmen Sommern und kalten Wintern sind die Siedlungsgebiete hier reduziert auf Inseln in der Taiga entlang der Flüsse, v.a. des Jenisseis. Ackerbau läßt sich nur noch mit wenigen Früchten (v.a. Kartoffeln) betreiben, Grünlandwirtschaft dominiert. Jagd, Fischfang, Waldnutzung spielten immer für die Ernährung eine wichtige oder sogar die wichtigste

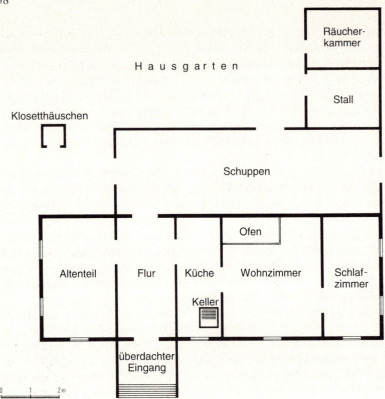

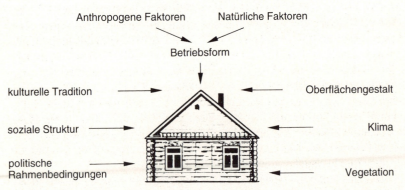

Abb. 7: Typischer sibirischer Hof der Dörfer am mittleren Jenissej (Sibirien) und Einflußgrößen auf die Haus- und Hofgestalt (nach eig. Kartierungen 1993, Entwurf: C. LIENAU).

Rolle. In der Zeit des Sozialismus kollektiviert, wurde die alte Wirtschaft doch weitgehend beibehalten.

Die Dörfer liegen i.d.R. flußparallel am hochwassergeschützten Ostufer, häufig dort, wo Bäche oder kleine Flüsse münden. Die kleinen (ehem.) bäuerlichen Gehöfte erweisen sich in hervorragender Weise angepaßt an die physischen, insbesondere klimatischen Bedingungen und sind zugleich deutlicher Ausdruck der sozioökonomischen Verhältnisse der hier in der Periökomene unter extremen Bedingungen lebenden und wirtschaftenden Menschen.

Als Baustoff dient das überreichlich vorhandene Holz. Übereinander gelegte, an den Enden durch Einkerbungen ineinandergefügte und über die Ecken leicht hinausragende Holzstämme bilden die außen unverputzten Wände der Blockhäuser („Blockbauweise"). Ihre Abdichtung erfolgt mit einem bestimmten Moos. Die Dächer sind traditionell mit Brettern abgedeckt, die Häuser im Boden mit Pfählen gegründet, was bei den klimatischen Verhältnissen – vermutlich aufgrund von Temperaturdifferenzen im Boden durch Beheizung der Häuser – ein teilweises Absacken der Häuser meist nicht verhindern konnte.

Im nördlichen Teil des Hauses liegt gewöhnlich als Schutz gegen die im Winter häufig sehr kalten Winde aus nördlicher Richtung der Flur, von dem aus man Küche und Wohnzimmer (bisweilen ein Raum) betritt. Eine bis 50 cm hohe Schwelle zwischen Vorraum und Küche soll das Eindringen von Kaltluft und Pulverschnee in die Wohnung verhindern. Vielfach schließt sich an den Wohnraum nach Süden noch ein kleiner Schlafraum an. Zentrum bildet der große, aus Lehm geformte Ofen, auf dem man auch schlafen kann (konnte). Zusätzlich gibt es meist noch einen kleinen Ofen bzw. Herd, den man im Sommer und zum Kochen anheizt. Die Fenster sind klein und meist nach S und W gerichtet, um einerseits das Eindringen von Kälte durch sie zu verringern, andererseits die wärmenden Sonnenstrahlen einzufangen. Das Problem der Entlüftung wird typisch „sibirisch" gelöst – mit Hilfe eines durch einen eingepaßten Holzpflock verschließbaren Loches in der Wand. Am Ofen selbst finden sich schwenkbare Stangen für das Aufhängen feuchter Wäsche, Handtücher und anderer Textilien. Von Küche, Flur oder auch Wohnraum führt durch eine per Klappe verschließbare Luke eine Stiege in einen kleinen unterirdischen Kellerraum, in dem man v.a. Nahrungsmittel lagert. Die Wohnhäuser sind oft so klein, daß es schwerfällt, sich vorzustellen, daß dort früher Familien mit fünf und mehr Kindern lebten (heute sind die Kinderzahlen auch hier geringer).

Die Einrichtung der bewohnten Häuser gleicht sich sehr: eine Glasvitrine im Wohnzimmer, in der Geschenke von Süßigkeiten über Püppchen bis hin zu den Fotos von Freunden und Verwandten liebevoll aufgestellt werden, fehlt ebensowenig wie eine Ikonenecke. Gehäkelte Decken, bunte Bettüberzüge, Wandbehänge und bestickte Kissen geben dem Hausinneren ein buntes Aussehen und strahlen Gemütlichkeit aus.

An das Haus angebaut sind gewöhnlich ein als Schuppen dienender recht zugiger Raum, in dem Brennholz lagert, Skier, Schlitten und Gerätschaften zum Fischen aufbewahrt werden, kleine Ställe für etwas Vieh und eine Räucherkammer für das Räuchern von Fisch und Wild. Auch eine Sauna gehört heute oft zum Bestand eines Gehöftes. Bisweilen wurden die Häuser durch ein Altenteil erweitert, das additiv an den Wohnteil, bisweilen auch an die Scheune oder den Flur angefügt ist. In letzterem Fall kommt der Flur dann in die Mitte des Hauses zu liegen.

Die Gehöfte sind meist nicht größer als 30 – 40 qm im Geviert, Ausdruck einer vor allem auf Hauswirtschaft gerichteten kleinbäuerlichen Ökonomie.

An die Hofgebäude schließt sich ein von einem Lattenzaun eingefriedeter Hausgarten an, in dem Kartoffeln, Salat, etwas Gemüse (z.T. unter Plastikfolie), Kräuter und Blumen wachsen.

Auch die neugebauten Häuser folgen – mit leichten Änderungen – den traditionellen Bauformen. An die Stelle des früher gebräuchlichen Walmdaches tritt heute allerdings üblicherweise das Satteldach. Für die Abdeckung benutzt man statt Brettern Wellblech, und die Wände werden außen mit Brettern verschalt. Die traditionelle Raumaufteilung wird weitgehend beibehalten.

4.1.4 Nichtlandwirtschaftliche Gebäude und Einrichtungen der materiellen Infrastruktur in der ländlichen Siedlung

Neben den mit der Landwirtschaft verbundenen Behausungen bestimmen vielfach andere Gebäude das Bild der ländlichen Siedlung.

Im traditionellen Dorf sind es v.a. Gemeinschaftsbauten, also Kirchen, Moscheen, Tempel oder Versammlungshäuser, die mit ihrem besonderen Baustil der Siedlung das Gepräge und oft eine charakteristische Silhouette geben. Hinzu kommen aus jüngerer Zeit Gebäude von Schulen, Post, Gemeindeverwaltung, Feuerwehr und andere, der materiellen Infrastruktur zuzurechnende Gebäude.

Höchstes und sichtbarstes Bauwerk in den meisten europäischen Dörfern ist die *Kirche*, Mittelpunkt – zumindest früher – der Dorfgemeinschaft und Grundpfeiler der sozialen Ordnung. „Man soll die Kirche im Dorfe lassen" bringt dies zum Ausdruck.

In den Kirchenbauten spiegelt sich in mannigfacher Weise die Geschichte des Dorfes und der Region. Baustil und Baualter geben vielen Gegenden ein spezifisches Gepräge, lassen gleiche und unterschiedliche Kultureinflüsse, kulturelle Traditionen und kirchliche Zugehörigkeiten erkennen. Die so

Siedlungsgestalt 61

unterschiedlichen Kirchen der Dörfer Südtirols und des Trentino bekunden dies (DÖRRENHAUS 1959).

Die griechischen (christlich-orthodoxen) und türkischen (muslimischen) Dörfer und Dorfteile in Griechisch-Thrakien sind sofort an ihren Kultbauten, den Kirchen und Moscheen, zu unterscheiden. Bei der Kirche (Moschee o.ä) liegen meist die wichtigsten weiteren öffentlichen und/oder gemeinschaftlichen Bauten: Wirtshäuser, Speicher u.a., die bisweilen einen Ring um die Kirche bilden, wie das in westfälischen Dörfern der Fall ist bzw. war.

Zu den Bauten des traditionellen Dorfes kommen heute vielfach *Wohn-* und *Wirtschaftsbauten* im Gefolge veränderter Funktionen der ländlichen Siedlungen. Auch sie können nach Alter und Stil sehr unterschiedlich sein und z.b. eine deutliche soziale Gliederung erkennen lassen.

Ein Beispiel aus den von der Realerbteilung geprägten Dörfern aus dem mittleren Hessen um Gießen herum: die Viertel der nach dem Krieg am Dorfrand angesiedelten Flüchtlinge unterscheiden sich nach ihren Bauten deutlich von anderen Neubauvierteln. Diese sind wiederum keineswegs einheitlich, sondern nach Bauzeit und damit einhergehenden zeitgebundenen Wohnvorstellungen und sozialer Herkunft (aufs Land gezogene Städter, aus dem Dorfkern an den Dorfrand gezogene Familien) der „Häuslebauer" unterschieden. Die Gestaltung der *Hausgärten* läßt interessante Unterschiede erkennen, aber auch Anpassungen ländlicher an städtische Vorstellungen. Der alte Dorfkern hat heute vielfach durch dort „hineinkomponierte" moderne Bauten (Bankfilialen, Supermarkt, Gemeinschaftshäuser) – oft trifft die Bezeichnung „Bausünde" den Sachverhalt besser – sein Gesicht total verändert. Kulturelle Elemente können Siedlungen und Fluren ein sehr spezifisches Gepräge geben, ggf. Räume als Kunstlandschaften erscheinen lassen.

Für die Bewahrung der kulturellen Eigenart der Siedlungen ist die Bewahrung der materiellen Kulturerzeugnisse der Vergangenheit besonders wichtig.

4.2 Ortsgröße

Die Orts- oder Siedlungsgröße läßt sich auf verschiedene Weisen bestimmen: nach der Anzahl der Haus- und/oder Hofstätten, nach der Anzahl der Wohneinheiten, nach dem Umfang der überbauten Fläche oder – wie allgemein üblich – nach der Einwohnerzahl. Nimmt man etwa 4-5 Einwohner pro Hausstätte (Mehrfamilienhäuser nicht einbezogen!), dann korrespondieren Hausbestand und Einwohnerzahl annähernd. Das Verhältnis kann jedoch stark auseinanderdriften, wenn z.b. Ferienhäuser einen größeren Anteil am Gebäudebestand haben, wie das bei vielen Dörfern in den Alpen der Fall ist. Dann gibt die Einwohnerzahl oft kein annähernd realistisches Bild von der tatsächlichen Ortsgröße.

Die Größe von Siedlungen reicht dabei – wenn man die zeitweilig unbewohnten Siedlungen außer acht läßt – von solchen mit einem Einwohner oder einer Familie bis hin zu Siedlungen mit vielen Millionen Einwohnern. Die ländlichen Siedlungen haben per definitionem (vgl. Kap. 1) eine relativ geringe, im einzelnen jedoch sehr unterschiedliche Größe, die vom Einzelhof bis hin zu großen Dörfern mit vielen tausend Einwohnern reicht.

Eine Gliederung der Siedlungen nach *Größentypen* sollte, sofern sie nicht rein statistische Zwecke verfolgt, mit Hilfe von funktionalen Kriterien vorgenommen werden. Die infrastrukturelle und funktionale Ausstattung von Siedlungen ist eng mit ihrer Einwohnerzahl verknüpft, wobei allerdings in Abhängigkeit von Besiedlungsdichte, Stand der sozioökonomischen Entwicklung, der Wirtschaftsform und anderem große regionale Unterschiede bestehen.

In Mitteleuropa haben sich im Laufe der historischen Entwicklung für die ländlichen Siedlungen bestimmte Begriffe herausgebildet, die die Größe als wichtigstes oder doch wesentliches Merkmal beinhalten. Es sind dies v.a. die Begriffe *Einzel(hof)siedlung*, *Weiler* und *Dorf*.

Die *Einzelsiedlung* besteht aus einer Haus- oder Hofstätte. Es ist eine isolierte Wohn- und Wirtschaftseinheit, die allerdings eine unterschiedliche Zahl von Gebäuden und Einwohnern aufweisen kann, sofern diese eine wirtschaftliche Einheit bilden. Die Höhle eines Eremiten oder Aussteigers fällt ebenso darunter wie der mächtige Hof eines Marschenbauern oder der aus vielen Bauten bestehende Hof einer in sippenbäuerlichem Verband lebenden Großfamilie in Afrika. Übergangsform zu kleinen Gruppensiedlungen bildet der *Doppelhof*, der oft aus Teilung eines Einzelhofes entstand. Der Einzelhofsiedlung entspricht ein Menschenschlag, der sich von dem der Dörfer unterscheidet: „*Hofgeist*" und „*Dorfgeist*" nennt WEISS (1959, S. 292 f.) die unterschiedliche geistige Haltung des Höfers und Dörflers, die er mit der in Einzelhöfen siedelnden Walser und der in Dörfern siedelnden Rätoromanen in Graubünden belegt.

Zwischen ihnen und dem Dorf vermittelt der *Weiler*, eine kleine landwirtschaftliche Gruppensiedlung mit zwischen drei und zwanzig Haus- und Hofstätten, die in Verwaltung, Schule, Kirche unselbständig ist, d. h. keine eigene Schule, Kirche und sonstige Versorgungseinrichtungen besitzt. Derartige Einrichtungen werden i.a. mit dem Begriff *Dorf* verknüpft. In den Einzelhofgebieten Westfalens z. B. ist das Dorf („Dorp") der unterste zentrale Ort. Der Begriff Dorf umfaßt ein breites Spektrum unterschiedlicher Größen- und Funktionstypen.

Eine Differenzierung des Begriffes wird vorgenommen durch zusätzliche Kennzeichnungen wie „großes" oder „kleines" Dorf, Stadtdorf, Haufendorf, Straßendorf, Handwerkerdorf, Industriedorf, usw. In jedem Fall bedingt die funktionale Differenzierung gegenüber dem Weiler auch eine größere soziale Differenzierung.

Die *Siedlungsgrößentypen* besitzen charakteristische *Verbreitungsgebiete* (für Mitteleuropa vgl. Abb. 33). Typische *Einzelhofgebiete* und *Streusiedlungsgebiete* (Einzelhöfe in Mischung mit kleinen Hofgruppen) in Mitteleuropa sind das Allgäu, Teile Westfalens und der nordwestdeutschen Marschen. *Doppelhöfe* finden sich häufiger in Westfalen und in der Lüneburger Heide. Verbreitungsgebiete des *Weilers* sind große Teile der deutschen Mittelgebirge, *Dorfsiedlungsgebiete* die altbesiedelten Börden, die klimatisch günstigen Gäulandschaften Süddeutschlands, die hessischen Senken und die im Zuge der Ostkolonisation besiedelten Gebiete, wobei beachtliche Unterschiede nach Größe und Dichte bestehen. Sehr dichte und große Haufendörfer z.B. finden sich in den Realteilungsgebieten Mittel- und Südhessens oder Württembergs. Auch die sehr großen Stadtdörfer Ungarns oder Süditaliens fallen trotz ihres städtischen Aussehens unter die ländlichen Siedlungen.

Auch in anderen Teilen der Erde finden wir solche regionalen Unterschiede der Siedlungsgrößentypen. Während Einzelhofgebiete in den Ländern der Alten Welt allerdings relativ selten sind, herrschen sie in vielen Teilen der Neuen Welt vor.

Mit den Begriffen Einzelhof, Weiler, Dorf verbindet sich ein vorwiegend landwirtschaftlicher Charakter der Siedlungen, der vielfach heute in den ländlichen Räumen nicht mehr gegeben ist. Die Internationale Arbeitsgruppe für die geographische Terminologie der Agrarlandschaft schlug deshalb eine neutralere Terminologie vor, die zwischen *Einzelsiedlung, kleiner, mittelgroßer* und *großer ländlicher Gruppensiedlung* unterscheidet (s. Tab. unten), wobei Schwellenwerte für eine solche Abstufung regional unterschiedlich festgelegt werden müssen (vgl. UHLIG und LIENAU 1972,1, S. 36 und 2, S. 63).

Die Gründe für die unterschiedlichen Siedlungsgrößen sind vielfältig: ökologische und ökonomische Gunst- oder Ungunstlage, Wirtschaftsform, Zeitdauer der Entwicklung, soziale Struktur der Siedler und Erbrecht können dafür ebenso eine Rolle spielen wie Schutzaspekte oder rechtliche Gegebenheiten.

Lassen rein *ökonomische Aspekte* insbesondere bei vorwiegender Viehwirtschaft die Anlage von *Einzelsiedlungen* mit arrondierter Wirtschaftsfläche oder *lockeren Reihensiedlungen* mit hofanschließender Streifenflur wegen der günstigen Lage von Betrieb und Wirtschaftsfläche zueinander als besonders vorteilhaft erscheinen, so bedingen physische Gegebenheiten (z.B. Quellen, Wasserstellen), spezifische Wirtschaftsweise (z. B. Zelgenwirtschaft) oder Schutzgründe oft *Gruppensiedlungen* (vgl. WEISS 1959, S. 273). Wir müssen allerdings damit rechnen, daß die gegenwärtige Siedlungsform nicht der ursprünglichen Anlage entspricht, daß vielmehr am Anfang vieler Gruppensiedlungen Einzelsiedlungen oder lockere Hofgruppen standen, die sich erst durch Teilungsvorgänge zu mehr oder weniger großen Gruppensied-

Tab. 3: Größenklassen ländlicher Gruppensiedlungen (Mitteleuropa).

Terminus (Begriff)	Definition
Einzelsiedlung (Einzelhof/haus)	1 Hausstätte
Doppelsiedlung (Doppelhof)	2 Hausstätten
kleine ländliche Gruppensiedlung (Weiler)	10-20 Haus-/Hofstätten, bis 100 E.
kleine bis mäßig große ländliche Gruppensiedlung (kleines Dorf)	<100 Haus-/Hofstätten, < 500 E.
mittelgroße ländliche Gruppensiedlung (Dorf)	<400 Haus-/Hofstätten, <2000 E.
(sehr) große ländliche Gruppensiedlung (Großdorf, Stadtdorf)	>400 Haus-/Hofstätten, >2000 E.

lungen entwickelten, wie es für viele Gruppensiedlungen nachgewiesen ist (z.B. BARTEL 1968). Die *Zeitdauer* der Entwicklung spielt dabei für die Größenentwicklung ebenso eine Rolle wie die Lage (z. B. ökologische Gunst, Nähe zu einer Agglomeration). *Altsiedelgebiete* zeichnen sich (auch da gibt es Ausnahmen, z.b. NW-Deutschland) darum durch größere Siedlungen als die *Jungsiedelgebiete* aus. Viele Einzelhöfe sind das Ergebnis junger Maßnahmen der *Neuordnung von Siedlung und Flur* (Vereinödung, Kommassation, Flurbereinigung), wie die bereits ab dem 16. Jh. entstandenen Einzelhöfe (Einöden) im Allgäu oder die in den Dorfsiedlungsgebieten nach dem zweiten Weltkrieg entstandenen *Aussiedlerhöfe*. Diese sind jedoch in der Regel nicht als eigenständige Siedlungen anzusehen, da sie mit ihrem Land in der Gemarkung des Dorfes verblieben, aus dem sie ausgesiedelt wurden.

4.3 Ortsformen

4.3.1 Typologie der Ortsformen

Unter Ortsform (Siedlungsform) versteht man die aus der Grundrißform und Bebauungsdichte resultierende Ortsgestalt.

Die *Grundrißform* einer Siedlung resultiert aus der Anordnung der in einer Siedlungseinheit zusammengefügten Haus- und/oder Hofstätten bzw. aus deren Zuordnung zu den Straßen (Wegen) und Plätzen.

Der Begriff der *Bebauungsdichte* bezieht sich auf den Abstand der Gebäude einer Siedlung untereinander. Zwischen sehr *dicht* (die Gebäude stehen ohne Abstand nebeneinander, wie z.B. in vielen Haufendörfern der Realteilungsgebiete) und sehr *locker* (die Siedlungseinheit ist kaum noch zu

Siedlungsgestalt 65

erkennen) gibt es praktisch alle Übergänge.
Da sich die mittleren Abstände der Gebäude bei flächigen Siedlungen schwer berechnen lassen, wird die Bebauungsdichte bei diesen am besten aus dem Quotienten von Gebäudefläche (incl. der Hofplätze) und Siedlungsfläche (= Fläche des Wohnplatzes) bzw. Teilflächen berechnet; bei linearen Siedlungen und Platzsiedlungen, in denen sich Haus- und Hofstätten wie Perlen einer Kette anordnen, kann sie dagegen aus dem mittleren Gebäudeabstand berechnet werden. Was dann als dicht oder locker zu bezeichnen ist, dafür liegen zwar keine Schwellenwerte vor; im Vergleich werden aber ggf. deutliche Unterschiede sichtbar, die qualitative Bezeichnungen als dicht, mäßig dicht, mäßig locker oder locker rechtfertigen.

Tab. 4: In der Raumforschung gebrauchte Dichtewerte.

Bevölkerungsdichte (arithmetische) = Einwohner/Gesamtfläche eines Territoriums
Bevölkerungsdichte (physiologische) = Einwohner/besiedelter und produktiv genutzte Fläche eines Territoriums
Wohndichte = Wohnbevölkerung/Wohnfläche (100 m^2)
Agrardichte = landwirtschaftliche Berufszugehörige/LN (100 ha)
Arbeitsplatzdichte = Arbeitsplätze/km^2
Bebauungsdichte = Normalwohngebäude/Baugebiet (ha)
Geschoßflächenzahl = qm Geschoßfläche/qm Grundstücksfläche
Grundflächenzahl = qm überbaute Fläche/qm Grundstücksfläche

Quelle: Planck/Ziche 1979, S. 25

Sofern *Katasterkarten* vorhanden sind, sind diese wichtigste Grundlage für die Erfassung der Ortsform. Ihre Erscheinung läßt sich bis zum Beginn der katastermäßigen Erfassung problemlos nachvollziehen. Für die Erfassung früherer Entwicklungsstadien müssen Urbare und andere Quellen (s. Kap. 8.1) herangezogen werden. Dort wo keine Grundrißpläne vorhanden sind, lassen sie sich mit einfachen Mitteln – ein Theodolit ist keineswegs unbedingt erforderlich – erstellen. Fluchtstäbe, Winkelkreuz oder Prisma für die Rechtwinkelaufnahme, Winkelscheibe und Maßband reichen dafür vollkommen. Will man Höhenunterschiede miterfassen sind Nivelliergerät, Wasserwaage und Nivellierlatte nötig.

Die *Grundrißform* ist das Produkt *planender Gestaltung* oder *spontaner Entstehung* und Entwicklung, wobei einer geplanten Entstehung eine spontane Weiterentwicklung ebenso folgen kann wie umgekehrt. Planender Gestaltung entspricht ein *regelmäßiger* Grundriß, spontaner Entstehung und Entwicklung ein *unregelmäßiger.* Regelmäßigkeit und Unregelmäßigkeit einer Anlage drücken sich nicht nur in dem mehr oder weniger geometrischen Muster der Straßen und Plätze (Freiflächen) aus, sondern auch im Zuschnitt der Grundstücke.

Der Eindruck regelmäßiger Anlage kann gelegentlich durch natürliche Gegebenheiten entstehen, etwa bei linearer Reihung von Gehöften in einem Talgrund, ohne daß Planung zugrunde liegt. Umgekehrt kann die ursprüngliche Regelmäßigkeit einer Anlage bis zur Unkenntlichkeit durch spätere Überbauung verstümmelt sein, wie das bei den Sackgassendörfern in der Hildesheimer Börde der Fall ist (vgl. z.B. EVERS 1957).

Das Ausmaß der Planung und deren Einflußnahme auf die Siedlungsanlage findet seinen Niederschlag im Grad ihrer Regelmäßigkeit. Fortschritte in der Vermessungstechnik und in den Möglichkeiten zum Ausgleich physischer Hindernisse führten dazu, daß die Plananlagen, je mehr wir uns der Gegenwart nähern, um so regelmäßiger werden und seit dem 18. Jh. meist ganz schematische, auf dem Reißbrett entworfene Anlagen sind.

Naturräumliche Bedingungen, die Sozialstruktur der Siedler, die Funktionen der Siedlung, rechtliche Bindungen und anderes beeinflussen dabei sowohl den geplanten wie den aus ungelenkter Entwicklung hervorgegangenen Grundriß. Er kann darum sehr vielfältiger Ausdruck gesellschaftlicher Bedingungen sein, die es sorgfältig zu interpretieren gilt.

Aufgrund ihrer Persistenz werden gerade Grundrißformen für den siedlungshistorisch und -genetisch arbeitenden Geographen zu einem wichtigen Ausdruck früherer sozioökonomischer Situationen. Nach Art der Anordnung der Behausungsstätten in Verbindung mit den Freiflächen werden folgende Grundformen der Siedlungen unterschieden:

1. lineare Siedlungen (*Linearsiedlung*)
2. platzbestimmte (polare) Siedlungen (*Platzsiedlung*)
3. Siedlungen mit flächigem Grundriß (mit unregelmäßigem Grundriß: *Haufensiedlung*; mit regelmäßigem: *geregelte Straßennetzanlage, Schachbrettsiedlung* o.ä.)

Die Abbildung 8 zeigt einige für die Grundtypen der Siedlungen mit flächigem, polarem und linearem Grundriß charakteristische Beispiele; weitere kommentierte Beispiele finden sich bei UHLIG u. LIENAU *1972, 2, S. 183-232. Die Maßstäbe sind mit Ausnahme von d und g einheitlich, so daß damit ein Größenvergleich möglich ist. Bei den dargestellten Formen handelt es sich größtenteils um Grundformen. In der Realität gibt es zahlreiche Übergangsformen zwischen diesen Typen, was eine Zuordnung oft recht schwierig macht. Hinzu kommt, daß viele Grundformen im Laufe der Entwicklung überformt wurden, so daß die Grundform verdeckt ist.*

a. – d. Beispiele für Siedlungen mit flächigem Grundriß
a. Kleine lockere Gruppensiedlung mit flächigem Grundriß (= kleines lockeres Haufendorf): Erdölüren in Inneranatolien (Quelle: HÜTTEROTH *1968, Abb. 57). Die Zwischenräume zwischen den Häusern sind freies Gelände wechselnder Ausdehnung, das der allgemeinen Nutzung als Weg, Dreschplatz, für Häckselmieten oder anderen Zwecken dient.*
b. Großes, dichtes Haufendorf: Karagedik in Inneranatolien (Quelle: HÜTTEROTH *1968, Abb. 54). Das unregelmäßige Wegenetz mit wechselnder Breite der Wege, platz-*

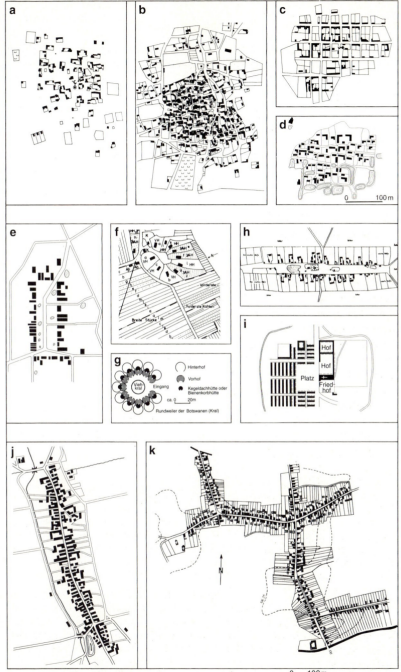

Abb. 8: Ortsformtypen (Entwurf: C. Lienau).

artigen Erweiterungen und Sackgassen zeigt typisch orientalische Züge (zur Erklärung s. HÜTTEROTH 1968, S. 154 ff.). Die bei zunehmender Verdichtung im Dorfkern knapp werdenden Bauplätze (Nähe zur Wasserstelle) bedingen eine eher lockere Ausweitung des Dorfes in seinen Randbereichen.

c. Kleine bis mittelgroße Gruppensiedlung mit flächigem Grundriß in regelmäßiger Straßennetzanlage in Inneranatolien (Quelle: HÜTTEROTH 1968, Abb. 60). Die Siedlung wurde 1905 von Türken aus Thrakien planmäßig angelegt.

d. Kleine flächige Gruppensiedlung mit einem durchgehenden Weg und nach außen gerichteten Sackgassen: Kleines Haufendorf in Tonking (Quelle: NIEMEIER 1977, S. 49). Die Grundrißgestaltung dürfte mit der Großfamilienstruktur zu erklären sein.

e. – i. Beispiele für Siedlungen mit polarem Grundriß
e. Mittelgroßes Platzdorf mit großem rechteckigem Platz (Forta, Anger). Die Abb. zeigt Bisdorf auf Fehmarn (nach SCHOTT 1953, S. 112). Die planmäßige Anlage entstand in der 1. Hälfte des 13. Jh. Der ursprünglich in Gemeindebesitz befindliche Platz mit Teichen und Weidefläche für das Vieh wurde, funktionslos geworden, in private Gärten umgewandelt (in anderen Dörfern von Nachsiedlern z.T. überbaut). Die Hofgrundstücke sind gegen die Flur durch eine Wallhecke begrenzt. Die unter dänischem Einfluß nach den Regeln des „Jütischen Low" von 1241 angelegten Platzdörfer in Ostholstein werden auch als Fortadörfer bezeichnet.

f. Rundplatzdorf, Typ Rundling, in der Altmark (Quelle: MEIBEYER 1964, Abb. 10). Die Hofstätten gruppieren sich keilförmig um einen Innenraum mit nur einem Zugang; die Flur zeigt eine regelmäßige Aufteilung der einzelnen Steifengemengeverbände und Nachbarschaftslage bestimmter Besitzer (Riegenschlagflur).

g. Rundplatzweiler in Botswana (schematisiert). Die aus Reisig gefertigten Kegeldachhütten gruppieren sich um einen Innenraum, in dem das Vieh nachts eingepfercht ist. Der Rundplatzweiler wird ebenso wie der in seinem Innenraum liegende Pferch mit dem niederländischen Wort Kral oder Kraal (von port. corral = eingepferchter Platz) bezeichnet (vgl. G. SCHWARZ 1989, S. 133 und Abb. 17). Beachten Sie den Maßstab!

h. Kleines bis mittelgroßes Platzdorf (Typ Angerdorf) mit lanzettförmig gestrecktem Anger, aus dem sich einige Gemeinschaftsbauten (Kirche mit Friedhof, Schule und Spritzenhaus) befinden. Der Abschluß an den äußeren Enden des Angers gegen die Flur ging durch Wüstfallen einiger Höfe verloren. Die Anlage zeigt ein Beispiel aus dem Sternberger Land zwischen Oder und Warthe (KRENZLIN 1952, Abb. 16).

i. Jesuiten-Reducción in Nord-Argentinien (nach WILHELMY und ROHMEDER 1963, S. 372; S. UHLIG und LIENAU 1972, S. 206). Die planmäßig-schematisch mit rechtwinklig sich kreuzenden Straßen im 17. Jh. durch Jesuiten zur Zusammensiedlung von Indianern angelegte Siedlung, deren Zentrum ein großer 100 x 100 m im Geviert messender Platz (plaza) bildet, gliedert sich in zwei Teile: südlich der plaza liegen das Viertel mit Kolleghaus der Padres mit großem Obst- und Gemüsegarten, die große Barockkirche, Friedhof und Spital, um die plaza und nach N und NW sich ausdehnend das Wohnviertel der von landwirtschaftlicher Tätigkeit lebenden Indianer (gewöhnlich hausten in den Reduccionen zwischen 3000 und 7000 Indianer), die in langgestreckten Wohnbauten nach Kazikenschaften getrennt lebten. Das Schachbrettmuster, in dem alle Reduccionen angelegt sind, war vom spanischen Vizekönig in der 2. Hälfte des 16. Jh. als verbindlich festgelegt worden. Die große plaza betont die Gemeinschaftsfunktion. Nach außen waren die Reduccionen durch Gräben, Hecken oder Pali-

Siedlungsgestalt

sadenzäune geschützt. Die Siedlung verfiel nach Vertreibung der Jesuiten im 18. Jh. (vgl. H. WILHELMY und W. ROHMEDER 1963, S. 372 f. und H. SCHEMPP 1969, S. 149 ff.)

j. – k. Beispiele für lineare Grundrißformen
j. Straßendorf in Sachsen; planmäßige Anlage im Zuge der Ostkolonisation. Anders als im Reihendorf (vgl. Abb. 12 g) stehen die Höfe eng beieinander und lassen die Straße als den zentralen Raum des Dorfes erscheinen (Lautensach-Atlas 1957, S. 63). Bei Verbreiterung der Straße wird der Übergang zum Rechteckangerdorf fließend.
k. Mehrteiliges Straßendorf (Quelle: NITZ, Pfalzatlas, Karte IV). Das große, dicht gebaute Straßendorf (Realteilung!) besteht aus mehreren Teilen, die sich durch Parzellenform und Hofgröße verschiedenen Entwicklungsperioden zuordnen lassen. Straßenverlauf, Parzellengröße und Flurauf teilung sprechen dafür, daß es sich um eine gewachsene Siedlung handelt, sieht man vom östlichen Teil, einem jungen Ausbau, einmal ab.

Diese Klassifikation läßt sich aus den bestehenden Siedlungsformbegriffen ableiten (vgl. UHLIG und LIENAU 1972, 1, S. 37). Mit jede Typ verbinden sich bestimmte Eigenschaften, die eine solche Einteilung rechtfertigen.

Linear heißt, daß die Haus- und Hofstätten reihenförmig angeordnet sind, sie berühren sich jeweils nur an zwei Seiten wie die Perlen einer Kette. Eine *lineare Siedlung* kann aus einer oder zwei parallelen *Reihen* (= Doppelreihe) bestehen. Sind die Reihen geradlinig, kurz und dicht, sprich man von *Zeilen*. Sofern sich zwei Reihen kreuzen (Kreuzreihensiedlung), liegt eine Übergangsform zur flächigen Grundrißform vor. Die lineare Siedlung verbindet insbesondere bei hofanschließender Streifenflur die Vorteile von Einödlage mit den Vorteilen der Gruppensiedlung. Sie ist deshalb die in vielen Kolonisationsprozessen verwandte Siedlungsform.

Im einzelnen kommen lineare Siedlungen in zahlreichen Varianten vor: einreihige (-zeilige), doppelreihige (-zeilige), regelmäßige und unregelmäßige, langgestreckte und kurze, dicht und locker gebaute, mit und ohne oder mit partiellem Hofanschluß der Parzellen. Unter die regelmäßigen fallen streng schematische Formen ebenso wie solche, bei denen nur ein Rahmenplan der Anlage zugrunde lag. Oft folgen lineare Siedlungen natürlichen Leitlinien wie Tälern, Flußläufen oder Terrassenrändern. Zahlreiche Termini bestehen für die nach Form, Funktion und Genese unterschiedlichen Typen von Linearsiedlungen. Der neutrale Terminus *Reihendorf (-weiler)* wird gebraucht für lockere, ein- und mehrreihige lineare Siedlungen, die einem Talgrund, Fluß oder anderen Leitlinien folgen. Für die in der hochmittelalterlichen Rodungs- und Kolonisationsperiode angelegten Reihensiedlungen mit hofanschließender Streifenflur und – wenn auch regional unterschiedlich – genormter Flächengröße der eine Ackernahrung umfassenden Hofstellen (Hufen) sind spezifische Typenbegriffe eingeführt. Die wichtigsten sind: *Waldhufendorf* (für die vor allem bei der Erschließung der Mittelgebirge verwendeten Typen der Reihensiedlungen mit hofanschließender Streifenflur), *Marschhufendorf* (für die von den Holländern zur Erschließung der Marschen eingeführte Form; erste Marschhufensiedlung: Vahr bei Bremen 1106), *Hagenhufendorf* (Hufendörfer mit bestimmter Rechtsform in Schaumburg-Lippe und Mecklenburg) und *Radialhufendorf*, Sonderform des Waldhufendorfes mit stark gebogener, nahezu kreisförmiger Hofreihe und segmentförmig die Flur gliedernden Parzellen (zu den Hufendorfbegriffen s. u.a. KRÜGER 1967, BORN 1977). Jüngere Formen sind die *Moorhufensiedlungen* und die Sonderform der *Fehnkolonien* (vgl. dazu Abb. 28 und DIERCKE WELTATLAS 1988, S. 33).

Der Hufendorfbegriff wird dann von vielen Autoren unabhängig von dem begrifflichen Inhalt von „Hufe" auf alle Formen von Reihensiedlungen mit hofanschließender Streifenflur übertragen, z.B. *afrikanisches Waldhufendorf* (MANSHARD 1961) oder *Flußhufendorf* (BARTZ 1955) für die in Kanada mit dem St. Lorenzstrom als Leitlinie und Verkehrsader angelegten Reihensiedlungen mit hofanschließender Streifenflur.

Anders als beim Reihendorf bildet beim *Straßendorf* eine Straße das zentrale Siedlungselement, d.h. es besteht in seiner Grundform aus zwei relativ dichten Reihen (Zeilen), die ein Straßenstück einrahmen. *Gassendorf* bezeichnet kleine Dörfer mit wenig prägnant ausgeprägter Straße (Weg, Gasse), die im Falle des *Sackgassendorfes* blind endet. Die genannten Formtypen finden sich häufig bei Siedlungen der mittelalterlichen Ostkolonisation; die Begriffe werden von einigen Autoren deshalb auf Siedlungen dieser Genese beschränkt.

Zeilendorf, Liniendorf, Wegedorf, Waldstreifendorf sind nur einige der vielen weiteren Termini für lineare Siedlungen mit spezifischer Gestalt und/oder Genese (vgl. UHLIG und LIENAU 1972, 2, S. 66 und KRETSCHMER 1978).

Platzsiedlung ist der Oberbegriff für alle Typen, bei denen ein Platz das zentrale Grundrißelement bildet, um den herum die Behausungsstätten liegen. Als Platz wird die in Gemeinbesitz befindliche zentrale Fläche verstanden, die den verschiedensten Zwecken dient, u.a. als Standort öffentlicher Einrichtungen (Löschteich, Kirche, Schule) oder als Allmendweide und auf dem sich das öffentliche Leben der Gemeinde abspielt. Seiner Gestalt nach kann der Platz rund, oval, rechteckig, quadratisch oder schmal und langgestreckt sein. Auch wenn ein Platz als zentrales Siedlungselement immer gewisse Vereinbarungen der Siedler voraussetzt, wird man erst dann von geregelter, planmäßiger Anlage sprechen können, wenn der Zuschnitt der Grundstücke und deren Ausrichtung auf den Platz einen zugrundeliegenden Plan vermuten lassen. Die anderen wird man der Gruppe der unregelmäßigen Platzdörfer zurechnen müssen.

Die Funktion des Platzes, für den auch das Wort *Anger* (zum Begriff s. auch TEMLITZ 1977) gebräuchlich ist, wird so mitbestimmend für die Funktion der Siedlung. Sofern er zum Sammeln des Viehs und dessen (nächtlicher) Weide bestimmt ist, drückt sich in der Bevorzugung des Platzdorfes viehbetonte Wirtschaftsweise aus; als Standort von Kultbauten und als Kultplatz betont er andere wichtige Funktionen der Gruppensiedlung, wie es aus SO-Asien bekannt ist (vgl. BÜHLER 1959/60).

Bekannte Typen von Platzsiedlungen sind Rundling und Angerdorf. Als *Rundling* werden die kleinen Rundplatzdörfer im deutsch-slavischen Grenzsaum aus der Anfangszeit der mittelalterlichen Ostkolonisation bezeichnet, deren Hauptmerkmal die Lage sektorenförmig zugeschnittener Hofstätten um einen in Gemeinbesitz befindlichen Innenraum ist, der ursprünglich nur einen Zugang hatte. Geringe Größe, die die eines Weilers kaum überschreitet, Lage am Rande von Feuchtland, Seitenlage zu Verkehrswegen und abseits liegende Kirche sind weitere Charakteristika (vgl. u.a. MEIBEYER 1964, S. 21).

Im Gegensatz zum Rundling bezeichnet *Angerdorf* ein (mittel-)großes Platzdorf. Der Terminus (engl. *green village*, dazu u.a. THORPE 1961 und LEISTER 1970) wird vor allem für die mittelgroßen, planmäßig angelegten hochmittelalterlichen und frühneuzeitlichen Dorfanlagen gebraucht, deren Gehöfte in lockerem bis mäßig dichtem, selten dichtem Abstand einen großen, als Gemeinweide und – später – als Standort für Kirche und Schule dienenden Platz (Anger) umrahmen. Für besondere Formtypen wurden die Termini *Rundangerdorf, Kreuzangerdorf, Winkelangerdorf* und andere gebildet. *Fortadorf* bezeichnet einen durch rechteckige Form des Platzes gekennzeichneten Angerdorftyp in Dänemark und Schleswig-Holstein (Angeln, Fehmarn), der vermutlich infolge Neuordnung von Siedlung und Flur (solskifte) im 13. Jh. entstand. Bei schmalen und langgestreckten Platzformen sind die Übergänge zum Straßendorf fließend.

Viele Autoren verwenden die Bezeichnung Angerdorf für alle Formen von Platzdörfern, die sich nicht nur in allen Teilen Europas finden, sondern auch aus anderen Teilen der Erde beschrieben wurden, so von BÜHLER (1959/60) aus Indonesien, Melanesien und Polynesien, von BACHMANN (1931) von den Maori. Auch die runden Krale afrikanischer Nomaden (Massai, Herero) können ihrer Grundrißform nach den Platzsiedlungen zugerechnet werden.

In der Regel besitzen Platzsiedlungen keine hofanschließenden, zur Feldflur gehörenden Parzellen, sondern eine Gemengefeldflur.

Häufigster Formtyp sind die Siedlungen mit *unregelmäßig flächigem* Grundriß, für die die Bezeichnung *Haufendorf(-weiler)* üblich geworden ist. Die Straßen-(Wege-)führung kann sternförmig, verschlungen unregelmäßig, sackgassenförmig und anders sein. Die typische, zum Haufendorf gehörige Flurform ist eine Block- oder/und Streifengemengefeldflur. Haufendörfer sind prototypisch für spontan entstandene und gewachsene Dörfer. Sie kommen nach Form, Genese, zugehörigen Flurformen und anderen Merkmalen in zahlreichen Varianten vor, für die z. T. eigene Begriffe eingeführt wurden, wie *Etterdorf* (für Haufendörfer in Süddeutschland, die durch einen Zaun (= Etter) von der Flur abgeschlossen waren), *Gewanndorf* (für die großen Haufendörfer in Süddeutschland mit Gewannflur), *Wegedorf* für die lockeren unregelmäßig-flächigen Siedlungen in Nordwest-Deutschland (MARTINY 1926) oder *Zellenhaufendorf* (für die aus Sippensiedlungen hervorgegangenen Haufendörfer in Bulgarien (WILHELMY 1935, S. 46 f.). Für viele Typen fehlt ein eigener Terminus, so etwa für die gedrängten orientalischen Haufendörfer mit ihren Sackgassen und unregelmäßigen kleinen Plätzen oder die chinesischen und japanischen Haufendörfer mit ihrem oft zentrifugalen Wegenetz (vgl. Abb. 8d).

Den Siedlungen mit unregelmäßig flächigem Grundriß stehen die mit einem *regelmäßigen Wege-* oder *Straßennetz* gegenüber, als deren Prototyp das *Schachbrettdorf* gelten kann. Auch die Regelformen zeigen jedoch vielfältige Variationen: eng- und weitmaschiges Wegenetz, quadratisches und rechteckiges Muster, mit und ohne zentralen Platz. Planmäßige Straßennetzanlagen sind weit verbreitet in der Neuen Welt, in Europa in flächenhafter Verbreitung nur in jungen Kolonisationsgebieten (z. B. Habsburger Siedlungen im Banat, sonst gelegentlich nach Wiederaufbau eines durch Krieg oder Brand zerstörten älteren Dorfes (vgl. WEBER 1966).

Die beschriebenen Grundrißtypen „linear", „polar" und „flächig" bezeichnen Grundtypen, zwischen denen es zahlreiche Übergänge und Kombinationsformen gibt (z. B. regelhafte Primärform mit unregelmäßiger Erweiterung). Spätere Erweiterungen können die Grundform u. U. überdecken: ursprüngliche *Platzdörfer* erscheinen z. B. nach Überbauung des Platzes und unregelmäßiger Erweiterung als *Haufendorf*, ursprünglich lineare Siedlungen durch quer zur Hauptachse erfolgende Erweiterungen als *Siedlungen mit regelmäßig flächigem Grundriß*. Der *zusammengesetzte Grundriß* ist auch bei den ländlichen Siedlungen eher die Regel als die Ausnahme.

Die wichtigsten Merkmale zur Bestimmung bzw. Beschreibung der Ortsgrundrißform sind nach internationaler Übereinkunft – noch einmal kurz zusammengefaßt – folgende:

1. regelmäßig, unregelmäßig;
2. linear, polar, flächig;
3. dicht, mäßig dicht, locker.

Die Reihenfolge mag dabei auch eine Rangfolge der Wichtigkeit sein.

Die genannten Merkmale erleichtern die Beschreibung und Typisierung von Ortsformen nach einigen wesentlichen Gesichtspunkten, ohne daß man sich in den Dschungel der bestehenden traditionellen (genetischen) Terminologie begeben muß. Es ermöglicht zugleich eine Einordnung der bestehenden Begriffe nach deren formalen Merkmalen und gibt einen Definitionsrahmen ab.

Siedlungsgestalt

4.3.2 Die Ortsformen bestimmende Einflußgrößen

Wie die Haus- und Gehöftformen, so sind auch die Ortsformen keine Produkte willkürlicher Entscheidungen, sondern aus den physischen und sozioökonomischen Bedingungen in Vergangenheit und Gegenwart zu deuten.

Naturfaktoren
Klima, Böden, Vegetation, Wasser und Oberflächengestalt wirken einerseits direkt, anderseits indirekt über die Wirtschaft auf die Gestalt von Siedlung und Flur. Die Auswirkungen von Naturfaktoren auf die Siedlungsgestaltung sind nie zwingend, aber häufig.

Oberflächengestalt und *Gestein* beeinflussen vielfach Lage und Grundrißgestaltung einer Siedlung, z.B. wenn sich eine Siedlung entlang einer Terrassenkante oder eines Talgrundes erstreckt, sich auf einer Hügelkuppe (aus Schutzgründen) ballt oder ebenes Gelände eine regelmäßig-flächige Anlage erlaubt. Die Grundrisse der Waldhufendörfer in den im Hochmittelalter besiedelten Mittelgebirgen oder der unter Maria Theresia angelegten Schachbrettsiedlungen des Banat sind ebenso Beispiele für eine Beeinflussung der Ortsformen durch Oberflächengestalt und Gestein wie die Höhlensiedlungen in den Lößgebieten Chinas.

Gewässer können eine Konzentration von Siedlungen um die – seltenen – Quellen ebenso fördern (z.B. die Dörfer der Lunxheri in Albanien, s. LOUIS 1933, S. 47 ff.) wie ubiquitäres Wasservorkommen die Streusiedlungen (z.B. in Nordwestdeutschland).

Die eingeschränkten Möglichkeiten, hochwasser- oder lawinengeschützt zu bauen, wird zu Konzentration von Haus- und Hofstätten führen. Das gilt auch für andere von der Natur herrührende Gefahren. Schon aus technischen Gründen und um die Bedrohungen gemeinsam meistern, Abwehrmaßnahmen gemeinschaftlich arrangieren zu können, wird man bei Rodungssiedlungen im Wald (z.B. in der Taiga, im tropischen Regenwald) oder bei Siedlungen im Wasser (s. UHLIG 1979) Gruppensiedlungen bevorzugen.

Das *Klima* hat nicht nur zahlreiche direkte und indirekte Auswirkungen auf die Gestalt von Häusern und Gehöften, sondern kann auch Lage und Grundriß gezielt beeinflussen. Die engen schattenspendenden Gassen nordafrikanischer Dörfer, aber auch italienischer Dörfer sind sicher nicht nur aus spezifischen sozialökonomischen Bedingungen zu erklären.

Anthropogene Einflußgrößen
Gleichgroß oder größer sind die Wirkungen von Politik oder politischem System, rechtlichen Vorschriften, Religion und gesellschaftlicher Struktur insgesamt auf die Ortsform.

Politik und *rechtliche Vorschriften* sind dafür verantwortlich, ob Siedlungen planmäßig angelegt werden oder spontan und unregelmäßig wachsen. Siedlungsprogramme (= Programme zur Besiedlung) führen zur gleichmäßigen Siedlungsgestaltung (oft incl. der Häuser) von ganzen Regionen, wie die Kolonisationen unter Friedrich dem Großen und Maria Theresia oder – um ein jüngeres Beispiel zu wählen – die Flüchtlingssiedlungen in Nordgriechenland (dazu z.B. PAPENHUSEN 1933) zeigen. Aber auch die Gestaltung von Neubauvierteln am Rande von Dörfern sind Resultate von Politik und rechtlichen Vorschriften.

Daß *Religion* nicht nur über die Kultgebäude das Siedlungsbild beeinflußt, sondern Siedlung und Flur ganz unter kultischen Gesichtspunkten gestaltet werden, dafür gibt es u.a. Beispiele von den Majas aus Mexiko (s. TICHY 1974). Die Siedlungen von Glaubensgemeinschaften (Klostersiedlungen, Dörfer mit spezifischen Gemeinschaftseinrichtungen) liefern weitere Beispiele (vgl. u.a. SCHEMPP 1969).

Magische Vorstellungen können in hohen Maße Lage, Baustrukturen, Art der Inneneinrichtung und andere, das Siedlungsbild bestimmende Faktoren beeinflussen, wie das in China der Fall ist.

Schließlich beeinflußt die *Wirtschaft* Siedlungsstruktur und Bauformen. Sie resultiert aus anthropogenen Entscheidungen vor dem Hintergrund der natürlichen Rahmenbedingungen und der gesellschaftlichen Entwicklung. Die Abwägung wirtschaftlicher Zweckmäßigkeit gegen andere Erfordernisse führt, je nach den Bedingungen, zu unterschiedlichen Ergebnissen.

Ob die zweckmäßige Einzelhoflage mit arrondierter Flur, Reihensiedlung mit hofanschließender Streifenflur oder ein flächiger Grundriß mit Gemengeflur gewählt wird bzw. wurde, hängt sicher nicht nur von den physischen Gegebenheiten und politischen Rahmenbedingungen (etwa betr. Sicherheit) ab, sondern auch von der Einschätzung der Werte von Dorfgemeinschaft u.a.m.. In der bei Plananlagen vielfach gewählten Form der Reihensiedlung mit hofanschließender Streifenflur versucht man Vorteile arrondierter Höfe mit Gruppensiedlungen zu verbinden. Eine besondere Optimierung der Lage der Höfe bei Streifeneinödfluren beschreibt EHLERS (1967) von neugeplanten Siedlungen in Finnland: die Höfe werden immer in Vierer-Gruppen an den Streifenrändern angelegt, um auf diese Weise Infrastruktureinrichtungen zu verbilligen und Nachbarschaftsbeziehungen zu erleichtern.

Plätze waren vielfach nicht nur für gemeinschaftliche Einrichtungen da, sondern dienten der hofnahen und damit besser kontrollierbaren Nachtweide des Viehs. Das Vorkommen von Platzdörfern gibt damit Hinweise auf die Landwirtschaftsformen zumindest zur Gründungszeit. Die Straßendörfer mit Plangewannfluren (dazu v.a. KRENZLIN 1952) sind Ausdruck der Übernahme der Dreifelderwirtschaft aus dem Westen bei der Dorfanlage.

Siedlungsgestalt 75

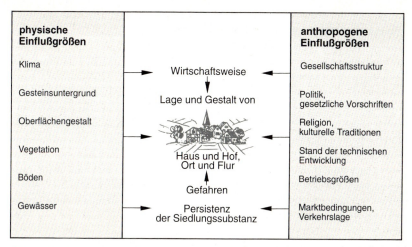

Abb. 9: Einflußgrößen auf Lage und Gestalt von Haus und Hof, Ort und Flur (Entwurf: C. LIENAU nach ELLENBERG).

4.4 Flurformen

4.4.1 Typologie der Flurformen

Wie die Ortsformen, so sind auch die *Flurformen* für den Siedlungsgeographen ein Hilfsmittel, um Einblick in die wirtschaftlichen und sozialen Verhältnisse einer ländlichen Siedlung in früheren Zeiten, aber auch in der Gegenwart zu gewinnen. Sie sind darüber hinaus ein Faktor, der für die Landwirtschaft von großer Bedeutung ist und so auf die Siedlungsgestalt zurückwirkt.

Als *Flur* (vgl. Abb. 3) wird die parzellierte, besitzmäßig einem oder mehreren Betrieben zugeordnete agrarische Nutzfläche einer Siedlung oder eines Siedlungs- und Wirtschaftsverbandes bezeichnet. Sie schließt die Allmende aus. Als *Allmende* gilt das Land, das den Nutzungsrechten von Gemeinden (z. B. Dorfgemeinschaft), lokalen Personenverbänden (z. B. alle Hufner eines Dorfes, nicht aber Nachsiedlerschichten wie Brinksitzer) oder Distriktverbänden unterliegt. Sie umfaßt die Flächen innerhalb einer Gemarkung, die nicht von Besitz- bzw. Eigentumsgrenzen gegliedert sind, vor allem Weideland, Wald, Wasser. Sie kann aber auch Feldland umgreifen.

Als *Gemarkung* wird die Gesamtfläche einer Gemeinde oder Siedlung ohne ausmärkische Besitzungen bezeichnet. Früher durch Gewohnheitsrecht festgelegt (Bannbezirk), ist sie heute in den meisten Staaten durch Kataster vermessen. Sie umfaßt besitzrechtlich die Flur, Kommunalland und ggf. Staatsland. Größe und Zuschnitt des Territoriums können wichtige Hinweise auf die Siedlungsgenese geben.

Unter *Flurform* wird das Eigentums- und Besitzliniengefüge der Flur verstanden, d.h. das durch die Parzellenformen und deren eigentums- bzw. besitzmäßige Lage und Zuordnung zueinander bestimmte Strukturmuster der Flur. Es ist meist nicht identisch mit dem sichtbaren Liniensystem der Nutzungsgrenzen, dem Muster der Landnutzung, denn eine Eigentums- oder Besitzparzelle kann z.B. mit mehreren Ackerfrüchten besetzt sein, umgekehrt aber kann sich eine Frucht (etwa durch Pacht oder im Rahmen von Zelgenwirtschaft) auch über viele Besitzparzellen erstrecken, ohne daß die Eigentums- oder Besitzgrenzen sichtbar sind. Ein Schluß von Landnutzungsmustern, wie sie sich z.B. in Luftbildern anschaulich darstellen, auf die Flurformen ist daher nur unter Vorbehalten möglich.

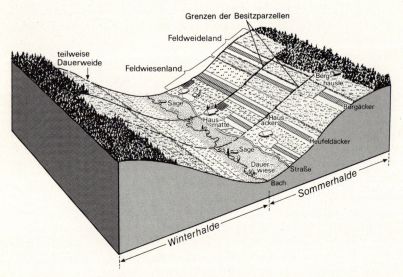

Abb. 10: *Besitz- und Nutzungsparzellen in der Flur (Quelle: W. EGGERS, Schwarzwald und Vogesen, Braunschweig 1964, S. 109).*

Ein Beispiel, wie sich Nutzungslinien und Eigentumslinien überschneiden, gibt Abb. 10. Das Beispiel zeigt eine lockere Reihensiedlung mit hofanschließender Breitstreifenflur im mittleren Schwarzwald. Die isohypsenparallelen Nutzungsparzellen verlaufen quer zu den breiten Besitzstreifen, die sich von der Talsohle hangaufwärts ziehen. Die Ackerstreifen unterliegen einer geregelten Rotation im Grasland (Typ: Breitnauer Schlagwirtschaft).

Siedlungsgeographisch interessant ist vor allem das relativ stabile *Liniensystem* der Grenzen des Grundeigentums, das sich mit Hilfe von Katastern,

Siedlungsgestalt 77

Flurbüchern und anderen Urkunden in die Vergangenheit zurückverfolgen läßt. So können frühere Zustände rekonstruiert und als Ausdruck für die sozioökonomische Situation, die gesellschaftlichen Bedingungen der Siedlung in der Vergangenheit und deren Entwicklung bis zur Gegenwart interpretiert werden.

Grundelement der Flur ist die *Parzelle*, die kleinste Einheit in der Flur. Amtlich wird für Parzelle heute der Terminus *Flurstück* verwendet. Die Parzellen sind in vielen Ländern vermessungstechnisch abgegrenzt und in Flurkarten und Katasterbüchern (die man auf Katasterämtern einsehen kann) gesondert nachgewiesen. Das ist jedoch keineswegs überall auf der Erde der Fall, vor allem dort nicht, wo unter ganz anderen Rechtsvorstellungen und kulturellen Traditionen ein Privateigentum an Grund und Boden nicht existiert, wo es nur vom Stamm oder anderen Institutionen vergebene Nutzungsrechte gibt und Grund und Boden unveräußerlich sind. In all jenen Regionen ist eine Flurforschung nur schwer möglich und muß sich in der Regel auf das aktuelle Nutzungsliniengefüge und dessen Interpretation beschränken.

Eigentum bezeichnet die umfassende – wenn auch ggf. durchaus mit Bindungen versehene – Verfügungsgewalt über eine Sache, hier die Parzelle, Besitz die eingeschränkte. Pacht ist eine Form des Besitzes, der Pächter hat kein Recht, die Parzelle etwa zu verkaufen, wohl aber sie ggf. weiterzuverpachten (Unterpacht).

Im Kataster sind i.d.R. die Eigentumsgrenzen bzw. -parzellen verzeichnet. Das Besitzparzellengefüge ist zwar vielfach identisch mit dem der Eigentumsgrenzen, kann sich aber auch deutlich unterscheiden, wenn etwa Großblöcke auf viele Pächter aufgeteilt oder umgekehrt Kleinparzellen von wenigen Bauern durch Zupacht zu größeren Besitzeinheiten zusammengefügt werden. Das Gefüge der Eigentumsparzellen und dessen Entwicklung kann wichtig sein für die Klärung der Genese und früherer sozialer Strukturen, das Besitzparzellengefüge für die Veranschaulichung aktueller sozialökonomischer Strukturen.

Nach ihrer Flächenausdehnung können Parzellen von kleinsten Einheiten, die manchmal nur wenige Quadratmeter messen, bis hin zu den großen Flächen eines Gutsbetriebes reichen.

Nach den *Grundformen* unterscheidet man *Blöcke* und *Streifen*. Die *Blöcke* (*blockförmige Parzellen*) werden weiter gegliedert in *Großblöcke* und *Kleinblöcke* von *regelmäßiger* und *unregelmäßiger Gestalt*, die *Streifen* (*streifenförmige Parzellen*) in *lange* und *kurze* (*Langstreifen, Kurzstreifen*), *schmale* und *breite Streifen* (*Schmalstreifen, Breitstreifen*). Die Grenze zwischen Block und Streifen bei rechteckigen Parzellen liegt bei einem Seitenverhältnis von 1:2,5. Der Schwellenwert zwischen Großblock und Kleinblock ist relativ und regional verschieden anzusetzen. Man kann immer dann von einem Großblock sprechen, wenn sich eine Blockparzelle in ihrer Größe (bei einer Mindestgröße von einigen ha) wesentlich von den

Nachbarparzellen unterscheidet. Das gleiche gilt für die Schwellenwerte zwischen lang und kurz, schmal und breit. Die Werte, die die Internationale Arbeitsgruppe festlegte (vgl. LIENAU 1978, S. 88 ff.), beanspruchen nur Gültigkeit für Mittel- und Westeuropa: bei etwa 40 m liegt die Breitengrenze zwischen Schmal- und Breitstreifen, bei ca. 300 m die Längengrenze zwischen Kurz- und Langstreifen.

Neben der Parzellenform stellt die *Parzellenlage* (die *Besitzlage der Parzellen*) ein wichtiges zusätzliches Bestimmungsmerkmal der Flurform dar. *Einödlage,* d. h. die arrondierte Lage des Besitzes eines Betriebes, und *Gemengelage,* d. h. die gestreute, mit dem Besitz anderer Betriebe vermengte Lage des Besitzes sind zwar betriebswirtschaftliche Kriterien, die jedoch aufs engste mit der Flurform verknüpft sind. Mit Einödlage ist vielfach *Hofanschluß* der Parzellen verbunden, bei Gemengelage fehlt in der Regel der Hofanschluß oder besteht nur teilweise, d. h. bei bzw. mit einer Parzelle. Einödlage und Gemengelage stellen zwei Grundformen dar, zwischen denen sich eine Palette von Differenzierungsmöglichkeiten verbirgt: starkes oder geringes Gemenge, d.h. Verteilung des Besitzes eines Betriebes auf eine unterschiedlich große Zahl von Parzellen und/oder unterschiedlich große Parzellen, unterschiedlicher Grad von Gemenge in verschiedenen Flurteilen und unterschiedliche Anbindung an die Hofgrundstücke.

Parzellen sind die Grundbausteine der Flur: solche ähnlicher Form und Lage bilden innerhalb einer Flur häufig *Parzellenverbände* (Blockverbände, Streifenverbände, Streifengemengeverbände) und *Parzellenkomplexe (z.* B. von Streifengemengeverbänden), die wichtige Hinweise auf die Flurgenese darstellen. Die Parzellenformen und ihre Verbindungen zu Verbänden und Komplexen machen die *Flurform* aus. Ihre Benennung als *Blockflur, Streifenflur, Block/Streifenflur, Kleinblockgemengeflur* o. ä. erfolgt nach dem dominanten Merkmal. Häufig wird man jedoch nur Flurteile eindeutig so charakterisieren können.

Siedlungsgestalt 79

Tab. 5: Die systematische Ordnung der Flurbestandteile.

E. Gemarkungstypen	z. B. nach den Anteilen von Flur und Allmende		
D. Flurtypen	a) aus verschiedenartigen Verbänden und Komplexen (mehrschichtige Fluren) z. B. Flurkern aus Streifengemengeverbänden und Erweiterung in Form von Kleinblöcken in geschlossener Lage und in Gemengelage		
	b) aus gleichartigen Verbänden bzw. Komplexen (einschichtige Fluren)		
	Blockflur	*Block/Streifenflur*	*Streifenflur*
C. Parzellenkomplextypen	aus strukturell ähnlichen Verbänden, Verbänden und Einzelparzellen oder nur Einzelparzellen		
	z. B. aus Großblöcken und Kleinblockgemengeverbänden oder aus gleichgestalteten Blockverbänden oder Blöcken	z. B. Block/Streifengemenge aus unregelmäßigem Nebeneinander von Kleinblöcken und Kurzstreifenverbänden oder aus gleichgestalteten Block/Streifenverbänden	z. B. Langstreifenverband mit Kurzstreifenverbänden oder gleichartige Streifengemengeverbände (Gewanne)
B. Parzellenverbandstypen	*Blockverband* z. B. aus regelmäßigen großen Blöcken oder aus unregelmäßigen kleinen Blöcken	*Block/Streifenverband* z. B. aus gestreckten Parzellen, die z. T. Blöcke (Verhältnis 1: <2,5), z. T. Streifen sind (Verhältnis 1: >2,5)	*Streifenverband* z. B. ein schmalparzelliertes Langgewann
A. (Besitz)-Parzellentypen	1. groß 2. klein 3. regelmäßig 4. unregelmäßig		1. breit 2. schmal 3. kurz 4. lang
	Block		Streifen

Quelle: UHLIG/LIENAU 1978, S. 28

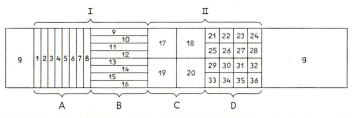

Parzellen= 1-36 Parzellenverband= A= 1-8 (dgl. B, C, D) Parzellenkomplex= I= A+ B= 1-16 (dgl. II)
Flur= I+ II= 1-36 g= Allmende (Gemeinheit)· g+ I+ II+ Ortslage= Gemarkung

Siedlungsgestalt

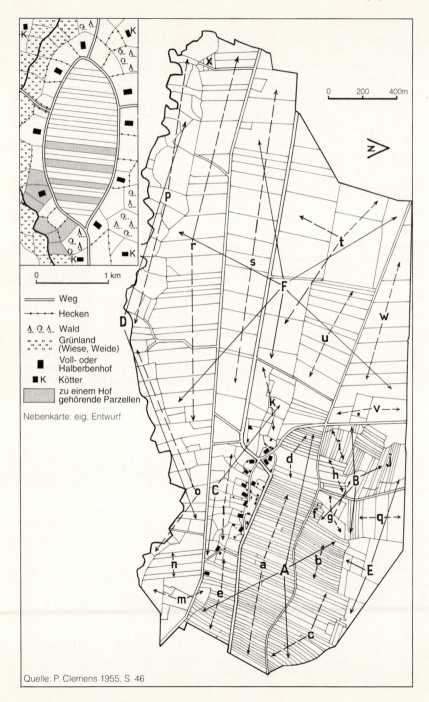

Siedlungsgestalt

Das Beispiel der Flur von Oldendorf (Abb. 11) zeigt, aus wie unterschiedlichen – genetisch erklärbaren – Formbestandteilen (Verbänden und Komplexen) eine Flur zusammengesetzt sein kann und wie sich in den unterschiedlichen Formbestandteilen die Genese der Flur und der dazugehörigen Siedlung widerspiegelt.

Als das älteste Ackerland des Dorfes nimmt P. CLEMENS (1955) den Langstreifenverband a auf dem Esch an, der den Flurnamen „vor dem Dorfe" trägt. Der Verband besteht aus etwa 100 schmalen Streifen („Stükke" genannt) von weniger als 10 m Breite und etwa 300 m Länge, wobei jeder der neun Oldendorfer Bauern etwa 11 Parzellen, die im Gemenge lagen, bewirtschaftete. Als bereits mittelalterliche Ackerlanderweiterung (um 1400 n.Chr.) deutet Clemens die Verbände b, c 1 und c 2 mit den Flurnamen „Krüsland", „Beim Lindenbusch" und „Twellenflag". Die Verbände sind in ihrer Struktur dem Langstreifenverband a noch sehr ähnlich. Die Unterscheidung von c 1 und c 2 erfolgt aufgrund der Flurnamen; sie unterscheiden sich nach ihrer formalen Struktur nur geringfügig in ihrer Streifenbreite. Auch die Verbände d und e mit den Flurnamen „auf dem Sande" und „in den Siepen" zählen zu den älteren Ackerlanderweiterungen. Sie alle lassen sich aufgrund ihrer formalen Ähnlichkeit, die zugleich Ausdruck ihrer Altersstellung ist, zu einem Komplex (A) zusammenfassen. Jüngere Erweiterungen der Altflur stellen die im Komplex B zusammengefaßten Parzellenverbände g-j dar, die jeweils eigene Flurnamen tragen und sich von den Verbänden des Parzellenkomplexes A durch die Streifenform und -richtung unterscheiden. Die Parzellen entlang des Baches (Wiesen und Weiden) zeigen eine Kleinblockstruktur. Es sind die zum Komplex D zusammengefaßten Verbände m-p, die jeweils eigene Flurnamen tragen. Die Parzellenformen mögen sowohl Ausdruck der Landnutzung (Grünland) wie einer jüngeren Genese sein. Die sehr regelmäßig zugeschnittenen, sehr viel größeren Parzellen der Verbände des Komplexes F schließlich stellen das Ergebnis der Allmendteilung (Markenteilung) am Anfang des 19. Jahrhunderts dar. Bis dahin diente das Land den Oldendorfer Bauern als Allmende. Die Flurnamen „Sandpänder", „am Postweg" (t), „zwischen Post- und Moordamm" (s) und „Moorpänder" (r) spiegeln nicht nur die junge Genese wider, sondern auch die ökologische Ungunst dieses Teils der Flur. Es war den Markgenossen, unter denen die Allmende aufgeteilt wurde, seinerzeit zur Pflicht gemacht, ihre ausgewiesenen Parzellen einzuhegen, was zumeist durch Wallhecken geschah. Die ungünstigen ökologischen Bedingungen führten dazu, daß große Teile später mit – auf diesen Standorten ursprünglich nicht vorkommenden – Nadelgehölzen aufgeforstet wurden (Verbände u,t und Teile von w). Erst mit der Markenteilung bildete sich jene für die heutige Kulturlandschaft so charakteristische klare Trennung von Offenland und Wald heraus. Zuvor bildeten die Allmendflächen, die der Viehweide, der Holzgewinnung, dem Plaggenstich und manch anderer bäuerlicher Nutzung dienten, meist ganz heruntergewirtschaftete „Heiden", vom Vieh verschmähte Gebüsche, verbissene Niederwälder, vereinzelt stehen gebliebene oder im Schutz von Dornsträuchern hochgekommene große Bäume, dazwischen Viehtriften und große offene Flächen (vgl. POTT und HÜPPE 1991). Die Hofstellen des Ortes (9 Eschbauernhöfe) in Form eines Reihendrubbels orientierten sich an dem Weg, der auf einen Brink mündete (dort, wo im Ort die Straße unterbrochen ist). Auf ihm stehen mehrere Scheunen von Eschbauern. Über ihn führt der Zufahrtsweg zum Ackerland „vor dem Dorfe" (a). Durch Nachsiedler (Kötter, Heuer-

◀ *Abb. 11: Die Flur von Oldendorf in Nordwestdeutschland 1837, Beispiel einer gewachsenen Flur (nach CLEMENS 1955, S. 46). Nebenkarte: Prototyp eines Esches mit Langstreifenflur und Ringdrubbel (eig. Entwurf).*

linge, die v.a. im 18. Jh. aufkamen) erfuhr der Ort eine Verdichtung. Zwischen den Höfen liegen Gärten und eichenbestandene Hofraumflächen.

Für die verschiedenen Flurformtypen wurden von der siedlungsgeographischen Forschung eine Fülle von *Begriffen* und *Termini* geprägt oder aus der Umgangssprache übernommen, die neben formalen oft auch funktionale und genetische Merkmale beinhalten und deren Anwendung darum immer mit Vorsicht erfolgen muß.

Bezeichnungen für *Blockflurtypen* sind z.b. *Gutsflur, Genossenschafts-(Kolchose-)flur* und *Plantagenflur* (vgl. DIERCKE WELTATLAS 1987, S. 34 und 137) für die mit Großbetrieben unterschiedlichen Typs verbundenen, von großflächigen Nutzungseinheiten untergliederten *Großblockfluren*. Die Großblöcke (bei den LPG in der DDR blieb nominell das Eigentum des eingebrachten Landes bei den Genossenschaftsmitgliedern) werden z.T. ergänzt durch kleinparzellierte Flurteile, z.B. durch die Parzellenverbände der Hofwirtschaften in den Kolchosen oder bei vielen tropischen Plantagen durch von Squattern angeeignete, kleinparzellierte, aber nicht durch Rechtstitel gesicherte Flächen.

Mischung von Großblöcken mit Kleinblöcken und/oder Streifengemengeverbänden ist charakteristisch für bäuerliche Fluren, deren Land im Gemenge mit dem Besitz von Gütern liegt.

Kampflur und *Einödflur* sind Typenbegriffe für *Kleinblockfluren*: *Kampflur* für solche aus eingehegten Blockparzellen in Einöd- oder Gemengelage, *Einödflur* für bäuerliche Blockfluren in geschlossener (arrondierter) Lage. Der Begriff Einöde in diesem Sinn ist vor allem in Süddeutschland gebräuchlich, Kamp in N- und NW-Deutschland. Die Flurtypenbegriffe entstammen der regionalen Geographie.

Regelmäßige schachbrettartige Flurformen als Ergebnis planmäßiger Landaufteilung wiesen bereits die römischen *Zenturiatsfluren* und die nach dem *Jo-Ri-System* in Japan im 7. Jh. aufgeteilten Fluren auf. Ein jüngeres vergleichbares Landaufteilungsmuster besitzen die amerikanischen *townships*.

Zenturie bezeichnet die Grundeinheit der römischen Flureinteilung (Zenturiation; von centum = 100), eine quadratische Fläche von 100 heredia (römische Maßeinheit; ca. 710 m) im Geviert.

Das Jo-Ri-System wurde im Zuge einer Landreform zur gleichmäßigen Verteilung des Reislandes unter den Bauern vom japanischen Kaiser eingeführt. Beide Systeme schimmern heute noch in der Flureinteilung durch (dazu BOESCH *1959).*

Township bezeichnet in Nordamerika die mit Selbstverwaltungsrechten ausgestatteten administrativen Siedlungseinheiten mit ihrem im „Land Ordinance Act" von 1785 festgelegten Territorium von jeweils 36 Quadratmeilen. Die auf das Gradnetz orientierten Landaufteilungseinheiten sind in 36 Sektionen von je einer Quadratmeile

Siedlungsgestalt

untergliedert (640 acres = 259 ha = 2,59 qkm). Seit 1800 konnten halbe, seit 1804 Viertelsektionen (quarter sections) zu 160 acres erworben werden. Die township umfaßt einen in das Schachbrettmuster eingefügten zentralen Ort sowie die auf den einzelnen Sektionen als Einzelhöfe liegenden Siedlungen; sie stellt also auch einen Siedlungsverband dar. Das quadratische Aufteilungsmuster – vom Flugzeug aus bei klarem Himmel sehr gut erkennbar – ist herrschende Flurform in weiten Teilen der USA und Kanadas. Dem Aufteilungsmuster entsprechend verlaufen auch alle Wege und älteren Straßen von Nord nach Süd und Ost nach West. In das Gitternetz fügen sich auch die Grundrisse der Städte ein.

Wie für Blockfluren und blockförmige Aufteilungssysteme so gibt es auch für *Streifenfluren* zahlreiche Typenbegriffe.

Solche für Breitstreifenfluren mit Hofanschluß sind die *Hufenflurbegriffe: Waldhufenflur, Marschhufenflur, Hagenhufenflur, Moorhufenflur, Radialhufenflur usw.*, die sich mit Reihensiedlungen verbinden (Waldhufendorf, Marschhufendorf etc.) und deren Entstehung immer mit planmäßiger Kolonisation einhergeht. Hofanschließende Streifenfluren entstanden in konvergenten Formen in vielen Teilen der Erde (vgl. Abb. 12 und 13).

Eine Reihe von Termini wurden von der älteren siedlungsgeographischen Forschung neben formalen mit funktionalen und genetischen Inhalten belegt, wie *Breitstreifenflur, Gelängeflur, Eschflur* oder *Langstreifenflur* (vgl. LIENAU 1978, S. 116).

Hierzu zwei Beispiele: MÜLLER-WILLE (1944) definierte die Langstreifenflur als „eine von anderen Wirtschaftsflächen umrahmte Gemengefeldflur, die in schmale, lange Streifen gegliedert ist, deren Wachstum sich in den einzelnen Besitzparzellen vollzieht und bei der alle Parzellen ohne Überfahren der Nachbarparzellen von der Schmalseite her zu erreichen sind". Die Definition enthält formale und funktionale Merkmale, bekommt jedoch durch die Hypothese von der Langstreifenflur als Kernflur (Altflur) der Siedlungen genetischen Gehalt (HAMBLOCH 1960 vermutete die hofnahen Kämpe (eingehegte, blockförmige Parzellen) als ältestes Ackerland.). Der Begriff beinhaltet damit eine spezifische Form der Eschflur, die MÜLLER-WILLE (ebda.) definiert als „eine mit alten Flurnamen behaftete Gemengeflur, die dem Getreidebau dient. Sie ist das alte Saatland einer Gruppensiedlung, die Alt- oder Kernflur". MARTINY (1926, S. 188) beschreibt den Esch als „eine isoliert in der Wildnis gelegene, der Bodenbeschaffenheit nach begrenzte, daher meist rundliche und öfter unregelmäßige, gewöhnlich größere, häufig etwa 1-2 km im Durchmesser sich ausdehnende Feldfläche, in der die verschiedenen Altbauern der Bauerschaft ihren Anteil haben, meist in Streifen. Meist dicht beim Dorfe gelegen, war er oder waren die zwei oder drei Esche des Dorfes dessen Feld, fast nur mit Getreide bestellt, vornehmlich Roggen. In den Heidegegenden herrschte auf den Eschen noch lange Zeit ewiger Roggenbau, derart, daß Jahr für Jahr immer nur diese Frucht gebaut wurde und die Ertragsfähigkeit des Feldes durch Heideplaggen, die in die Ställe eingestreut und mit dem Mist auf die Felder gebracht wurden, erhalten wurde. Der Esch unterlag dem Flurzwang, so daß er von allen Besitzern gleichzeitig bestellt und abgeerntet werden mußte und nach der Ernte als gemeinsame Wiese diente. Daher durften die einzelnen Anteile nicht in der Art der Kämpe durch Gräben, Hecken oder Zäune eingefriedigt werden. Die Anteile der Bauern liegen im Esch meist so, daß er einer Gruppe von

Gewannen gleicht, die in engem Zusammenschluß doch eine Einheit darstellt. Seltener sind Esche, die einem einzelnen, großen Gewann entsprechen, indem die Besitzstreifen durch den ganzen Esch verlaufen. Das Vorkommen des Esches ist vor allem an die sandigen Geestrücken des nordwestdeutschen Flachlandes gebunden."

Die Begriffe *Esch, Langstreifenflur* und *Eschflur* (mit der sich der Drubbel verbindet) werden mit dieser Definition regional an die Siedlungsentwicklung der Geestgebiete Nordwestdeutschlands und der Niederlande mit ihren armen Sandböden, die Plaggendüngung notwendig machten, gebunden und sind nicht übertragbar.

Die Abb. 12 zeigt charakteristische Flurformtypen: a-d und j Blockfluren, e Block- und Streifenfluren, f,g und i Streifenfluren, h eine Segment- oder Radial(hufen)flur. Weitere Beispiele bei LIENAU *1978 und* SCHWARZ *1989, S. 220 ff. Die Formen sind generalisiert, der Maßstab bis auf Abb. 1 und 2 etwa gleich, so daß ein Größenvergleich möglich ist.*

a. Gutsflur, die aus einem einzigen, unregelmäßig geformten Großblock von über 400 ha besteht (Großblockeinödflur). Der Flurtyp ist charakteristisch für Großbetriebe (Plantagen, Kolchosen etc., s. SCHWARZ *1989, S. 229 ff.)*

b. Flur eines amerikanischen township, bestehend aus 36 sections (Quadratmeilen) zu je 4 quartersections zu 160 acres (= 64 ha). (Abb. nach NIEMEIER *1977, S. 66, vgl. auch* SCHWARZ *1989, S. 236). Eine „quartersection", meist in zentraler Lage, wurde für öffentliche Einrichtungen ausgespart.*

c. Unregelmäßige Blockeinödflur. Die 15-20 ha großen Blöcke stellen den geschlossenen Besitz eines Betriebes dar, wie er z.B. mit der ab dem 16. Jh. im Allgäu von der Reichsabtei Kempten ausgehenden Vereinödung, der frühesten Flurbereinigung auf deutschem Boden, entstand. Ob man hier von Klein- oder Großblockeinödflur sprechen soll, ist Definitionssache (zur Problematik der Abgrenzung von Klein- und Großblöcken s. SCHWARZ *1989, S. 222 f.).*

d. Unregelmäßige Kleinblockgemengeflur mit einem geringen Grad des Gemenges und teilweisem Hofanschluß der Parzellen. Die Blockparzellen sind von Hecken (Wallhecken, Knicks) eingehegt (franz. bocage, engl. enclosed fields).

e. Unregelmäßige Kleinblock- und Streifengemengeflur, wie sie charakteristisch ist für viele Weiler in Mittelgebirgen. Die Blockparzellen haben z.T. amorphe Gestalt.

f. Breitstreifengemengeflur mit teilweisem Hofanschluß der Parzellen. Die planmäßige Flurform aus breiten, aber nicht überlangen Streifenparzellen, die auch als Gelängeflur bezeichnet wird, findet sich v.a. bei frühen, mit der Ostkolonisation entstandenen Siedlungen (vgl. SCHWARZ *1989, S. 279 ff.).*

g. Breitstreifeneinödflur mit Hofanschluß, typische Flurform geplanter Reihensiedlungen (hier Typ Waldhufenflur). Die Streifeneinöden umfassen meist mehrere Nutzungsarten. Die Siedlungs- und Flurform verbindet die Vorteile der Gruppensiedlung mit geschlossener Besitzanlage.

h. Radialflur aus segmentförmigen hofanschließenden Parzellen bei geschlossener Besitzanlage. Die seltene planmäßige Flurform kommt als Sonderform des Waldhufendorfes vor (sozusagen als gekrümmtes Reihendorf mit hofanschließenden Einödparzellen, ist dann allerdings meist größer als in der Abbildung), oder als Sonderform des Rundlings (s. LAUTENSACH-ATLAS *1957, S. 63).*

Abb. 12: Flurformtypen (Entwurf: C. LIENAU*).* ▶

Siedlungsgestalt

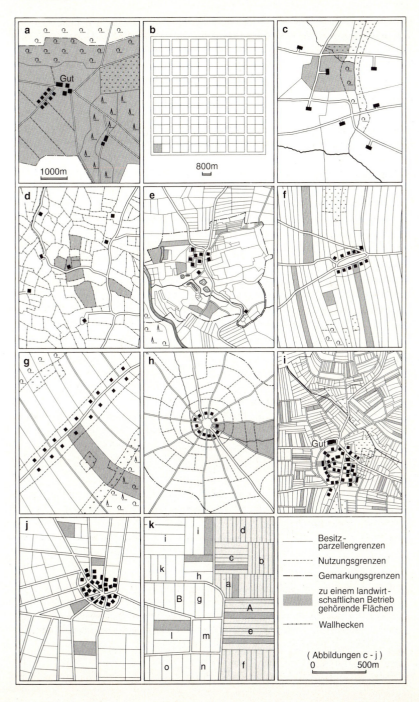

i. Streifengemengeflur (Gewannflur) mit Haufendorf. Die kurzen und schmalen, im Gemenge liegenden Streifen sind zu Verbänden (Gewannen) geordnet. Der Grad des Gemenges ist hoch (z.T. 60 und mehr Parzellen, die zu einem Betrieb gehören). Die Streifengemengeverbände können innerhalb der Flur Komplexe bilden, die sich von anders gestalteten Komplexen unterscheiden, was meist ein deutlicher Hinweis auf eine spezifische Genese ist. Gelegentlich finden sich in die kleinteilige Streifengemengeflur eingestreute große, zu einem Gutsbetrieb gehörende Blöcke (s. LIENAU 1978, S. 96)

j. Regelmäßige Kleinblock- und Kurzstreifengemengeflur mit Haufendorf, wie sie nach Flurbereinigung vorkommt (Ausgangszustand etwa wie in i). Der Grad des Gemenges ist gering, das Wegenetz geradlinig.

k. Zuordnung von unterschiedlich geformten Streifenparzellen zu Streifenverbänden (a-o) und Streifenkomplexen (A, B). Die Streifenparzellen von A sind deutlich schmaler als die von B, Ausdruck unterschiedlicher Genese.

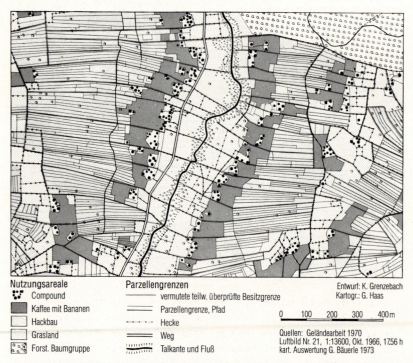

Abb. 13: Reihensiedlung mit hofanschließender Streifenflur in Tansania (nach K. GRENZEBACH 1976, S. 35).

Siedlungsgestalt 87

4.4.2 Flurformen bestimmende Einflußgrößen

Die Gründe für die Entstehung der unterschiedlichen Flurformtypen und deren regionale Verteilung sind im einzelnen vielfältig. Es bestehen enge Korrelationen mit den Ortsformen und deren Verteilung (z.b. Reihensiedlung mit hofanschließender Streifenflur), auch wenn keineswegs bestimmte Ortsformen mit bestimmten Flurformen übereinstimmen müssen. Die Sozialverfassung einer Gesellschaft (Gesellschaftsstruktur), das Erbrecht als Bestandteil davon, die physischen Gegebenheiten ebenso wie die Bevölkerungsentwicklung und spezifische ökonomische Faktoren sind für die Ausprägung der Flurformen wichtige Einflußgrößen.

Wie schwierig im einzelnen die Interpretation von Flurformen ist, zeigt das bereits in anderem Zusammenhang behandelte Beispiel der *Streifengemengeverbandsfluren (Gewannfluren)*. Die intensive Forschung zur Entstehung der *Gewannflur* brachte zutage, daß der gleichen Erscheinungsform die verschiedensten Entstehungsursachen zugrunde liegen können, daß dieser Flurtyp nicht nur primärer, sondern – was viel häufiger ist – sekundärer Entstehung ist. So räumte vor allem A. KRENZLIN (bes. 1961) endgültig mit der Vorstellung auf, die Gewannfluren im westdeutschen Altsiedelland seien primärer Entstehung.

Mit Hilfe der von ihr so genannten Methode der Rückschreibung wies sie breite Streifen und Blöcke verschiedener Gestalt als Vorformen nach. Als Gründe für die Teilungen und damit der Zersplitterung der ursprünglich einfacheren Flurstruktur ermittelte sie neben der Erbsitte der Realteilung veränderte Wirtschaftsformen, vor allem die Einführung der Zelgenwirtschaft, die die Verteilung der Parzellen eines landwirtschaftlichen Betriebes auf mehrere Flurteile (und zwar mindestens so viele wie Zelgen bestehen) verlangt. Daß dies bereits im hohen Mittelalter geschah, zeigt die Tatsache, daß die Gewannflur als ganz planvoll angelegte – jetzt primäre – Großgewannflur (Plangewannflur) mit der Ostkolonisation nach Osten übertragen wurde.

Daß wirtschaftliche Gründe die unterschiedliche Gestalt von Gewannfluren bestimmen, hatte SCHRÖDER bereits 1944 vermutet.

Während Streifen(gemengeverbands)fluren in Europa weit verbreitet sind bzw. waren (viele Streifenflursysteme verschwanden mit Neuordnungen der Flur, in England das openfield system schon seit der frühen Neuzeit mit der „enclosure"), stellen sie außerhalb Europas eher eine Rarität dar, die schon deshalb den Siedlungsgeographen zu Interpretationen herausfordert.

Eine bemerkenswerte Interpretation der *Streifenflursysteme im Iran* liefert BOBEK (1977). Er deutet sie als Ausdruck eines sozialen Systems. Periodische Umverteilung der Parzellen, die von Großgrundbesitzern, in deren Eigentum sich das Land befindet, an Teilbauern vergeben wird, wird als Disziplinierungsmaßnahme der Großgrundbesitzer gegenüber den Teilbauern angesehen. Die mit der Umverteilung notwendige häufige Neuaufmessung legt

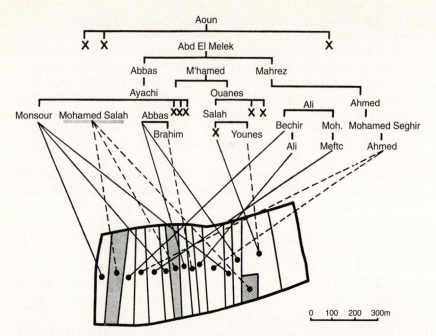

Abb. 14: Entstehung eines Streifengemengeverbandes durch Erbteilung aus einem Block. Beispiel aus der tunesischen Hochsteppe sw. Sidi Bou Zed (aus: NIEMEIER 1977, S. 71).

wegen des einfachen Meßverfahrens streifige Parzellierung nahe. Die räumliche Koinzidenz der Verbreitung der Streifenfluren auf Trockenfeldland mit der des Großgrundbesitzes stützt die These. Auch die Bewässerungstechnik kann jedoch eine streifige Flurteilung fördern, wie die von BOBEK als Fransentyp bezeichnete Streifenflur zeigt.

Zu diesen Erklärungsansätzen kommt ein weiterer, der für die Streifenfluren des altweltlichen Trockengürtels bis dahin vornehmlich galt: Rechtsanschauung und genossenschaftliche Organisation seßhaft werdender Nomaden verbunden mit dem Bestreben einer paritätischen Beteiligung aller Gruppenmitglieder an den Wirtschaftsgrundlagen zur genossenschaftlichen Existenzsicherung (vgl. z. B. SCHOLZ 1976, HÜTTEROTH 1968).

So läßt sich als Resümee feststellen, daß einem breiten Spektrum von Formen der Streifengemengefluren ein ebenso breites von Erklärungsansätzen gegenübersteht: die genossenschaftliche Organisation und das Meßverfahren (Umverteilung, Prinzip der einfachen Breitenmessung) können offenkundig ebenso eine Rolle spielen für die Bildung einer Streifengemengeflur wie die Landwirtschaftstechnik (Bewässerung), die Mittel der Bodenbearbeitung

Siedlungsgestalt 89

(schollenwendender Scharpflug), die Gleichverteilung der Parzellen auf die unterschiedlichen Bodenqualitäten (Gerechtigkeitsprinzip) bzw. auf verschiedene Abschnitte der Flur (Zelgenwirtschaft) und Erbsitte.

Als Ausdruck sozialer und ökonomischer Differenzierungen innerhalb der zur Flur gehörenden Siedlung wird eine Ausdeutung der Flurformen verbunden sein müssen mit einer Zuordnung der Parzellen und Parzellenverbände zu ihren Besitzern und/bzw. Eigentümern und mit einer Kartierung der Nutzung.

4.5 Natur im Dorf und traditioneller Bauerngarten

Das Gesamtbild ländlicher Siedlungen wird mitgeprägt von einer spezifischen Natur, Pflanzen und Tieren, die eng an den Menschen und seine Siedlungen gebunden sind, bzw. die von diesem in das Dorf gebracht wurden. Merkmale dörflicher Ökosysteme sind die engen Beziehungen zur umgebenden Landschaft und das Nebeneinander von kleinflächigen, unterschiedlich strukturierten Standorten (vgl. GRABSKI 1989)

Die Natur des Dorfes ist mehr als nur Staffage: sie ist den Menschen – zumindest vielen von ihnen – das Leben bereichernde Vielfalt, die leider in den letzten Jahrzehnten in den Industrieländern durch „Modernisierung" rapide an Vielfältigkeit einbüßte.

Daß der Rückgang der Geburtenrate in den ländlichen Räumen nicht direkt mit dem Rückgang der Störche zusammenhängt, ist den Aufgeklärten klar, daß jedoch indirekt ein Zusammenhang besteht, sicher nicht allen: Industrialisierung, Verbesserung der Lebensverhältnisse verbunden mit gesteigertem Konsumbedürfnis lassen überall die Kinderzahlen sinken (unabhängig von der Pille, die das allerdings fördert), die damit zusammenhängenden Maßnahmen zur Intensivierung der Landnutzung (Trockenlegung von Feuchtwiesen, Umwandlung von Grünland in Ackerland etc.) und die Folgen des Konsums (Wasserverschmutzung etc.) die Zahl der Störche.

Pflanzen- und Tierarten, die den menschlichen Kulturbereich aufgrund der für sie hier günstigeren Lebensbedingungen als Lebensraum bevorzugen und eine Gewöhnung der Tiere an den Menschen erkennen lassen, z.B. durch geringe Fluchtdistanz, werden als *Kulturfolger* bezeichnet (B.E. 12, 1990, s.v. Kulturfolger).

Von den Vogelarten gehören in ländliche Siedlungen Mitteleuropas – das Spektrum wandelt sich etwas in anderen Regionen – Storch (*Ciconia ciconia*), Haus- und Feldsperling (*Passer domesticus* und *Passer montanus*), Rauch- und Mehlschwalbe (*Hirundo rustica* und *Delichon urbica*) sowie die Schleiereule (*Tyto alba*).

Mehl- und Rauchschwalbe zeigen dabei deutliche Unterschiede: während die Mehlschwalbe das eher „felsige" Gelände größerer Dörfer und Kleinstädte bevorzugt, ist die Rauchschwalbe der „Hausvogel" der Bauernhöfe, wo sie zumeist drinnen brütet. Die wissenschaftlichen Bezeichnungen *urbica* und *rustica* bringen diese Unterschiede deutlich zum Ausdruck. Mauersegler (*Apus apus*) sind dagegen v.a. an die Großstädte mit ihren Hochbauten gebunden.

Dort, wo Dorf und Flur noch eng miteinander verbunden, Gärten und unversiegelte Flächen vorhanden sind, finden sich auch Arten der Feldflur im Dorf wie Amsel, Singdrossel, Star, Gartenrotschwanz, Grün- und Buchfink.

Zu den siedlungsgebundenen *Säugetieren* sind Hausmaus, die bereits auf der Roten Liste stehende Hausratte, Wanderratte und Steinmarder zu zählen, alle auch in der Stadt heimisch, die Wanderratte vorwiegend in dieser.

Auch in ihrer *Vegetation* zeigen dörfliche Siedlungen viele gemeinsame Eigenarten. Zwar hat die heutige Angleichung von Dorf und Stadt vieles davon verschwinden lassen, aber immer noch haben sich einige typische Vegetationselemente erhalten. Neben der Vegetation der Gärten (s.u.) sind hier die Bäume in und um die Siedlungen sowie die Spontanvegetation zu nennen. Diese Vegetationselemente sind in ihrer Ausbildung abhängig sowohl von den naturräumlichen Verhältnissen wie auch von lokalen Traditionen und Wirtschaftsweisen. Ein Beispiel für charakteristische Bäume sind die *Hofeichen*, die in Nordwestdeutschland die Gehöfte prägen. Ihre Verbreitung fällt etwa mit den niedersächsischen und westfälischen Hallenhäusern zusammen und umfaßt hauptsächlich das Gebiet der Sander und Grundmoränen. Im Küstengebiet finden wir statt dessen meist *Eschen* und andere Edellaubhölzer. Ihre ursprüngliche Funktion war die aufgrund der Hausnähe kontrollierte (vor Verbiß zu schützende) Aufzucht von Bäumen, die sich als Bauholz eigneten. Auch *Linden* („Am Brunnen vor dem Tore..."), einzeln oder als Gruppe an zentralen Plätzen oder Gasthäusern, können zumindest für das mittlere und südliche Deutschland als dorftypisch aufgefaßt werden.

Obstwiesen und *-weiden* sind ein weiteres Element dorfnaher Vegetation. Ihr Verbreitungsschwerpunkt in Deutschland liegt in den tiefen Lagen der Mittelgebirge Südniedersachsens, Hessens, Baden-Württembergs und Nordbayerns. In diesen Regionen sind die Dörfer sehr häufig von einem Ring von Streuobstwiesen (sog. dorfnaher Grünlandring) umgeben. Die hochstämmig gezogenen Bäume liefern vor allem Ausgangsmaterial für Apfelwein und Obstbrände.

Neben den vom Menschen bewußt angepflanzten Arten zählt zur dörflichen Vegetation die „*spontane Vegetation*", die sich aus Wildarten oder verwilderten Kulturarten zusammensetzt, welche durch menschliche Aktivitäten begünstigt wurden. Es sind hier verschiedene Artengruppen zu nennen wie alte (ehemalige) Kulturpflanzen, Ruderalarten, Trittpflanzen, Pflanzen der Mauern, Gartenunkräuter und Neophyten (Neueinwanderer). Ihnen ist gemeinsam, daß ihre Existenz an spezielle Standortverhältnisse, wie sie (früher) in landwirtschaftlich geprägten Siedlungen vorhanden waren, gebun-

Siedlungsgestalt

den ist. Im einzelnen sind dies wiederkehrende Störungen der Vegetationsdecke durch Tritt, Beweidung (speziell Geflügel- und Schweineweiden) oder Bodenbearbeitung, reiches Nährstoffangebot an Mist- und Jauchegruben sowie besondere mikroklimatische Verhältnisse an Mauern und Schuttplätzen.

In weiterem Sinne werden alle o.g. Gesellschaften als Ruderalgesellschaften (lat. rudus, ruderis = Schutt) bezeichnet. An nährstoffreichen, wenig begangenen Straßenrändern und Schuttstellen tritt relativ häufig das Rainfarn-Beifußgestrüpp mit dem Rainfarn (Tanacetum vulgare), dem Gemeinen Beifuß (Artemisia vulgaris) u.a. auf. An Scharrplätzen von Hühnern siedelt gern die Brennessel-Wegmalven-Gesellschaft mit der Kleinen Brennessel (Urtica urens) und der Wegmalve (Malva neglecta). Die Gesellschaft des Guten Heinrichs (Chenopodium bonus-henricus) benötigt weniger stark gestörte, besonnte und sehr stickstoffreiche Standorte mit guter Wasserversorgung. In Mauerfugen findet sich die Mauerrauten-Gesellschaft mit der Mauerraute (Asplenium ruta-muraria), dem Braunstieligen Streifenfarn (Asplenium trichomanes), dem Zymbelkraut (Linaria cymbalaria) u.a.. Auf den trockenen Mauerkronen dagegen kann die Fingersteinbrech-Gesellschaft mit Platthalm-Rispengras (Poa compressa), dem Finger-Steinbrech (Saxifraga tridactylites) und verschiedenen Mauerpfeffer-Arten (Sedum) vorkommen.

Auch das Klima wirkt sich differenzierend auf die spontane Flora aus. Bedingt durch unterschiedliche Temperaturen, abhängig von der Meereshöhe und z.T. auch von der geographischen Lage, ergeben sich regionale Unterschiede. Wärmeliebende Arten wie z.B. die Schwarznessel (Ballota nigra) fehlen in den höheren Lagen der Mittelgebirge.

Ein Inventar der Dorfflora Westfalens von LIENENBECKER und RAABE (1993) führt 145 Arten von Gefäßpflanzen auf. Viele von ihnen sind im Rückgang begriffen, da die Landwirtschaft aus den Dörfern immer mehr verdrängt wird und unversiegelte, unbepflanzte Flächen im Ort immer mehr zurückgehen. So wurde der *Gute Heinrich* (*Chenopodium bonus-henricus*) 1853 in Westfalen noch als gemein (= sehr verbreitet) angegeben. 1992 fand er sich nur noch in 185 von 1155 Dörfern Westfalens und muß als zerstreut bis sehr selten eingestuft werden. Die Angleichung der menschlichen Lebensbedingungen von Stadt und Land erzeugt eine zunehmende Angleichung der Vegetation.

Zur traditionellen ländlichen Siedlung gehören auch die *Bauerngärten*, die einen festen Bestandteil bäuerlichen Lebens bildeten, in ihrer Gestaltung sich vielfach auf die Gärten des Adels und der Klöster bezogen bzw. in ihnen ihr Vorbild hatten (etwa in der Kreuzform der Wege, deren Einfassung mit Buchsbaum und dem rosenbepflanzten Rondell in der Mitte). Sie dienten der Versorgung der bäuerlichen Familie mit Obst und Gemüse, aber auch der Zierde.

In *westfälischen Bauerngärten* – im botanischen Garten der Universität Münster ist ein solcher Bauerngarten nachgestaltet – finden sich an Gemüsesorten Stangen- und Buschbohnen, Erbsen, verschiedene Kohlarten, Kartoffeln, Salat, Rote Beete, Schwarzwurzeln, Möhren, Zwiebeln (beide zur Schädlingsabwehr in abwechselnden Reihen), Rettich und Radieschen, Mangold, Spinat, Porree, Sellerie und Rhabarber.

An Kräutern und Gewürzen hatte man Schnittlauch, Petersilie, Pfefferminze, Estragon, Meerretich, Lavendel, Bohnenkraut, Dill, Kamille, Sauerampfer, Borretsch, Bibernelle und Baldrian.

Stachelbeeren, Rote und Schwarze Johannisbeeren, Äpfel, Birnen, Pflaumen, Süß- und Sauerkirschen bilden traditionell angepflanzte Obstarten.

Daß der Garten nicht rein der Versorgung mit Nahrungsmitteln diente, dafür zeugen die vielen verschienen Blumen der Bauerngärten: Primeln, Tausendschön, Vergißmeinnicht, Goldlack, Kaiserkrone, Tränendes Herz, Päonie (Pfingsrose), Tagetes, Spireen, Astern, Sonnenblumen, Dahlien, Kapuzinerkresse („Kapern"), Goldraute, Flockenblume, Schwertlilie, Flox, Rittersporn und andere Stauden. Es überwiegen die mehrjährigen Pflanzen. Die einjährigen Pflanzen der Bauerngärten säen sich oft selbst aus.

Heute sind die Hausgärten der auf dem Lande wohnenden Bevölkerung, auch der landbewirtschaftenden, unter dem Einfluß der Stadt und dem Diktat von Mode, Gärtnereien und Gartencentern vielfach mit Rasen und pflegeleichten, nicht heimischen Gewächsen, in denen sich Gartenzwerge verstecken, besetzt; Gemüse und Kräuter sucht das Auge vergeblich.

4.6 Aufgaben und Literatur zur Vertiefung

1. Versuchen Sie, an Ihnen bekannten Beispielen (vielleicht des Heimatdorfes) die Gestaltung von Haus- und Gehöftformen in allen ihren Facetten zu erklären (vgl. das Beispiel der Gehöftformen in Sibirien).

2. Interpretieren Sie die Karte der Verteilung der Haus- und Gehöftformen in Mitteleuropa von K.H. SCHRÖDER (in SCHRÖDER 1974, reproduziert bei HENKEL 1993, S. 187).

3. Überlegen Sie anhand des Schemas (Abb. 9, S. 75), welche physischen und anthropogenen Einflußgrößen im einzelnen die Gestalt von Haus und Gehöft, Siedlung und Flur bestimmen.

4. Kartieren Sie den Pflanzenbestand der Hausgärten in einem Dorf und versuchen Sie diesen zu interpretieren.

5. Machen Sie eine ökologische Bestandsaufnahme in einer ländlichen Siedlung in Ihrem Umkreis.

6. Beschreiben und interpretieren Sie die Siedlungsformen auf topographischen Karten Ihrer Umgebung bzw. Ihrer Wahl.

7. Besorgen Sie sich auf dem Katasteramt die Flurkarte einer ländlichen Siedlung aus Ihrer Umgebung, beschreiben Sie die Struktur der Flur und versuchen Sie, Aussagen über deren Entwicklung zu machen.

Lit.: H. ELLENBERG 1990, G. SCHWARZ 1989, S. 74-306, H. UHLIG und C. LIENAU 1972 und 1978, R. WEISS 1959.

5 Siedlungsfunktion, Infrastruktur und sozialökonomische Struktur

Siedlungen sind Lebensräume der in ihnen lebenden Menschen bzw. haben die Funktion als Lebensraum für diese. Insofern hängen Funktion und sozialökonomische Struktur aufs engste zusammen. Die Funktionen und sozialökonomischen Strukturen drücken sich in den Baulichkeiten und/bzw. der materiell faßbaren Infrastruktur aus. Sie wirken auf die Art und Gestalt der Siedlung und bestimmen deren innere Gliederung und die Struktur der Flur. Ein Wandel der Funktionen und sozialökonomischen Strukturen (Funktionswandel, Strukturwandel) hat einen Gesamtwandel zur Folge, wobei das Beharrungsvermögen einmal geschaffener Bausubstanz und anderer materieller Strukturen (etwa Flurformen) eine eigene Wirkkraft entfaltet. Ein Ausgehen von Funktionen und sozialökonomischen Strukturen bedeutet ein anderes Herangehen an die Siedlungen insofern, als hier die Gestalt bestimmende Einflußgrößen bzw. Kräfte in den Vordergrund gerückt werden.

5.1 Siedlungsfunktionen

In den Siedlungen, den Knotenpunkten menschlicher Aktivitäten, erfahren die *Daseinsgrundfunktionen* (s. Abb.15) der Menschen: Wohnen, Arbeiten, Kommunikation, in Gemeinschaft leben, Bildung, Versorgung und Erholung ausschließlich oder zumindest vornehmlich ihre bauliche Verortung. Unter *Funktion* wird dabei die Aufgabe, die Zweckbestimmung einer Siedlung verstanden.

Betrachten wir die *Verteilung der Funktionen* auf die Siedlungen des ländlichen Raumes, so läßt sich unschwer erkennen, daß die Funktionen vor allem in den Ländern mit stark differenzierter, arbeitsteiliger Wirtschaft keineswegs gleich auf sie verteilt sind, der Anteil an Wohnfunktion, Arbeitsstättenfunktion, Sammler- und Verteilerfunktion etc. vielmehr höchst ungleichmäßig ist. Die Unterschiedlichkeit der Funktionen erweist sich dabei als mitbestimmend für Größe und Erscheinungsbild der Siedlungen. Auch innerhalb der Siedlungen sind die Funktionen recht unterschiedlich angeordnet, konzentrieren sich deren bauliche Verortungen an spezifischen Stellen. Die wichtigsten Funktionen sind im einzelnen:

5.1.1 Wohnfunktion

Zweifellos ist die Funktion von Siedlungen, dem Menschen geschützte Unterkunft zu bieten, ihre wichtigste und für manche Siedlung auch einzige Funktion. Dem Wohnen dienen die Hausstätten (Behausungen), die häufig darüber hinaus weitere Aufgaben erfüllen (Wirtschaftsraum, Bergeraum, Stall). Die im Laufe der Zeit und mit veränderten technischen Fähigkeiten sich verändernden Wohnbedürfnisse und -ansprüche finden ihren Niederschlag in der sich verändernden Bausubstanz (vgl. HENKEL 1993, Abb. 42, S. 231 und Abb. 30, S. 192), wenn dies auch in der Regel zögernd und mit zeitlicher Verschiebung geschieht, da einmal geschaffene Bausubstanz relativ schwer veränderbar ist.

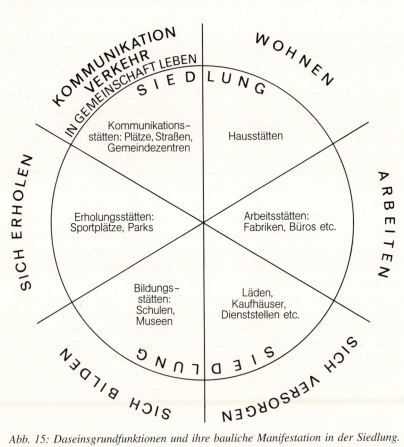

Abb. 15: *Daseinsgrundfunktionen und ihre bauliche Manifestation in der Siedlung. (Entwurf: C. LIENAU).*

Die in dem Diagramm Abb. 15 als gleichwertig erscheinenden Daseinsfunktionen sind zumindest im Hinblick auf ihren baulichen Niederschlag unterschiedlich zu gewichten. Wohnen umfaßt dabei den gesamten privaten Bereich des Menschen mit allen dazu gehörenden Grundbedürfnissen, Arbeiten den privat-öffentlichen, die übrigen hier abgebildeten Segmente den öffentlichen Bereich. Rein quantitativ gesehen finden die ersten genannten Bereiche in einer Siedlung gewöhnlich ihren umfänglichsten Niederschlag. Die Einrichtungen für den öffentlichen Bereich werden auch als Infrastruktureinrichtungen bezeichnet, wobei hier zwischen technischen und sozialen unterschieden werden kann.

Um den *Umfang der Wohnfunktion* einer Siedlung darzustellen, kann man diese ins Verhältnis setzen zur *Arbeitsstättenfunktion*, indem man die Anzahl der Wohnstätten dividiert durch die Anzahl der Arbeitsplätze oder – was aufgrund der Angaben in den offiziellen Gemeindestatistiken meist einfacher ist – die Anzahl der in einem Ort wohnenden Erwerbspersonen durch die Anzahl der dort arbeitenden. Danach lassen sich im ländlichen Raum unterscheiden:

a) Siedlungen mit reiner oder überwiegender Wohnfunktion (Wohnfunktionsüberschuß, Arbeitsstättendefizit, Auspendler überwiegen stark, d.h. zu über 60%), *(= ländliche Wohnsiedlungen;)*

b) Siedlungen, in denen die Wohn- und Arbeitsstättenfunktion ausgeglichen ist, Ein- und Auspendler entweder keine Rolle spielen oder sich im Umfang ausgleichen, *(= ländliche Wohn- und Arbeitsstättensiedlungen;)*

c) Siedlungen mit überwiegender Arbeitsstättenfunktion (Arbeitsstättenüberschuß, Wohnfunktionsdefizit, Einpendler überwiegen die Auspendler stark, d. h. zu über 30%), *(= ländliche Arbeitsstättensiedlungen).*

Selbstverständlich lassen sich Siedlungen nach der Wohn- und Arbeitsstättenfunktion noch weiter differenzieren.

Einpendler- und *Auspendlerströme* sind ein wichtiger Gradmesser für den Umfang der Wohnfunktion einer Siedlung im Verhältnis zu anderen Funktionen. Sofern Ein- und Auspendler als Kriterium zur Kennzeichnung von Wohn- und/oder Arbeitsstättenfunktion herangezogen werden, spricht man auch von *Einpendlersiedlung* und *Auspendlersiedlung* bei dem Überwiegen der einen oder anderen Funktion.

Eine weitere Charakterisierung der Wohnfunktion erfolgt durch die Kennzeichnung von *Wohnungsart* und *Wohnungsgröße* bzw. *Wohnweise* der Bevölkerung. Für ländliche Siedlungen charakteristisch ist (im Gegensatz zur Stadt) das Wohnen in Ein- und Zweifamilienhäusern, die zu einem großen Teil in Eigenleistung oder mit wesentlicher Eigenbeteiligung und Nachbarschaftshilfe gebaut worden sind.

Tab. 6: *Wohnweise nach Gemeindegrößenklassen, Bundesrepublik Deutschland.*

Gemeindegrößenklasse (Einwohner)	Ein- und Zweifamilienhäuser in % der gesamten Wohngebäude		Eigentumswohnungen in % der Normalwohnungen		
	1958	1968	1958	1968	1987
unter 2000	95	96	68	65	65
2000 – 5000	90	91	53	53	59
5000 – 20000	82	84	41	45	52
20000 – 50000	71	72	27	28	43
50000 – 100000	59	62	21	28	36
100000 und mehr	53	54	17	16	19
Insgesamt	-	-	38	36	38

Quelle: Wirtschaft und Statistik 1958, S. 643 und Stat. Bundesamt, Fachserie E.H. 3. Gebäude und Wohnungszählung vom 25.10.1968; aus: Planck/Ziche 1979, S. 32 und Stat. Bundesamt, Fachserie 5, H. 5. Gebäude und Wohnungszählung vom 25.05.1987, S. 62-63.

Die große Mehrzahl der in ländlichen Siedlungen lebenden Menschen wohnt darum in *Eigenheimen,* nur ein kleiner Teil zur Miete (vgl. Tab. 6). Durchschnittlich steht den Bewohnern ländlicher Siedlungen mehr Wohnfläche zur Verfügung als denen der Städte. Das gilt auch für Freiflächen.

Auch die Zahl der Haushaltsmitglieder und damit die durchschnittliche Größe der *Haushalte* ist ein wichtiges Bestimmungskriterium für die Wohnfunktion und Unterscheidungsmerkmal ländlicher und städtischer Wohnweise.

5.1.2 Arbeitsstättenfunktion

Neben der Wohnfunktion gehört die *Arbeitsstättenfunktion*, d.h. die Aufgabe der Siedlung, Standort für Arbeitsstätten zu sein, zu den wichtigsten Funktionen einer Siedlung. Die Arbeitsstätten können dem primären, sekundären oder tertiären Wirtschaftssektor zugehören und damit in unterschiedlicher Weise Siedlungsfunktion und Siedlungsbild bestimmen. Danach lassen sich unterscheiden:

a) *Agrarsiedlungen:* Siedlungen mit Überwiegen der Arbeitsplätze im primären Sektor;

b) *Agrar- und Industrie-/Gewerbesiedlungen:* Siedlungen mit Arbeitsplatzangebot im primären und sekundären Sektor, wobei die Siedlung nach Art der sekundären Arbeitsplätze als Industrie- oder Gewerbesiedlung zu kennzeichnen ist;

c) *ländliche Industrie-/Gewerbesiedlungen:* Siedlungen mit überwiegendem Angebot von Arbeitsplätzen im sekundären Sektor;

d) *ländliche Industrie-/Gewerbesiedlungen und Dienstleistungssiedlungen:* Siedlungen mit einem Arbeitsplatzangebot überwiegend im sekundären und tertiären Sektor;

e) *Agrar- und Dienstleistungssiedlungen:* Siedlungen mit Arbeitsplatzangebot im primären und tertiären Sektor;

f) *ländliche Dienstleistungssiedlungen:* das Arbeitsplatzangebot liegt überwiegend im tertiären Sektor.

Die Agrarsiedlungen und sonstigen primärgewerblichen Siedlungen können nach den spezifischen (dominanten) Funktionen genauer gekennzeichnet werden als Winzerdorf, Ackerbauerndorf, Viehhaltersiedlung, Fischersiedlung (-dorf), Waldarbeitersiedlung usw. Gleiches gilt für die Kennzeichnung von Gewerbe- und Dienstleistungssiedlungen als Töpfer-, Weber-, Schreinerdorf, Köhlersiedlung, Hütten- oder Hammersiedlung als Fuhrmannssiedlung oder Fremdenverkehrsdorf.

Die traditionellen *ländlichen Gewerbesiedlungen* wie die z. B. aus SO-Asien bekannten, auf bestimmte Produktionen wie Töpferei, Korbflechterei u.a. spezialisierten Handwerkerdörfer, die Hausiererdörfer (vgl. HARTKE 1963, S. 209) Süddeutschlands, aber auch die ländlichen Bergbausiedlungen, Glashüttensiedlungen und andere ländliche Siedlungen mit Arbeitsplätzen im sekundären Sektor waren in der Regel Agrar- und Gewerbesiedlungen, selten reine Gewerbe-, Bergbau- oder Industriesiedlungen. Erst die fortschreitende industrielle und technische Entwicklung, die verbunden ist mit einem Verlust an Arbeitsplätzen im agraren Sektor, führte dazu, daß heute viele ländliche Siedlungen als ländliche Industrie- oder Gewerbesiedlungen einzustufen sind.

Viele auf Tourismus und Erholung ausgerichtete Siedlungen im ländlichen Raum (*ländliche Fremdenverkehrsorte*) sind dagegen von Anfang an als tertiäre Siedlungen angelegt, wie Berggasthöfe, Kurorte u.ä.; andere erfuhren eine Umwandlung ihrer ursprünglich agraren Funktionen oder eine Ausweitung („Ferien auf dem Lande").

Schließlich sind dazu auch die *Feriensiedlungen* städtischer Bevölkerung zu rechnen, häufig am Stadtrand gelegen, vielfach aber auch in größerer Entfernung zu den Städten in landschaftlich reizvoller Umgebung, jene Ferienhaussiedlungen, deren Häuser (Lauben, Datschen, country houses etc.) oft nur zum vorübergehenden Wohnen geeignet sind.

Insbesondere im landwirtschaftlichen Bereich sind Wohn- und Arbeitsstätte noch eng miteinander verbunden und finden ihren baulichen Ausdruck in der *Hofstätte*. Auch in diesem Bereich besteht allerdings die Tendenz zu räumlicher Trennung von Wohnen und Arbeiten. Das ist bzw. war besonders ausgeprägt in den ehemaligen sozialistischen Staaten mit kollektiven Großbetrieben, wo unter dem Konzept eines Ausgleichs zwischen Stadt und Land städtische Wohnformen an die Stelle der traditionellen ländlichen treten. Dabei reicht die Realisierung einer solchen Trennung von einfacher Trennung der Funktionen innerhalb einer Siedlung, ggf. unter Beibehaltung der alten bäuerlichen Wohnbauten (vgl. Abb. 16), bis hin zur Neuanlage von *Agrostädten*, in der Sowjetunion insbesondere unter Chruschtschow propagierte Versorgungszentren mit Agrarindustrie der kollektivierten Landwirtschaft.

Mit Agrostadt werden auch die großen stadtähnlichen Siedlungen mit oft vielen zehntausend Einwohnern, die vorwiegend in der Landwirtschaft arbeiten, bezeichnet, Siedlungen, wie sie in Süditalien (MONHEIM 1971), Spanien, China u.a.O. vorkommen.

Die Transformation der Landwirtschaftsstruktur in den ehemaligen sozialistischen Staaten wird eine Veränderung der Struktur der ländlichen Siedlungen nach sich ziehen (für Siedlungsgeographen eine reizvolle Aufgabe, diesen Prozeß der Anpassung genauer zu verfolgen!).

Eine andere Form der Trennung von Wohnen und landwirtschaftlicher Arbeitsstätte ist die Verlegung des Hauptwohnsitzes in die Stadt und der nur noch vorübergehende Aufenthalt für landwirtschaftliche Arbeiten auf der Hofstätte, wie das z. B. in den USA und in Kanada häufiger der Fall ist („suitcase farmer").

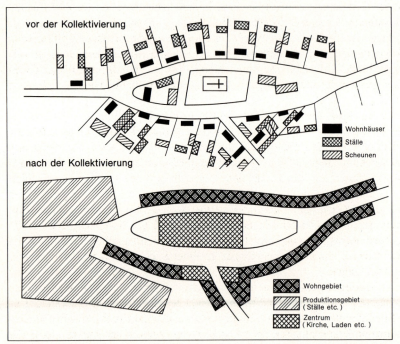

Abb. 16: Dorf (Angerdorf) vor und nach der Kollektivierung (GÜNTHER 1970, S. 267).

Im produzierenden Sektor besteht die räumliche Verbindung von Wohnen und Arbeiten in der Regel noch im traditionellen Handwerk; im Dienstleistungssektor besteht sie dort, wo die Hofstätte beispielsweise zum Feriendomizil wird. Die meisten anderen Erwerbsformen im außerlandwirtschaftlichen Bereich bringen dagegen eine räumliche Trennung von Wohnen und Arbeiten mit sich, die, sofern die Arbeitsstätten in der ländlichen Siedlung liegen, auch deren funktionale Differenzierung bedingt.

5.1.3 Versorgungsfunktion

Der Aufgabe der Versorgung mit Gütern und Dienstleistungen dienen spezifische Einrichtungen. Dazu gehören Läden, Handwerksbetriebe, Arztpraxen, Banken u.a.m.. Sie können sich allein auf die Versorgung der an einem Ort wohnenden Bevölkerung beschränken, aber auch eine *Reichweite* weit über den Ort hinaus haben. Die über einen Ort hinausreichenden Versorgungsfunktionen werden als *zentralörtliche Funktionen* bezeichnet, die Siedlungen, in denen diese Funktionen verortet sind, nach CHRISTALLER (1933) als *zentrale Orte*. Es sind die Mittelpunkte für einen umgebenden Bereich, für den sie zentrale Güter des mittelfristigen und langfristigen Bedarfes (z. B. landwirtschaftliche Maschinen) und zentrale Dienste (z. B. Schulen) bereitstellen.

Die Siedlungen weisen nach der Reichweite ihrer zentralen Güter bzw. Einrichtungen eine differenzierte Hierarchie auf. Die Siedlungen des ländlichen Raumes besitzen – wenn überhaupt – nur niedere zentralörtliche Funktionen, die folgendermaßen abgestuft werden können (vgl. UHLIG und LIENAU 1972, 1, S. 30):

a) *azentrale Orte:* Orte ohne zentrale Einrichtungen;

b) *unterste Versorgungszentren* (Kleinzentrum, Kern- oder Mittelpunktsiedlung): sie übernehmen wenige Versorgungsfunktionen für meist eng benachbarte Gemeinden, z. B. durch Apotheke, praktischen Arzt oder Mittelpunktschule. Ihr Einzugsbereich wird als unterster Versorgungsbereich bezeichnet. Sofern sich solche Einrichtungen nur auf die Bewohner des Ortes selbst beziehen, kann von *Orten unterer Selbstversorgung* gesprochen werden. Sie werden traditionell auch als Kirchdorf, Schuldorf oder „das Dorf" bezeichnet. AMINDE und NICOLAI (1982) machen Vorschläge für eine funktionsgerechte Ausstattung ländlicher Siedlungen mit öffentlichen und privaten Einrichtungen;

c) *Unterzentren* (Grundzentren): sie erfüllen zentrale Funktionen für meist mehrere untere Versorgungsbereiche und besitzen als zentrale Einrichtungen öffentliche Verwaltung, Fachhandel, Sparkassen und Kreditinstitute, Gymnasium und Krankenhaus. Orte, die nicht alle genannten Einrichtungen besitzen (es fehlt z. B. ein Gymnasium oder ein Krankenhaus), die jedoch als Zentrum für mehrere untere Versorgungsbereiche fungieren, werden als *teilfunktionale Unterzentren* bezeichnet;

d) *Mittelzentren:* sie sind überregionale Zentren für ein weites Umland, zentrale Orte für mehrere Unterzentren und deren Einzugsbereiche, mit Einrichtungen der öffentlichen Verwaltung, kulturellen Einrichtungen höherer Stufe (z. B. Theater, Museen), Fachschulen, evtl. Hochschule(n), sind Einkaufszentrum mit Warenhäusern, Banken usw. Mittelzentren können in der Regel allerdings nicht mehr zum ländlichen Raum gerechnet werden.

Die durchschnittlichen Einwohnerzahlen der zentralen Orte der einzelnen Stufen sind regional verschieden. In Deutschland haben Unterzentren i.d.R. über 8000 Einwohner, Mittelzentren über 25000 Einwohner.

In der historischen Terminologie gibt es eine Reihe von Bezeichnungen für Orte mit eingeschränkten Stadtrechten (sog. Minderstädte) und entsprechend niederen zentralen Funktionen wie Flecken, Markt(flecken), Wigbold, Freiheit, oder Tal. So konnten Flecken (heute noch amtliche Bezeichnung in Niedersachsen für ländliche Marktorte) ihrer Rechtsstellung nach über das Marktrecht verfügen (Markt-Flecken) oder neben der Dorfverfassung auch städtische Rechte besitzen (Titularstädte). Ihrer Funktion nach sind sie fast immer auch stark landwirtschaftlich bestimmt. Alle Städte, in denen ein beträchtlicher Teil der Bewohner noch Landwirtschaft (meist im Nebenerwerb) betreibt bzw. betrieb, in denen sich Landwirtschaft, Handwerk und Kleingewerbe verbanden, und deren bauliche Struktur von Höfen, häufig Scheunen und Speichergassen mitbestimmt war, bezeichnet man als Ackerbürgerstädte. Sie hatten i.d.R. unterzentrale, bisweilen sogar mittelzentrale Funktionen.

Für die Versorgung der Bewohner ist die *Erreichbarkeit von Leistungen* entscheidend. Sie stuft sich der zentralörtlichen Hierarchie entsprechend ab: je höherrangig (teurer, seltener gefragter) das Gut ist, desto größer ist seine *Reichweite,* wobei der Umfang der Entfernungen, der zu seiner Erlangung maximal zurückgelegt werden muß, von Bevölkerungsdichte, Kaufkraft und anderen Größen abhängt. Für die Erfassung der Zentralität von Orten und die Reichweite von Gütern und Dienstleistungen und damit die Größe und Abgrenzung zentralörtlicher Einzugsbereiche wurden verschiedene Verfahren entwickelt, auf die hier nicht näher eingegangen wird (vgl. HEINRITZ 1979).

Gerade in schwach entwickelten ländlichen Gebieten kann es zu Versorgungsschwierigkeiten kommen, gibt es Siedlungen, die unter dem Gesichtspunkt zumutbarer Erreichbarkeit von bestimmten Leistungen abgeschnitten sind bzw. zu ihnen nur sehr erschwerten Zugang haben. MOEWES (1968, S. 160) gebraucht dafür den Begriff der *Dezentralität* und versucht, den unterschiedlichen Grad der – erschwerten – Zugänglichkeit (Beispiel: westliche Vogelsbergabdachung in Mittelhessen) durch einen Dezentralitätsindex zu erfassen (s. Tab. 7).

Siedlungsfunktion, Infrastruktur und sozialökonomische Struktur

Tab. 7: Dezentralitätsindex

$$D = 2 \cdot \frac{1}{n_1} \sum_{i=1}^{n1} t^{(i)}_K + 1 \frac{1}{2} \cdot \frac{1}{n_2} \sum_{i=1}^{n2} t^{(i)}_U + \frac{1}{n_3} \sum_{i=1}^{n3} t^{(i)}_M$$

$t^{(i)}_K$ die zeitliche Entfernung in Min. zur Inanspruchnahme einer Leistung der Kerngemeinde,

$t^{(i)}_U$ die zeitliche Entfernung in Min. zur Inanspruchnahme einer Leistung des Unterzentrums,

$t^{(i)}_M$ die zeitliche Entfernung in Min. zur Inanspruchnahme einer Leistung eines Mittelzentrums,

n_1 die Anzahl der Fälle in Anspruch genommener, zeitlich ermittelter Leistungen einer Kerngemeinde

n_2 die Anzahl der Fälle in Anspruch genommener, zeitlich ermittelter Leistungen eines Unterzentrums,

n_3 die Anzahl der Fälle in Anspruch genommener, zeitlich ermittelter Leistungen eines Mittelzentrums

Quelle: MOEWES 1968a, S. 160

Die Formel sieht komplizierter aus, als sie ist. Das Summenzeichen Σ dient dazu, Formeln übersichtlicher zu gestalten. Man geht dabei von folgender Konvention aus: unter dem Summenzeichen wird einer auch als „Laufvariable" bezeichneten Variablen zunächst ein Wert zugeordnet, dann der Term, der hinter dem Summenzeichen steht, berechnet, wobei überall dort, wo die Laufvariable auftaucht, der vereinbarte Wert einzusetzen ist. Dann erhöht man den Wert der Laufvariablen um eins und berechnet den Term erneut. Das Ergebnis wird zu dem ersten addiert und das ganze so oft wiederholt, bis die Laufvariable den über dem Summenzeichen notierten Wert besitzt.

Ein Beispiel: der Term $\sum_{n=3}^{7} x_n$

(lies: Summe über n gleich drei bis sieben von x_n) bedeutet nichts anderes, als daß n alle Werte von 3 bis 7 annehmen soll und die x-Werte mit den Indizes 3 bis 7 aufsummiert werden, also

$$\sum_{n=3}^{7} x_n = x_3 + x_4 + x_5 + x_6 + x_7$$

Mit Hilfe des Dezentralitätsindexes ist es leicht möglich, Schwächeräume aufzuspüren, die Lagegunst bzw. -ungunst ländlicher Siedlungen zu zentralörtlichen Einrichtungen zu vergleichen.

5.1.4 Erholung, Bildung, in Gemeinschaft leben, Kommunikation

Auch die anderen Daseinsgrundfunktionen konzentrieren sich auf die Siedlungen, finden dort ihre Verortung und bauliche Manifestation und drücken ihnen so in unterschiedlicher Weise ihren Stempel auf.

Der Erholung dienen *Sportstätten, Parkanlagen, Kureinrichtungen*, der Bildung *Schulen* und *Museen*, den Funktionen Kommunikation und in Gemeinschaft leben die *Verkehrswege, Kirchen, Gemeindehaus, Bürgerhalle* u.ä.. Die *Kirche* ist in den Dörfern nicht nur meist baulicher Mittelpunkt, sondern Kristallisationspunkt öffentlichen Lebens. Sie ist das – bei allem Rückgang der Besucherzahlen – bis heute geblieben. Mit der Kirche verbunden sind Pfarrbüro und Gemeindehaus, letzteres oft Zentrum vieler Aktivitäten von Jugend-, Frauen- und Altenkreisen.

Gemeindliche Einrichtungen – viele verschwanden mit der kommunalen Gebietsreform – sind darüber hinaus *Gemeindehaus, Schulen, Kindergärten* (bisweilen in kirchlicher Trägerschaft) und andere Einrichtungen, die zusammen mit Läden, Poststelle und Bankfiliale den Dorfbewohnern ein Minimum an Infrastruktur geben oder gaben. Eine besondere Rolle für die Kommunikation und das dörfliche Zusammenleben spielen *Gasthäuser*. Sie sind Mittelpunkte des Vereinslebens, der örtlichen Politik und Geselligkeit. Die genannten Einrichtungen dienen der Bevölkerung der Gemeinde, können aber auch einen weit über die Gemeinde hinaus reichenden Wirkungsbereich besitzen. Ein Teil der über den Ort hinausreichenden Funktionen muß man den zentralörtlichen Funktionen zurechnen. Andere Funktionen, wie die Erholungsfunktion (und der durch sie bedingte evtl. sehr weite Einzugsbereich von Kurgästen) fallen jedoch nicht darunter.

Siedlungen oder Siedlungsteile mit überörtlichen, nicht unter die zentralen fallenden Funktionen sind:
- *Fremdenverkehrs-, Freizeit- und Erholungssiedlungen* (Fremdenverkehrsort, Kurort, Badeort, Wintersportort, Wochenendsiedlung, Feriensiedlung);
- *Verkehrssiedlungen* (Eisenbahnstation, Stationen des modernen Kraftverkehrs, Raststätten des Reit- und Lasttierverkehrs);
- *Kultsiedlungen* (Wallfahrtssiedlung, Klostersiedlung).

Siedlungen dieser Art müssen von der Art ihrer Ausstattung her beschrieben und differenziert werden, da die Umlandbeziehungen oft sehr weitreichend und schwer eingrenzbar sind (vgl. UHLIG und LIENAU 1972, 2, S. 33 ff.).

Die Verortung der bestimmten Funktionen dienenden Einrichtungen innerhalb der Siedlung ist in der Regel nicht zufällig, sondern durch die Art der Funktion, die *Bodenpreise* (Grundstückspreise) und anderes bedingt, so daß es zu charakteristischen räumlichen Verteilungsmustern kommt, die um so ausgeprägter sind, je größer die Siedlung ist (s. Kap. 5.2).

Siedlungsfunktion, Infrastruktur und sozialökonomische Struktur 103

Lage und *Verteilung funktionaler Siedlungstypen* werden im einzelnen von den spezifischen Funktionen bestimmt.

Für die Verteilung von *Siedlungen mit landwirtschaftlicher Funktion* spielen natürliche Ressourcen, agrare Tragfähigkeit und Ackernahrung eine entscheidende Rolle. Der Einfluß der natürlichen Bedingungen wird jedoch im einzelnen differenziert oder überspielt durch andere Einflußgrößen wie *Entfernung zum Markt* (vgl. Modell von J. H. VON THÜNEN), *Agrarverfassung* und *Agrarpolitik*.

Die *Entfernung zum Markt* und zu den Städten (Agglomerationen) ist eine auch für die Verteilung vieler anderer Funktionen wichtige Einflußgröße, wie für Art und Umfang angesiedelter Industriebetriebe oder die Wohnfunktion (Pendler) (vgl. dazu die Gemeindetypisierung Abb.22).

Wieder anders sind die *Anordnungsprinzipien zentralörtlicher Funktionen*, die in einem hierarchischen Verhältnis zueinander stehen und deren Einzugsbereich von dem Umfang der angebotenen Güter und Dienstleistungen, der Bevölkerungsdichte und anderem abhängt. Aus der Frage nach Größe, Lage und Verteilung der Städte in Süddeutschland hatte CHRISTALLER (1933) seinerzeit die Theorie der zentralen Orte entwickelt und damit zugleich die engen Korrelationen zwischen Lage, Größe und Verteilung von Siedlungen und deren zentralen Funktionen aufgezeigt.

5.2 Funktionale Differenzierung

Die geringe Größe ländlicher Siedlungen wird es in der Regel zu keiner so ausgeprägten funktionalen inneren Gliederung kommen lassen wie in Städten. Trotzdem, auch in ländlichen Siedlungen läßt sich vielfach eine innere Gliederung nach Funktionen feststellen: in traditionellen Dörfern mit der Kirche und einem oder mehreren Gasthäusern, vielleicht auch einem Laden und der Schule im *Dorfkern*, Bauernhöfen darumherum. Mittelpunkt der meisten griechischen Dörfer bildet eine Platia, ein zentraler Platz. An ihm liegt nicht nur sehr häufig die Kirche. Ihn säumen auch Kafenion bzw. Kafenia, Läden für Lebensmittel und ggf. andere Einrichtungen, und ihn ziert randlich der unvermeindliche peripteron, ein Kiosk mit Dingen, die zum täglichen Leben gehören wie Zigaretten, Sonnenbrillen, Briefpapier, Journale und Telefon. Die Platia mit ihren Einrichtungen bildet den Mittelpunkt der Dörfer, die ansonsten in sich nicht weiter differenziert sind. Auch Scheunenviertel oder Kellergassen sind Ausdruck funktionaler Differenzierung in traditionellen Dörfern.

Eine funktionale Differenzierung ergibt bzw. ergab sich in den (ehem.) sozialistischen Staaten durch Errichtung kollektiver Betriebseinheiten am Ortsrand, in Dörfern in den westlichen Industrieländern durch Aussiedlung von Industrie auf dafür ausgewiesene Flächen oder durch einen Bahnhof und sich in seinem Bereich ansiedelnde Gewerbebetriebe, um andere Beispiele zu nennen.

Allgemein dürfte gelten, daß je größer eine Siedlung ist, sie umso eher eine funktionale Differenzierung aufweisen wird. Mit der Größe der Siedlung entwickelt sich i.d.R. ein *Bodenwertgradient*, der eine funktionale Differenzierung verstärkt.

Mit der funktionalen Differenzierung kann sich eine soziale verbinden bzw. eine soziale eine funktionale im Gefolge haben (vgl. Kap. 5.4).

5.3 Siedlungsarten und Wohnweise

Siedlungsart ist der – nicht sehr glücklich gewählte – Oberbegriff für *Wohnart*, Bewohnungsweise und Benutzungsart einer Siedlung, die RICHTHOFEN (1908) mit dem Begriffspaar *bodenvage* und *bodenstet* zu erfassen suchte. Die *Bewohnungsweise* resultiert aus *Benutzungsdauer* und *Benutzungsfolge*. *Benutzungsart* meint die Funktion einer Siedlung als *Hauptsiedlung* (auch Hauptwohnsitz, Stammwohnsitz, Stammdorf, Kern- oder Heimsiedlung genannt) oder *Nebensiedlung* (oft Sommerdorf, Saisonsiedlung, Fern- oder Randsiedlung genannt). Als *Wohnart* bezeichnen wir mit HAMBLOCH (1967, S. 5) die Verbindung der Behausung mit dem Untergrund, also bodenfeste oder nicht bodenfeste (= bodenvage).

Nach der *Benutzungsdauer* werden die Siedlungen klassifiziert als *permanente, semipermanente* oder *temporäre* Siedlungen.

Als *permanent* (bewohnt) gelten alle Siedlungen, die mehrere Generationen hindurch ständig, als *temporär* alle Siedlungen, die nur eine bestimmte Zeit im Jahr hindurch bewohnt werden. Die *semipermanenten* Siedlungen, die dadurch gekennzeichnet sind, daß ein Siedlungsplatz einige Jahre bewohnt wird, wie das bei den Siedlungen des Wanderfeldbaus der Fall ist, nehmen eine Übergangsstellung ein.

Tab. 8: Siedlungsarten.

1. permanente Siedlungen
2. semipermanente Siedlungen
3. temporäre Siedlungen
3.1 mit ephemerer (episodischer oder periodischer) Nutzung
3.2 mit längerfristiger (episodischer oder periodischer) Nutzung

Bei den *temporären* Siedlungen muß nach der Benutzungsdauer und -folge zwischen kurzfristig (eintägig, vorübergehend: *ephemer*) bewohnten und längerfristig (eine bis viele Wochen im Jahr; oft: *saisonal)* bewohnten, nach der Benutzungsfolge zwischen *episodisch* (ohne erkennbaren Rhythmus) und *periodisch* (mit erkennbarem Rhythmus; oft: *saisonal*) genutzten Siedlungen oder Siedlungsplätzen unterschieden werden.

Die Siedlungsart ist zweifellos eng verknüpft mit der Wirtschaftsweise (s. SCHWARZ 1989, s. 62 ff.) und Wohnart.

Die Verteilung der wirtschaftlichen Aktivitäten einer Gruppe von Menschen auf verschiedene, räumlich mehr oder weniger weit (nicht allerdings unbedingt nach Kilometern weit) voneinander entfernte Standorte führt dazu, daß zum Wohnen und Wirtschaften mehrere Wohnplätze und räumlich getrennte Wirtschaftsbauten benötigt werden. Die siedlungsmäßige Anpassung erfolgt entweder durch Verlagerung der Siedlungen oder deren befristete Nutzung.

Alle Formen der Jäger- und Sammlerwirtschaften und der Fernweidewirtschaften (Almwirtschaft, Transhumanz, Nomadismus) sind durch Standortwechsel der wirtschaftenden Gruppen und räumlich oft weit voneinander entfernt ausgeübte wirtschaftliche Aktivitäten an mehrere Standorte gebunden. Das gilt auch für den Wanderfeldbau, bei dem im Abstand von einigen Jahren die Siedlungen verlegt werden müssen. Die Anpassung der Wirtschaft an die physischen Bedingungen, welche die Ernährung der wirtschaftenden Gruppe an einem Standort nicht ermöglichen, machen einen solchen Standortwechsel und/oder Verteilung auf verschiedene Standorte nötig. Das ist häufig in den Gebirgen mit vertikal schnell wechselnden physischen Bedingungen und in den Randbereichen der Ökumene mit ökologischen Gegebenheiten, die eine große Fläche zur Ernährung einer Person oder Familie erfordern, der Fall. Ähnlich ist es bei sehr großen Betriebseinheiten, wie sie etwa Kolchosen darstellen (s. Abb. 17 und Abb. 18).

Die Landnutzung kann von *bodenfesten* Siedlungen aus erfolgen, die z. T. nur für eine begrenzte Dauer und/oder nur von einem Teil der wirtschaftenden Gruppe bewohnt und wirtschaftlich benutzt werden, oder aber die Menschen passen sich den jeweiligen Standorten des Wirtschaftens durch Siedlungsverlegung mit *beweglichen Behausungen* bzw. durch immer wiederholte *Neuerrichtung* der Behausungen an.

Verteilen sich Wohnen und Wirtschaften einer Gruppe auf mehrere Siedlungen, so wird von einem *Mehrsiedlungssystem* gesprochen, bei einem Hof von einem *Streuhof*. In der Regel zeichnen sich die Glieder eines Mehrsiedlungssystems durch eine Differenzierung der darin verbundenen Siedlungen nach ihrer *Siedlungsart* aus.

106 Siedlungsfunktion, Infrastruktur und sozialökonomische Struktur

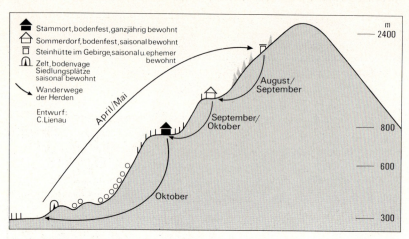

Abb. 17: Mehrsiedlungssystem (Siedlungsverband) verknüpft mit Fernweidewirtschaft. Beispiel aus Mittelgriechenland (Entwurf: C. LIENAU).

Abb. 17 zeigt das Beispiel eines Mehrsiedlungssystems im Pindosgebirge in Griechenland. Ein dauernd bewohntes Dorf in ca. 600 m Höhe bildet den Angelpunkt. Hier haben die bäuerlichen Familien ihren Stammwohnsitz (Hauptwohnsitz), hier liegen um das Dorf herum Gärten, Dauerkulturen und Felder. Ein Sommerdorf am Rande eines kleinen Polje 200 m oberhalb des Stammdorfes wird periodisch (saisonal, bodenfeste Siedlung) während der Saat- und Erntezeiten von einem Teil der Bevölkerung bewohnt. Wiederum oberhalb dieses Sommerdorfes bewohnen Hirten während einiger Sommerwochen Steinhütten im Gebirge, um dort ihre Herden zu weiden (saisonale oder ephemere, bodenfeste Siedlung). Oft leben Kinder in der Zeit der Schulferien ebenfalls dort mit den Hirten, ihren Vätern und Onkeln. Während die Herden im Herbst auf der Flur des Stammdorfes geweidet werden (Stoppelweide), ziehen die Hirten (z.T. mit Familie) im Winter in tiefer liegende Bereiche, wo früher Hütten aus Schilf und Reisig oder Zelte bezogen wurden, heute meist mit staatlicher Hilfe errichtete Steinbauten für Unterkunft sorgen (saisonale Siedlung mit bodenvagen oder bodenfesten Behausungen). UHLIG (1962) schildert vergleichbare Mehrsiedlungssysteme aus Kaschmir. Das Sommerdorf erfuhr in den letzten Jahren einen Funktionswandel hin zum, v.a. im Winter genutzten, Feriendorf für Skiläufer.

Ein anderes Beispiel (MECKELEIN 1964, S. 253) eines Siedlungsverbandes und Mehrsiedlungssystems zeigt Abb. 18. Die Größe der Wirtschaftsfläche der Kolchose erfordert neben der zentralen Siedlung für die Mehrzahl der in der Kolchose arbeitenden Personen, für Versorgungseinrichtungen und industrielle Einrichtungen zur Verarbeitung landwirtschaftlicher Produkte sowie zum teilweise vorübergehenden Wohnen eine Reihe von Nebensiedlungen. Sie sind teils als permanente, teils als temporär – saisonale Siedlungen angelegt. Es sind Siedlungen mit Versorgungseinrichtungen, Wohnsitz für wissenschaftliches Personal, Sommer- und Winterlager für Ackerbau- und Viehzuchtbrigaden.

Siedlungsfunktion, Infrastruktur und sozialökonomische Struktur 107

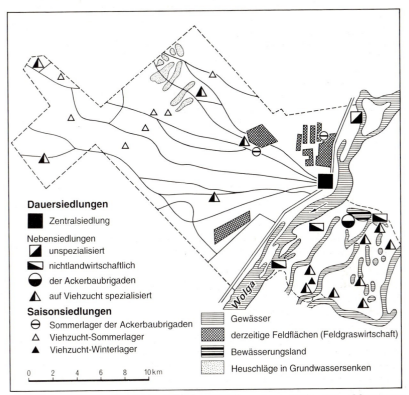

Abb. 18: Siedlungsverband einer Kolchose an der unteren Wolga (aus: MECKELEIN 1964, S. 253).

5.4 Demographische und soziale Strukturen der Dorfbewohner und ihr Ausdruck in Ortsgestalt und Flur

5.4.1 Demographische und soziale Strukturen

Die systematische Behandlung der *demographischen und sozialen Strukturen* der im ländlichen Raum lebenden Menschen ist ein Feld der Bevölkerungs- und Sozialgeographie, der Demographie und Soziologie bzw. ihres Zweiges der Agrarsoziologie. Hier sollen nur Auswirkungen solcher Strukturen auf die Siedlungsgestalt und umgekehrt behandelt werden.

Ein Beispiel für spezifische *demographische Strukturen* ländlicher Räume liefert die Arbeit von R. BEYER (1986). Die Strukturen wirken zweifellos direkt und indirekt auf die Siedlungsgestalt. Größere kinderreiche Familien bedingen – gefördert durch niedrigere Baupreise – in größerem Umfang den Eigenheimbau, Ein- und Zweifamilienhäuser. Die Abwanderung und ggf. Rückwanderung von Bevölkerung, die im ländlichen Raum keine Verdienstmöglichkeiten findet, kann sich auf die Siedlungsentwicklung in prägender Weise auswirken, wie Untersuchungen über die Auswirkungen der Gastarbeiterwanderung auf die ländlichen Herkunftssiedlungen am Beispiel von Griechenland zeigten (s. HERMANNS und LIENAU 1981 und 1982). Die Auswirkungen sind dabei in hohem Maße abhängig von der Art der Migration: auf Zeit angelegte Arbeitsmigration (Gastarbeiterwanderung) wirkt sich ganz anders aus als auf Dauer angelegte Auswanderung (Emigration).

Die sozialen Beziehungen der Dorfbewohner (sie stehen hier prototypisch für die ländliche Bevölkerung) untereinander sind enger geknüpft als im städtischen Raum, die soziale Kontrolle ist größer. Die sog. *Dorfgemeinschaft*, Inbegriff für die Verhaltensweisen und Einstellungen der Dorfbewohner ist nach BLANCKENBURG (1962) dadurch gekennzeichnet, „daß die Dorfbevölkerung geistig, beruflich und örtlich auf die lokale Siedlung bezogen war, daß privates und öffentliches Dasein weitgehend übereinstimmten, daß mit Hilfe fester Normen und Sitten enge soziale Vorgaben und Kontrollen verbunden waren und daß ein starkes Wirbewußtsein sowohl zur Abschirmung nach außen als auch zur inneren Integration beitrug" (zit. nach HENKEL 1993, S. 73). Die Teilhabe an der Gemeinschaft ist nicht gleich und war im Laufe der Zeit Wandlungen unterworfen. PLANCK (1984, S. 183) formuliert – mit den Wörtern spielend -, daß die Zugehörigkeit zur Dorfgemeinde früher auf Besitz, die zur modernen Landgemeinde auf Wohnsitz basiert.

Ausdruck und Bestandteil der Dorfgemeinschaft ist die *Nachbarschaft*, zu deren Funktionen gegenseitige Hilfe in verschiedensten Fällen gehören (Nachbarschaftshilfe), die die Kraft der einzelnen Familie i.d.R. übersteigen. Dazu gehört das Ausleihen von Gegenständen und Geräten, Hilfeleistungen in Notfällen (Brand, Überschwemmung), Austausch von Arbeitskraft (etwa beim Dachdecken, bei Erntearbeiten), Kontrolle von Haus, Hof und Feldern, aber auch die Pflege geselligen Lebens, wozu auch die Teilnahme an den vielfältigen Familienereignissen (Geburt, Hochzeit, Tod) gehört. Der *Nachbarschaftshilfe* fehlt i.d.R. ein rechtlicher Rahmen, eine genaue gegenseitige Aufrechnung erfolgt gewöhnlich nicht (s. WENZEL 1974, S. 75).

Die Veränderungen in der Arbeitswelt, die enorm gewachsene Mobilität und die verbesserten Kommunikationsmöglichkeiten, Zuzug von nicht landgebundener Bevölkerung aus den Städten und dadurch veränderte Einstellungs- und Verhaltensweisen (Urbanisierung) haben die Dorfgemeinschaft, das mit ihr verbundene soziale Netz und die Nachbarschaftsbeziehungen zumindest in den Industrieländern nachhaltig, wenn auch regional sehr unterschiedlich verändert, aber keineswegs zum Verschwinden gebracht. Allein die geringeren Ortsgrößen, die lokalen Traditionen und die weiter bestehenden praktischen Bedürfnisse (etwa der nachbarschaftlichen Unterstützung beim Hausbau, um die hohen Kosten bei offiziellen Firmenaufträgen zu vermeiden) sicherten bislang das Überleben (vgl. BRÜGGEMANN und RIEHLE 1986).

Ausdruck der Dorfgemeinschaften sind nicht nur die gemeinschaftlichen Einrichtungen von Schule, Kirche(n), Dorfgemeinschaftshaus, sondern eine Vielzahl von Vereinen und deren Versammlungen und Stammtische in den Gasthäusern sowie deren öffentliche Veranstaltungen, die vielfach für das Dorf und Nachbarsiedlungen zu einem Fest im Jahresrhythmus geworden sind.

Maibaum, Schützenstand, Sportplatz mit Vereinsgaststätte, aber auch die (katholische, reformierte, evangelisch-lutherische etc.) Kirche in regionsgebundenem Baustil und Baumaterial geben dem Dorf seinen individuellen und regionaltypischen Ausdruck.

Die hier für das mitteleuropäische Dorf gemachten Aussagen lassen sich ohne weiteres auf die Dörfer in anderen Regionen und Kulturkreisen übertragen.

5.4.2 Soziale Differenzierung und Ortsgestalt

Die soziale Differenzierung der in einer Siedlung (also zugleich einem Gemeinwesen) zusammenlebenden Menschen spiegelt sich in einer unterschiedlichen Gestalt und spezifischen Anordnung der Siedlungselemente wider, die sozialen Unterschiede zwischen verschiedenen Siedlungen in deren unterschiedlicher Gestalt. Ebenso ist der Grad der Veränderung von Siedlungssubstanz in hohem Maß abhängig von Veränderung oder Konstanz sozialer Strukturen.

Als soziale Gruppen in ländlichen Siedlungen treten vor allem auf und bestimmen das Siedlungsbild:
- Gruppen, die in unterschiedlichem Umfang an der Nutzung der Ressourcen der Siedlung teilhaben (z.B. Bauer, Kötter, Brinksitzer);
- Gruppen, die sich nach Stand, Herkunft, gesellschaftlichen Normen im Rahmen einer bestimmten gesellschaftlichen Ordnung unterscheiden, wie das beim Kastenwesen der Fall ist;
- Berufs-, Alters- und Einkommensgruppen;
- ethnische Gruppen;
- religiöse Gruppen;
- familiale und politische Gruppen.

Die genannten Kriterien für Gruppenbildungen können dabei differieren. Begriffe wie *Arbeiterbauerndorf, Landarbeitersiedlung, Gutssiedlung, Häuslersiedlung, Croftersiedlung* u.ä. beinhalten Typen von ländlichen Siedlungen, bei denen soziale bzw. sozioökonomische Merkmale für die Typenbildung und Kennzeichnung benutzt wurden.

Die *innere Gliederung* der ländlichen Siedlungen vor dem Industriezeitalter basierte v.a. auf der – historisch gewachsenen – unterschiedlichen Teilhabe der Dorfgenossen an der *Nutzung der Allmende* und dem unterschiedlichem *Umfang an Landbesitz*.

Vollhufner, Halbhufner, Kötter, Seldner, Häusler, Brinksitzer, Heuerling sind Bezeichnungen für – heute weitgehend historische – soziale Gruppen innerhalb eines Dorfes, die sich durch unterschiedlichen Bodenbesitz und Teilhabe an der Nutzung der Gemarkung unterscheiden (vgl. WENZEL 1974, S. 40 f.). Während die Hufner (andere Bezeichnungen sind: Vollbauern, Bauern, Vollerben) als Besitzer von Höfen, die eine volle Ackernahrung gewähren, zugleich bevorzugte Rechte der Allmendnutzung besaßen, war den übrigen Gruppen diese Nutzung ganz oder teilweise verwehrt. Diese besaßen z. T. (Heuerlinge, Brinksitzer usw.) Anwesen, die von den vollbäuerlichen Höfen abhängig und an sie durch vielerlei Dienste gebunden waren.

Die genannten Gruppen siedelten nicht in zufallsbestimmter Mischung; es findet sich vielmehr – durch die historische Entwicklung vorgezeichnet – meist eine deutliche räumliche Trennung: die Höfe der Vollbauern liegen häufig im Dorfkern um den Dorfplatz herum (vgl. Abb. 19b), die der Nachsiedler am Dorfrand oder/und auf später aufgesiedelten Freiflächen im Dorf. In den Geestgebieten Nordwestdeutschlands liegen die Höfe der Vollbauern (Altbauern) als lockere Hofgruppe (*Drubbel*) an und um den *Esch*, während die Nachsiedler in die ökologisch ungünstigere Mark (*Allmende*) auswichen (vgl. Abb. 19c).

Nicht nur die Wohnplätze, auch die Formen der Behausungen zeigen die soziale Differenzierung an: während die Altbauern oft mächtige Häuser besitzen, sind die der Brinksitzer, Heuerlinge usw. meist bescheiden. Im Vergleich der Zahl der Joche (die Zahl der jeweils durch vier Stützen bezeichneten Raumeinheiten), die ein Haus besitzt, werden nicht nur die Unterschiede zwischen den o.g. Gruppen, sondern bisweilen auch noch feinere Unterschiede innerhalb einer Gruppe quantitativ faßbar.

Die soziale Differenzierung ist deutlicher in Gebieten mit *Anerbensitte* als in denen mit *Realteilungssitte*, in denen es die immer wieder erfolgende Teilung der Höfe nicht zu so großen sozialen Unterschieden kommen ließ wie in den Anerbengebieten oder gar den Gutsgebieten.

Abb. 19: Soziale Differenzierung in ländlichen Siedlungen;
a) Tschiftliksiedlung im osmanischen Südosteuropa (nach SCHULTZE-JENA, MAKEDONIEN, JENA *1927, Taf. 62);*
b) soziale Differenzierung in einem Dorf in Süddeutschland (aus GREES *1974, S. 59);*
c) soziale Differenzierung im nordwestdeutschen Streusiedlungsgebiet (aus HAMBLOCH *1982, S. 257).* ▶

Siedlungsfunktion, Infrastruktur und sozialökonomische Struktur 111

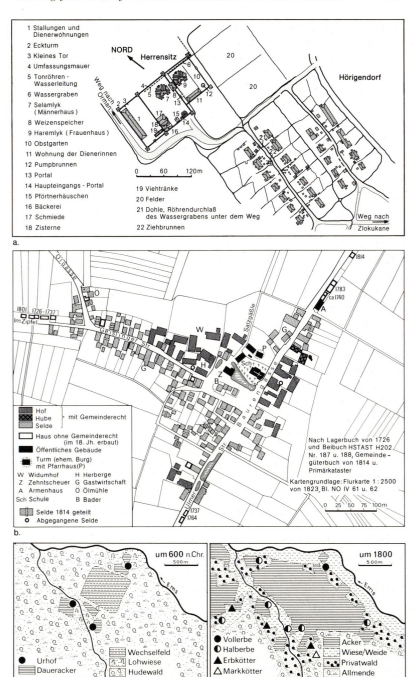

Daß auch in den Realteilungsgebieten mit ihren Haufendörfern eine beträchtliche soziale Differenzierung besteht, die baulich durchaus ihren Niederschlag findet, zeigt die Untersuchung von WAGNER (1986) an einem hessischen Dorf.

Gutsbesitzer und *Landarbeiter* stellen soziale Extreme dar, denen als bauliche Extreme das *Herrenhaus* (Schloß, Wasserburg, Gutshaus) und die *Arbeiterhäuschen* (Katen o.ä.) entsprechen. Der Siedlungstyp wird als Gutssiedlung bezeichnet. Ähnliche Gegensätze bestimmten auch z. B. die *Tschiftliksiedlungen* in den europäischen Teilen des osmanischen Reiches (s. Abb. 18a) und bestimmen heute noch die *Latifundiensiedlungen* Süditaliens und Andalusiens, die *Plantagensiedlungen* in den ehemaligen Kolonialländern oder die *Haciendas* in südamerikanischen Ländern.

Eine andere Form traditionaler sozialer Differenzierung verbindet sich mit dem *Kastenwesen,* wie es sich am ausgeprägtesten in Indien findet.

Eine Kaste wird durch eine Anzahl von Familien gebildet, die durch gleiche Normen und Lebensformen, ggf. auch gemeinsamen Kult verbunden sind. Vielfach sind Kaste und Berufsgruppe identisch. Die Berufe werden vererbt. Heirat ist nur innerhalb der Kaste möglich. Die Zugehörigkeit zu einer bestimmten Kaste bedeutet zugleich die – unveränderliche – Zuordnung zu einem bestimmten gesellschaftlichen Rang. Im klassischen indischen Kastensystem gab es vier Kasten: die Priesterkaste, die Königs- und Adelskaste, die Bauernkaste und die Kaste der Schudra, die alle niederen Gruppen umfaßte. In der Realität gibt es hunderte von Unterkasten (vgl. B.E. 9, 1970, s.v. Kaste).

Die Abb. 20 (nach BRONGER 1970, S. 101) zeigt die Verteilung der Kastenmitglieder der 26 in dem indischen Dorf Pochampali vorhandenen Kasten (vgl. dazu DIERCKE ATLAS, 1988, 164, 2). Eine deutliche räumliche Segregation ist erkennbar: im Dorfzentrum liegen die stattlichen Häuser der Brahmanen und Reddi, am südlichen Dorfrand die kleinen Lehmhütten der unteren Kaste der Parias. Geschlossene Gruppen bilden auch die Behausungen der Padmashali (Baumwollweber) oder die ärmlichen Lehmhütten der als Wäscher arbeitenden Dhobi.

Eine soziale Differenzierung kann innerhalb einer Siedlung gegeben sein, aber auch zwischen Siedlungen, die oft nahe beieinander liegen, wie Gutssiedlungen und Bauerndörfern (z.B. Ostholstein) oder Farmsiedlungen und Croftersiedlungen (W-Schottland; vgl. SIMMS 1969).

Die ländlichen Siedlungen im Industriezeitalter erfuhren bei gleichzeitigem Wachstum mehr und mehr eine innere Gliederung, aber auch eine Differenzierung untereinander durch *Berufs-, Alters- und Einkommensgruppen* und durch die Beziehung, die die Bewohner zu Gemeinde und Gemarkung haben, in der sie leben. Die Unterscheidung zwischen *landwirtschaftlicher Bevölkerung,* d.h. Personen, die Landwirtschaft betreiben, *landverbundenen Personen,* die Land (Grundstücke) in der Gemeinde geerbt haben, aber selbst keine Landwirtschaft (mehr) betreiben, und *landbewohnenden* Personen, die keine durch Landeigentum oder -besitz gefestigten Bindungen an die Gemeinde haben, beinhaltet Unterschiede der Genese dieser Gruppen und

Siedlungsfunktion, Infrastruktur und sozialökonomische Struktur 113

zugleich deren unterschiedlichen Verbindungen mit dem Gemeinwesen. Sie zeichnen sich vielfach durch spezifische Wohnstandorte in einer ländlichen Siedlung aus.

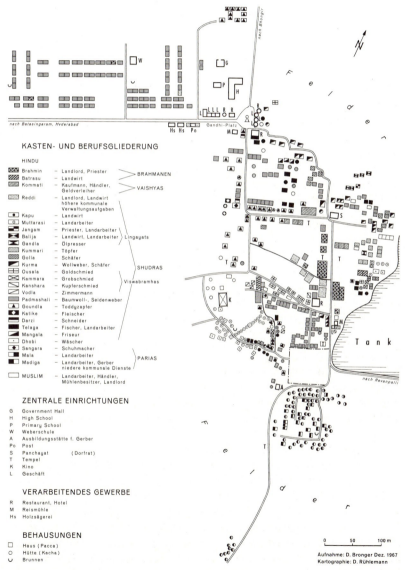

Abb. 20: Kasten- und Berufsgliederung in einem indischen Dorf (aus: BRONGER 1970, S. 101)

So wohnt, um das Beispiel eines stadtnahen mittelhessischen Dorfes bei Gießen zu nehmen, die ältere, eingesessene, landverbundene (in wenigen Fällen noch etwas Land im Nebenerwerb oder Feierabendbetrieb bewirtschaftende) Bevölkerung noch überwiegend im alten Dorfkern, während diejenigen Familien, die Landwirtschaft im Vollerwerb betreiben, an den Dorfrand oder in die Gemarkung aussiedelten (Aussiedlerhöfe). Die jüngeren Familien, die nicht mehr in der Landwirtschaft tätig, aber orts- und meist auch noch landverbunden sind, zogen in Neubauviertel am Rand des alten Dorfkernes um. Folge ist eine soziale Entmischung: die alte, wenig wohnattraktive Bausubstanz des Dorfkernes zeigt keineswegs mehr einen repräsentativen Bevölkerungsquerschnitt, vielmehr überwiegen von der einheimischen Bevölkerung ältere Leute mit kleinen Haushalten. Die soziale Entmischung wird dadurch verstärkt, daß in den Dorfkern andere finanziell oder sozial schwache Gruppen zogen: Studenten und Gastarbeiter. Wie Gastarbeiter zur dominanten Gruppe eines alten Dorfkernes werden, zeigte GEIGER (1975) am Beispiel des württembergischen Dorfes Tamm.

Auch die landbewohnende Bevölkerung bildet, bedingt durch geplante Ansiedlung und die Ausweisung von Bauland, z.T. geschlossene Viertel. Das gilt für die nach 1945 angesiedelten Flüchtlinge (mit Behausungsformen, die den Möglichkeiten und Bedürfnissen der ersten Nachkriegszeit angepaßt waren) ebenso wie für die Städter, die in der Gemeinde Baugrund erwarben und sich dort ein Haus bauten, ohne mit dem Dorf verbunden zu sein. Sie pendeln zu ihren außerhalb gelegenen Arbeitsplätzen und sind in das Dorfleben nur teilweise integriert (ILIEN 1983); Bauweise der Häuser (Bungalow-Stil) und Gartengestaltung lassen auch äußerlich die andere soziale Stellung erkennen.

Zwischen Bausubstanz, Wohnstandort und sozialen Gruppen bestehen Wechselbeziehungen z. B. in der Form, daß die alte, den heutigen Wohnbedürfnissen nicht mehr angepaßte Bausubstanz im Dorfkern nicht nur zur Konzentration sozial schwacher Personen in diesem Ortsteil führt, sondern daß umgekehrt auch die mangelnden finanziellen Möglichkeiten dieser Gruppe den Verfall oder doch mangelnde Anpassung der Bausubstanz an die Wohnbedürfnisse bedingen.

Auch *ethnische* und *religiöse* Unterschiede der Bevölkerung (beide sind oft identisch) können die innere Gliederung von ländlichen Siedlungen und ihr unterschiedliches äußeres Bild bestimmen. Es sind dabei meist eine Vielzahl von Faktoren, angefangen bei Kultbauten bis hin zu einer unterschiedlichen Wirtschaftsgesinnung, die Einfluß auf die Gestalt nehmen. Als Beispiele seien das verschiedene Bild und die ganz unterschiedliche Struktur der deutschen und italienischen Dörfer in Südtirol und Trentino (DÖRRENHAUS 1959) oder der griechischen, türkischen und pomakischen Dörfer in Westthrakien in Griechenland (LIENAU 1995b) angeführt. Siedeln beide Volksgruppen in einem Dorf, finden sich die Strukturelemente dort – wie es in Griechisch-Thrakien der

Siedlungsfunktion, Infrastruktur und sozialökonomische Struktur   115

Fall ist – nebeneinander: ein Teil des Dorfes zeigt die verwinkelte Sackgassenstruktur mit Moschee muslimischer Dörfer, der andere die Schachbrettstruktur mit orthodoxer Kirche griechischer Flüchtlingssiedlungen aus den 20er Jahren unseres Jahrhunderts. Auch die in vielen Dörfern im westlichen Deutschland nach dem Kriege entstandenen Flüchtlingsansiedlungen mit eigener Kirche bildeten und bilden z.T. noch sozial unterschiedene Einheiten.

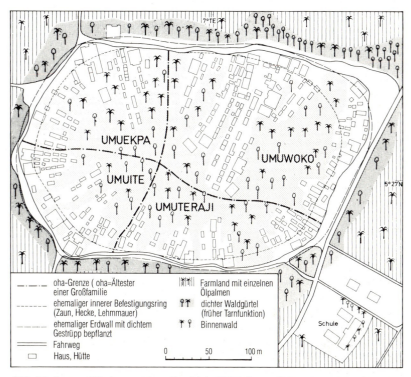

Abb. 21: *Innere Gliederung eines Dorfes in W-Afrika nach Sippen und Großfamilien (aus: GRENZEBACH 1984, S. 81).*

Die charakteristischen Formelemente der in Abb. 21 dargestellten Siedlung sind eine runde bis ovale Umrißform (vermutlich Sicherungsfunktion) und der durch lineare, von Sackgassen erschlossene, in Hüttenverbände gegliederte Grundriß. Jeweils ein Hüttenverband bzw. zwei eng benachbarte Verbände gehören zu einer Großfamilie. Die Großfamilien sind zu vier Verbänden, die jeweils ein Segment der Siedlung bewohnen (durch Strichpunktlinie gekennzeichnet), zusammengeschlossen. Die ganze Siedlung ist Teil eines aus mehreren ähnlichen Siedlungen bestehenden Siedlungsverbandes einer Sippe bzw. eines Teilstammes. Der inneren sozialen Gliederung entspricht eine kommunale Flurordnung: jeweils einer Großfamilie sind Nutzungsblöcke zugeordnet, die nach der Anzahl der in ihr lebenden Haushalte in Schmalstreifen unterteilt sind (vgl. DIERCKE WELTATLAS 1988, S. 130, 3).

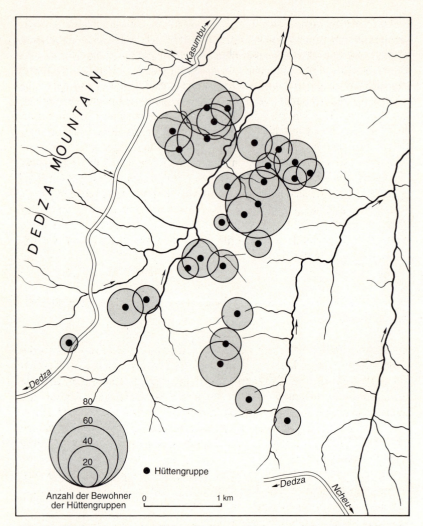

Abb. 22: *Gliederung einer ländlichen Siedlung in Malawi nach Familien und Familiengruppen (nach J. G. PIKE und G. T. RIMMINGTON, Malawi, London 1965, S. 155).*

Das in Abb. 22 dargestellte Dorf besteht aus 29 Hüttengruppen von unterschiedlich großen Familien, die einem Häuptling unterstehen. Der Häuptling ist Oberhaupt der größten aus 76 Personen mit 16 Hütten bestehenden Großfamilie. Die Abstände der Hüttengruppen sind allerdings z.T. so groß, daß die Siedlungseinheit nicht mehr gewahrt ist und man eher von einem Siedlungsverband sprechen muß.

Die *Gemeinschaftssiedlung* religiöser Gruppen, z. B. der Hutterer, Mennoniten oder Mormonen in den USA und Kanada heben sich nach Gestalt und innerer Struktur deutlich von den übrigen Siedlungen der jeweiligen Region ab (vgl. SCHEMPP 1969 und UHLIG und LIENAU 1972, 2, S. 206 f.). Spezifische Prägung erfahren die Siedlungen auch durch unterschiedliche *familiale Organisationsformen* (Formen der vital-sozialen Gruppenbildung).So zeigen Großfamilien- oder Sippensiedlungen in der Regel eine andere innere Struktur als Kleinfamiliensiedlungen: durch das enge Zusammenwohnen der Sippen ergeben sich deutliche Gruppierungen von Behausungen innerhalb einer Siedlung, Zellen, die von anderen Zellen durch breitere Wege oder sogar durch freies Land getrennt sind. WILHELMY (1935) zeigte für die großen Haufendörfer in Bulgarien eine solche charakteristische Zellengliederung als Folge ihrer Entstehung aus in Hofgruppen zusammensiedelnden Sippen auf (*Zellenhaufendorf*). Schöne Beispiele dafür, wie sich die familiale Struktur in der Siedlungsform niederschlägt, bringt auch K. GRENZEBACH (1984, S. 80 f.) aus West-Afrika (Abb. 21).

5.4.3 Sozialbrache – Ein Beispiel für die Flur als Spiegel sozialer Strukturen und Prozesse

Ein Musterbeispiel dafür, wie sich soziale Strukturen und Prozesse auf die Flurgestalt auswirken können, ist die *Sozialbrache* (vgl. dazu auch FREUND 1993). Von W. HARTKE (1953) für Ackerland geprägt, dessen Nutzung von den Landwirten aufgrund besserer Verdienstmöglichkeiten außerhalb der Landwirtschaft zwar aufgegeben, das aber nicht verkauft wurde, bezeichnet Sozialbrache eine Erscheinung, die an ganz bestimmte soziale Bedingungen und Prozesse geknüpft ist. Sie wurde deshalb auch als ein Indikator für diese Bedingungen angesehen.
Verbreitet ist die Erscheinung in Realerbteilungsgebieten mit Kleinbetriebsstruktur und starker Zersplitterung der landwirtschaftlichen Nutzfläche, die darüber hinaus aufgrund ungünstiger ökologischer Bedingungen (Grenzertragsböden vorherrschend) Landwirtschaft wenig attraktiv macht. Als die Industrie alternative Arbeitsplätze bot, wie das etwa in Teilen des Saarlandes oder im Lahn-Dillkreis (z.B. Aartal) im mittleren Hessen der Fall ist, gaben viele, z.T. alle Betriebe im Dorf die Bewirtschaftung auf. Verpachtung der Parzellen läßt bzw. ließ sich i.d.R. nicht realisieren, da es keine Betriebe gab, die aufstocken konnten und wollten und somit an einer Pacht interessiert waren. So wurde in den Dörfern auch keine Flurbereinigung durchgeführt, da das Interesse dafür fehlte und man die – insgesamt geringe – Eigenbeteiligung für die Durchführung des Verfahrens nicht aufbringen wollte.

Veränderungen wurden dadurch erschwert, daß die Bodeneigentümer ihr Land – Folge historischer Erfahrungen – immer noch als Notgroschen für schlechte Zeiten betrachten und darum nicht verkaufen, was etwa großflächige Aufforstungen durch den Staat verhindert. Eine extensive Beweidung durch Schafe stellt heute meist die einzige Nutzung dar.

Da bei der herrschenden Realteilung viele Dorfbürtige auch bei auswärtigen Arbeitsplätzen im Dorf wohnen bleiben und sich dort ein Haus bauen, bilden aufgegebene Flurnutzung und wachsendes Dorf mit vielen Neubauten einen auffälligen Gegensatz, der als dialektisch bezeichnet werden kann, da die gegenläufige Entwicklung ursächlich miteinander verknüpft ist. Das Phänomen ist jedenfalls in keiner Weise vergleichbar mit der spätmittelalterlichen Aufgabe von Siedlung und Flur in der sog. Wüstungsperiode.

Heute bilden aufgrund der extensiven Beweidung Sozialbrachflächen vielfach der früheren Allmendeweide vergleichbare Triften. Eine Pflanzensukzession hin zu geschlossenem Wald wurde durch die Beweidung verhindert. Ginster und Dornsträucher, in deren Schutz sich dann bisweilen auch „genießbare" Bäume entwickeln konnten, beherrschen die Flur, in der alte Ackerterrassen, Feldmauern, alte Raine und anderes noch auf die frühere Nutzung hinweisen.

Die Diskussion um Pflegemaßnahmen für diese Flächen ist heute weitgehend verstummt angesichts der Tatsache, daß sie unter Gesichtspunkten des Naturschutzes als äußerst wertvoll einzustufen sind.

Nicht verwechselt werden darf Sozialbrache mit Flächen, die im Rahmen von Flächenstillegungsprogrammen aus der Nutzung herausgenommen wurden. Kleinflächige private Anpflanzungen von Weihnachtsbäumen, von Haselnußbäumen oder anderen Fruchtbäumen durch Gastarbeiter, die, im Ausland lebend, sich nach Rückkehr eine Rendite von ihnen erhoffen, die Umwandlung von Scheunen in Garagen oder von Misthaufen in Blumenbeete sind ebenfalls in Dorf und Flur sichtbare sozialökonomische Prozesse.

5.5 Sozialökonomische Siedlungs- und Gemeindetypisierung

Zweifellos drückt die sozialökonomische Struktur der Bewohner einer Siedlung dieser in vielerlei Hinsicht ihren unverwechselbaren Stempel auf. Zur Erfassung der aktuellen soziökonomischen Struktur wird in der Regel die in der Gemeindestatistik verfügbar gemachten Daten zurückgegriffen. *Siedlung* und *Gemeinde* sind allerdings keineswegs immer deckungsgleich.

Allgemein kann unter Gemeinde „*die Gesamtgesellschaft einer lokalen Einheit verstanden werden, in der eine Mannigfaltigkeit von Aufgabenkreisen, sozialen Gruppen und Erscheinungen bestehen, die sehr unter-*

schiedliche und vielfältige Formen des sozialen Miteinanders, gemeinsame Bindungen und Wertvorstellungen bedingen" (Inf. z. polit. Bildung 197, Politik in der Gemeinde, Bonn 1983).

Die (politische) *Gemeinde* (*Kommune*) als ein dem Staat untergeordneter öffentlich-rechtlicher Verband ist das unterste politische Gemeinwesen im Staat. Sie wird definiert als *„Gebietskörperschaft, die sich unter eigener Verantwortung selbst verwaltet und in ihrem Gebiet im Rahmen der Verfassung und der Gesetze die öffentliche rechtliche Verantwortung trägt. Sie kann in ihrem Gebiet jede öffentliche Aufgabe übernehmen, soweit sie nicht durch Gesetz einem anderen Aufgabenträger ausschließlich zugewiesen ist"* (HdRR 1966, S. 534). Das der Gemeinde zugehörige Territorium ist die *Gemarkung*. Die Gemeinden besitzen im einzelnen in den verschiedenen Staaten einen sehr unterschiedlichen Rechtsstatus. Traditionelle regionale Bezeichnungen für Gemeinden oder Gemeindeverbände sind *Kirchspiel* und *Bauerschaft*.

Eine Gemeinde kann eine oder den Teil einer Siedlung, aber auch eine Vielzahl von Siedlungen umfassen. In der Bundesrepublik Deutschland wurde durch die inzwischen abgeschlossene *kommunale Gebietsreform* die Zahl der Gemeinden stark reduziert, viele bis dahin selbständige Gemeinden mit anderen zu Großgemeinden zusammengelegt und so die bis dahin vielfach noch bestehende Deckungsgleichheit von Siedlung und Gemeinde beseitigt (vgl. DIERCKE ATLAS 1988, S. 35). Daten für die einzelnen, in einer Gemeinde zusammengebundenen Siedlungen stehen darum in der Regel nicht mehr zur Verfügung. Als unterste politische Einheit mit Territorium ist die Gemeinde in aller Regel die unterste Zensuseinheit und kleinste Aggregationsebene bei der Veröffentlichung statistischer Daten (*Gemeindestatistik*), auf die für eine Typisierung nach sozialökonomischen Merkmalen zurückgegriffen werden muß. Für eine Siedlungstypisierung sind die auf dieser Ebene zur Verfügung gestellten Daten bei fehlender Deckungsgleichheit von Siedlung und Gemeinde nur unter Einschränkungen verwendbar. Welche Daten aus der Gemeindestatistik im einzelnen verwendet werden, hängt von der Fragestellung und dem Zweck der Typisierung ab. Einige wichtige Merkmale für eine sozialökonomische Gemeindetypisierung sind:

- die Erwerbsstruktur der am Ort arbeitenden Bevölkerung (= Arbeitsplatzstruktur) nach Wirtschaftsbereichen;
- das Verhältnis von Wohnbevölkerung zu Arbeitsbevölkerung;
- die Pendlerzahlen (Ein- und Auspendler);
- die überörtlichen Funktionen.

120 *Siedlungsfunktion, Infrastruktur und sozialökonomische Struktur*

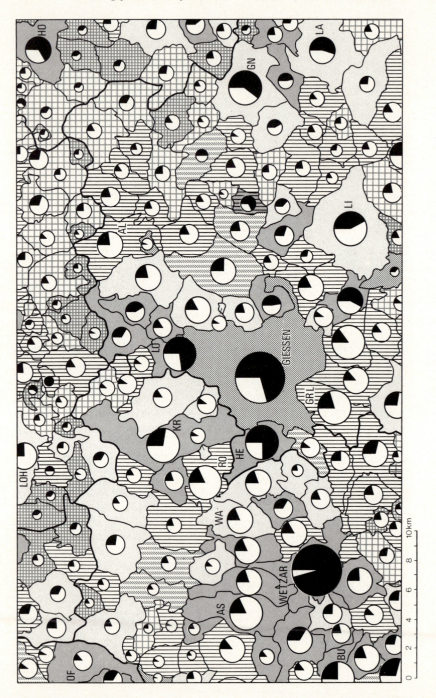

Siedlungsfunktion, Infrastruktur und sozialökonomische Struktur 121

◄ *Abb. 23: Sozialökonomische Gemeindetypen in Mittelhessen 1970 (Daten aus Hess. Gemeindestatistik, Wiesbaden 1973).*

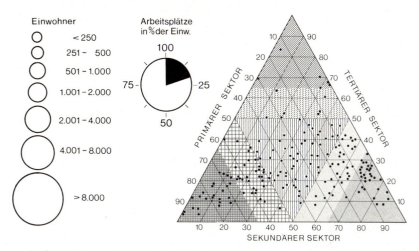

In die Typisierung Abb. 23 gingen Merkmale der Erwerbsstruktur der Arbeitsbevölkerung (s. Strukturdreieck), des Anteils der Arbeitsplätze an der Einwohnerzahl (als Indiz für die Arbeitsstättenfunktion) und die Gemeindegröße ein. Die Gemeindetypen zeigen im mittelhessischen Raum eine charakteristische Verteilung, die aus verschiedenen Einflußgrößen resultiert, so vor allem aus:

1. den natürlichen Bedingungen und dem Erbrecht: Auffällig ist der hohe Anteil agrarisch bestimmter Gemeinden im Landkreis Marburg, in dem Anerbensitte herrscht, im Gegensatz zum übrigen Gebiet mit Realteilung bzw. Mischformen. Die natürlichen Gunstfaktoren mögen in der Wetterau verantwortlich sein für den größeren Anteil agrarisch Erwerbstätiger in den Gemeinden;

2. der Entfernung zu den größeren Städten Mittelhessens, dem von Handel und Dienstleistung (Universität) bestimmten Gießen und dem von Industrie (Buderus, Leitz) bestimmten Wetzlar;

3. der historischen Entwicklung: die Kleinstädte Lich, Grüningen und Laubach entwickelten sich zu zentralen Orten, das bedeutende Zisterzienserkloster Arnsburg machte die Gemeinde zu einer Fremdenverkehrsgemeinde, die – heute nicht mehr abgebauten – Erze des Rheinischen Schiefergebirges waren einer der Gründe für die industrielle Entwicklung der Gemeinden um Wetzlar;

4. der Verkehrslage: So verdankt Fronhausen seine von den anderen Gemeinden des Kreises Marburg abweichende Struktur ebenso der günstigen Verkehrslage wie andere Gemeinden des Raumes.

Die Gemeindetypen sind mittlerweile historisch. Die Entwicklung der letzten 25 Jahre hat große Veränderungen gebracht. Ein Vergleich mit der Gegenwart auf statistischer Basis ist jedoch aufgrund der inzwischen durchgeführten kommunalen Gebietsreform nicht mehr möglich bzw. nur noch in aggregierter, für die Siedlung nicht relevanter Form. Es wurde darum bewußt eine Gemeindetypisierung mit Daten vor der Gebietsreform vorgenommen, da die so gewonnenen Gemeindetypen noch Korrelationen mit dem Siedlungsbild erlauben.

Bekannte ältere Gemeindetypisierungen sind die von SCHWIND (1950) oder LINDE (1953). In jüngeren Typisierungen werden multivariate Verfahren angewendet (BÄHR 1971). Auf das Problem der Gemeindetypisierung ging grundsätzlich BARTELS (1965) ein.

Der von der Bundesforschungsanstalt für Landeskunde und Raumordnung herausgegebene Atlas „*Die Bundesrepublik Deutschland in Karten*" zeigt die Fülle von verwendbaren Daten und ihre Interpretation für die Bundesrepublik auf, allerdings nur z.T. auf der untersten Ebene der Gemeinde.

Die Möglichkeiten der elektronischen Datenverarbeitung lassen theoretisch die Einbeziehung einer fast beliebigen Zahl von Variablen in eine Gemeindetypisierung zu. Je größer allerdings die einbezogene Datenmenge ist, desto schwieriger wird die Interpretation der gewonnenen Typen.

Daß bereits die Verwendung eines oder weniger Merkmale bei Übereinstimmung von Siedlung und Gemeinde wertvolle und gut interpretierbare Ergebnisse liefern kann, zeigt die obige Typisierung (s. Abb. 23 und LIENAU 1971b, S. 293 ff.).

Für die Durchführung der Typisierung ist das Strukturdreieck eine wichtige Hilfe. Die Werte für die in die Typisierung eingehenden Gemeinden werden durch einen Punkt im Strukturdreieck und eine Kennziffer markiert. Die Abgrenzung der einzelnen Typen („Punktwolken") gegeneinander kann entweder schematisch erfolgen (was für einen Vergleich zwischen zwei Regionen z. B. notwendig wäre) oder aber nach der Art der Punktverteilung im Strukturdreieck, wobei nahe beieinander liegende Punkte zu Typen zusammengefaßt werden. Es gibt bei der Zusammenfassung keine „richtigen" oder „falschen", sondern nur mehr oder weniger sinnvolle, der Fragestellung angemessene Zusammenfassungen zu Typen.

5.6 Aufgaben und Literatur zur Vertiefung

1. Versuchen Sie, Siedlungen in Abseitslage mit Hilfe des Dezentralitätsindexes zu differenzieren und typisieren.

2. Nehmen Sie eine Typisierung der Gemeinden einer Region nach sozialökonomischen Merkmalen vor mit Hilfe der Gemeindestatistik. Prüfen Sie, welche Korrelationen zwischen Siedlungsbild und Gemeindetypen bestehen.

3. Kartieren Sie Gebäudefunktionen einer ländlichen Siedlung (die nicht zu klein sein sollte). Läßt sich eine innere Gliederung erkennen?

4. Versuchen Sie, die soziale Differenzierung und die Wohnstandorte unterschiedlicher Sozialgruppen in einer Gemeinde Ihrer Umgebung zu ermitteln.

Lit.: D. BARTELS 1965, H. GREES 1974, G. HENKEL 1993, Kap. 6, W. MOEWES 1968b, U. PLANCK und J. ZICHE 1979, S. 57-118, G. SCHWARZ 1989, S. 307-426, K. WAGNER 1986.

6 Lage und räumliche Verteilung von ländlichen Siedlungen

Satellitenbilder von der Erdoberfläche, Luftbilder und topographische Karten führen uns – entsprechende Maßstäbe vorausgesetzt – ein sehr vielfältiges Siedlungsbild der Erde vor Augen: dicht und dünn besiedelte oder siedlungsleere Räume, Siedlungen unterschiedlichster Größen, lockere und sehr dichte Anordnungen der Behausungen, Einzelhof- und Dorfsiedlungsgebiete, um nur einige Beispiele für die optisch sichtbare Siedlungsvielfalt zu nennen. Wie alle Wissenschaften, so sucht auch die Siedlungsgeographie nach einer Ordnung, nach einem System, nach dem die Siedlungen und unterschiedlichen Siedlungstypen verteilt sind, um daraus Bestimmungsgründe für Größe, Funktion, Form u. a. m. abzuleiten und Gesetzmäßigkeiten oder doch wenigstens Regelhaftigkeiten im menschlichen Handeln zu erkennen.

Die am Beispiel „Strandleben" von P. HAGGETT (1983, dazu auch D. BARTELS und G. HARD 1975) gewissermaßen als Leitfaden für die Anthropogeographie dargestellten Fragen lassen sich ohne weiteres auf die Siedlungsgeographie übertragen.

Die Beantwortung der Frage nach Regelhaftigkeiten der Verteilung von Siedlungen und Gründen für bestimmte Verteilungen verlangt zunächst deren möglichst exakte *Lagebestimmung*. Aus den unter spezifischen Gesichtspunkten zusammengefaßten Einzellagen von Siedlungen (Siedlungstypen) ergeben sich *Siedlungsmuster.*

6.1 Siedlungslage

Lage bezeichnet die Position eines Ortes auf der Erdoberfläche. Beschrieben werden kann sie als *absolute Lage* oder als *relative Lage*. Auch die *Siedlungsdichte* beinhaltet ein Lagekriterium.

a) Die übliche *absolute Lagebestimmung* ist die Bestimmung nach den Koordinatenwerten des *Gradnetzes* einer Karte nach geographischer Länge und Breite. Sie macht, sofern die Gradnetzeinteilung genügend feinmaschig ist, ein Auffinden jeder Siedlung möglich. Jede Siedlung hat ihre eigenen, mit keiner anderen Siedlung gemeinsamen Koordinaten. Die Angaben erfolgen in Grad, Gradminuten und Gradsekunden nördlicher und südlicher Breite, östlicher und westlicher Länge.

Zu den absoluten Lagebestimmungen können auch die durch individuelle *Leitzahlen* (z. B. Postleitzahlen), also einen individuellen Code, der einem räumlichen Ordnungsprinzip folgt, gerechnet werden. Ein individueller Code, der allerdings keiner systematischen räumlichen Ordnung unterliegt, sind auch die *Ortsnamen,* die aber häufig mehrfach vorkommen und damit die Lagezuweisung erschweren.

Die individuelle Lagebestimmung, die einem räumlichen Ordnungssystem folgt, macht ein Auffinden jeder Siedlung möglich, hat aber den Nachteil, daß sie keine Verallgemeinerung erlaubt und keine Antworten zu den Fragen nach den Ursachen für Form, Funktion, Größe und Gründen für die Lagewahl gibt.

b) Die *relativen* Lagebestimmungen können sich auf den engeren physischen Kontext *(topographische, geotopologische Lage, Ortslage)* oder auf mehr oder weniger weitreichende Beziehungen der Siedlung zu anderen Siedlungen (Raumkategorien) beziehen *(funktionale, geochorologische* oder *geographische Lage).*

Topographische oder *geotopologische Lagebestimmungen* sind z. B.: Lage auf einem Bergsporn *(Spornlage),* auf einem Berg oder Hügel *(Toplage),* an einem Berghang *(Hanglage),* in einer Quellmulde *(Quellmuldenlage),* in einem Talgrund *(Tallage),* am oder im Wasser *(Wasserlage),* Lage am Geestrand *(Geestrandlage)* oder am Gebirgsrand *(Gebirgsrandlage).* Die *Lagewahl* ergibt sich aus den Funktionen, den Anforderungen, die Siedler an eine Siedlung haben. Sie stellt häufig einen Kompromiß dar, insofern als z. B. eine Siedlung sowohl dem Schutz (vor Hochwasser, vor feindlichen Überfällen), der Versorgung mit Trinkwasser als auch wirtschaftlichen (gute Erreichbarkeit der Wirtschaftsflächen) und anderen Gesichtspunkten genügen muß. Bei der Besiedlung im Gebirge (z.B. Engadin) mied man Windschneisen, Überschwemmungsgebiete, Lawinen- und Steinschlaghänge und suchte Plätze für die Siedlung auf sonnenreichen Schwemmfächern und hochwassersicheren Terrassenkanten, wobei man darauf achtete, möglichst wenig wertvolles Ackerland zu überbauen.

Siedlungen vergleichbarer Lage lassen sich als Typ zusammenfassen. *Wurtensiedlung, Dammufersiedlung, Spornsiedlung, Wassersiedlung* oder *Geestrandsiedlung* sind Typenbezeichnungen, bei denen die topographische Lage in die Begriffsbildung eingegangen ist. Die spezifische Lage kann dabei künstlich erzeugt (Wurtensiedlung) oder natürlich sein (Dammufersiedlung).

Die jeweiligen Siedlungslagen und Lagetypen geben Hinweise auf Gründe für die Lagewahl, zugleich auf durch die Lage bedingte Eigenheiten und Probleme der Siedlung.

Sporn- oder *Toplagen* wurden vielfach aus Schutzgründen gewählt. Siedlungen in solchen Lagen sind heute meist aufgrund ungünstiger Gemarkungslage mit (land)wirtschaftlichen Problemen konfrontiert, was zu Bevölkerungsabwanderung und Siedlungsverfall führt bzw. führte.

Lage und räumliche Verteilung von ländlichen Siedlungen 125

Ökologische Randlage bedeutet Anteil an zwei unterschiedlichen ökologischen und landschaftlichen Raumeinheiten, was für landwirtschaftliche Siedlungen sich ergänzende Nutzungseinheiten (Weideland, Feldland) und von den natürlichen Gegebenheiten vorgezeichnete Bevorzugung gemischtwirtschaftlicher Betriebsformen (Viehhaltung und Ackerbau) bedeutet, für Siedlungen mit zentralörtlichen Funktionen Austausch von Produkten sehr unterschiedlicher Produktionsräume. Die im norddeutschen Tiefland verbreitete Geestrandlage ist ein Beispiel für ökologische Randlage.

Wassersiedlungen (von H. UHLIG 1979 gewählter Oberbegriff) sind Siedlungen, für die die Lage zum Wasser bestimmender Lagefaktor ist. Das Wasser bestimmt Bau- und Wohnweise und ist meist auch ein wichtiger wirtschaftlicher Faktor.

Für SO-Asien, wo Wassersiedlungen ein sehr verbreiteter Typ sind, beschreibt UHLIG unterschiedliche Formen von Wassersiedlungen. Lage auf natürlichen Flußdämmen, aber auch auf künstlichen Inseln oder Hügeln und anderen Kunstbauten (Pontons) kommen vor. Pfahlbau (der allerdings keineswegs nur an Siedlungen im Wasser gebunden ist!), Flöße mit aufgesetzten Wohnbauten oder Hausboote sind bauliche Anpassungsformen an das Wasser. Sofern es sich um landwirtschaftliche Siedlungen handelt (wir finden Wassersiedlungen in Form von Pfahlbau- oder Bootssiedlungen oft auch – insbesondere an Stadträndern – als Behausungen von Fischern, Handwerkern und Händlern), werden Wasserlagen von Naßreis-Bauern und von Marktgartenbauern (z. B. Kaschmir!) bevorzugt; aber auch Jäger und Sammler, z.B. malayische Küstenvölker, die sich auf Holzgewinnung, Jagd und Fischfang in den Mangrovesümpfen spezialisierten, bewohnen Wassersiedlungen.

Mit den sich verändernden ökonomischen, sozialen und politischen Rahmenbedingungen verändert sich häufig die *Bewertung* von Siedlungslagen, etwa dadurch, daß Schutzfunktionen fortfallen (s.o.), die Landnutzung sich wandelt, die Berufsstruktur der Bevölkerung sich ändert. Eine solche veränderte Bewertung kann sich ausdrücken in Wachstum, Stagnation oder Schrumpfung von Siedlungen, in einer Veränderung ihrer Funktionen oder auch in einer Verlagerung des Standortes.

An die als letzte Konsequenz einer veränderten Bewertung erfolgende Aufgabe eines Standortes (wobei diese natürlich auch auf einen Bevölkerungsrückgang infolge von Epidemien, Krieg und anderen Katastrophen zurückführbar sein kann), knüpft sich für den Siedlungshistoriker das Problem der *Siedlungskontinuität* oder *Siedlungskonstanz,* d.h. die Frage, ob und seit wann ein Siedlungsplatz ununterbrochen besiedelt ist. Es ist dabei zwischen der kontinuierlichen Besiedlung eines *Siedlungsplatzes* und eines *Siedlungsraumes* zu unterscheiden. Beides muß keineswegs übereinstimmen. Auch bei kontinuierlicher Besiedlung eines Raumes wechselten die Siedlungsplätze von Höfen häufiger. Das Problem der Siedlungskontinuität ist ein Problem der Siedlungsraumgenese. Beispiele für die sich verändernde Bewertung von Siedlungslagen bieten die Küstengebiete vieler Mittelmeerländer oder auch die unterschiedliche Lagewahl neolithischer Bauern und Bauern der germanischen Landnahmezeit.

In vielen Küstengebieten des Mittelmeerraumes erfolgte in den unsicheren Zeiten des Mittelalters (beginnend mit dem Niedergang des Römischen Reiches) eine Verlagerung der Siedlungen aus den fruchtbaren Küstenebenen in Schutzlagen im Landesinneren, vor allem in die Gebirge. Als Folge der Siedlungsverlagerung und Aufgabe des Ackerbaus versumpften die Kulturböden, Malaria breitete sich aus und erschwerte oder verzögerte eine Wiederbesiedlung unter veränderten politischen und sozioökonomischen Bedingungen. So erfolgte die Melioration und Wiederbesiedlung der Küstenebenen trotz der wachsenden Sicherheit seit Beginn des 19. Jh. nur allmählich und ist z.T. bis heute nicht abgeschlossen. Umgekehrt erfuhren ökologisch ungünstige Gebiete im Landesinneren eine Siedlungs- und Bevölkerungsverdichtung bis an die Grenze der Tragfähigkeit, eine Verdichtung, die in vielen Gebieten bis heute nachwirkt.

Ein anderes Beispiel für sich wandelnde Kriterien der Lagewahl sind die Siedlungslagen der neolithischen Siedler, die Wohnstandorte mit leicht bearbeitbaren Böden bevorzugten, Böden, die späteren Ansprüchen an die Bodenfruchtbarkeit keineswegs immer genügten, was zu einer Veränderung des Siedlungsmusters und der bevorzugten Siedlungsräume in späterer Zeit führen mußte.

Abb. 24: Lagetypen ländlicher Siedlungen in Abhängigkeit von natürlichen und anthropogenen Bedingungen. ▶

Abb. 24 zeigt unterschiedliche Gemarkungslagen in Abhängigkeit von den physischen Ressourcen, wobei davon ausgegangen wird, daß die Siedlungen bzw. Höfe immer an den unterschiedlichen Ressourcen teilhaben sollen. Ergänzend zur Verteilung der physischen Ressourcen als Einflußgrößen auf die Lagewahl kommen das Wegenetz und die Geländestruktur (z.B. zum Schutz) hinzu. Das Wegenetz kann auch sekundär sein.

Sechs unterschiedliche Situationen werden in Abb. 24 unterschieden:
a. Gleichmäßige Streuung bei Gleichverteilung der Ressource Ackerland.
b. Ringförmige Konzentration um das Ackerland.
c. Zentral-konzentrierte Lage an Ressourcengrenze.
d. Lineare Lage an Ressourcengrenze.
e. Zentral-konzentrierte Lage bei Gleichverteilung der Ressourcen.
f. Randlich konzentrierte Toplage.

Gleiche Verteilung der Ressourcen hat eine relative Gleichverteilung der landwirtschaftlichen Siedlungen in einer Region oder der Einzelhöfe in einer Gemarkung zur Folge, wobei die Abstände durch die Größe der Ackernahrung bestimmt werden. Die Konzentration der Ressourcen führt zu einer Konzentration und spezifischen Anordnung der Siedlungen oder Höfe in Abhängigkeit von der Lage der Ressourcen, wobei betont werden muß, daß solche Abhängigkeiten nicht zwingend sind, sondern sich nach der Bewertung der Ressourcen durch den Menschen richten. Veränderte Bewertungen führen zu einer Veränderung des Siedlungsmusters. Die nach der Ressourcenanordnung entwickelten Modelle lassen durchaus Ähnlichkeiten mit bestehenden Siedlungsformen erkennen.

Lage und räumliche Verteilung von ländlichen Siedlungen 127

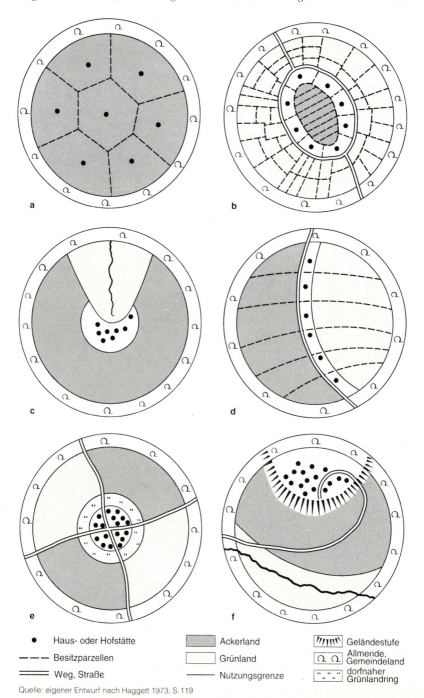

Für die *funktionale* oder *geochorologische* Lage ist die Verkehrsanbindung entscheidendes Kriterium. Für agrare Siedlungen spielt dabei die Lage zu den Wirtschaftsflächen die wichtigste Rolle. NIEMEIER (1977, S. 54 f.) prägte dafür die Termini *Gemarkungslage* und *Bannverkehrslage* („Bann" anstelle von „Gemarkung" für die Regionen, in denen eine administrativ festgelegte Gliederung in Gemeindeterritorien fehlt und in denen an dessen Stelle das Einflußgebiet, der „Bann", tritt). Die Gemarkungslage ist von den physischen Gegebenheiten und Ressourcen in der Gemarkung (Relief, Böden, Gewässer) entscheidend bestimmt; anthropogene Faktoren können jedoch durchaus eine wichtige Rolle spielen. Veränderungen der Bedingungen oder ihrer *Bewertung* führen dann zu einer Verlagerung der Behausungen innerhalb der Gemarkung und Siedlungseinheit, wie man es etwa in der – meist allmählichen – Verlagerung der Behausungen und des Schwerpunktes der Neubautätigkeit zu einer neuen Straße hin beobachten kann.

Nahverkehrslage und *Fernverkehrslage* sind Lagebegriffe, die über die Gemarkung hinausreichende Bezüge einer Siedlung beinhalten, wobei Reichweite und Art der Bezüge nur unvollkommen durch diese Begriffe erfaßt werden.

Alle Formen von *Zentralität* (zentralörtlichen Funktionen) und die Lage von Siedlungen zu anderen zentralen Orten beinhalten funktionale Lagebeziehungen, wobei die Entwicklung zentralörtlicher Funktionen bzw. deren Fehlen wechselseitiger Beeinflussung unterliegt. HAMBLOCH (1982, S. 55 und Abb. 6b) gibt ein Modell für die Entwicklung einer Mittelpunktsiedlung aus einer Reihe von zunächst gleichrangigen Siedlungen. Den Verkehr bündelnde Geofaktoren (z. B. Flußübergang, Paß oder Mitte eines Wirtschafts- und Verkehrsraumes), historisches Erbe (z.B. Stadtrechte) oder spezifische Ressourcen (z. B. Bodenschätze) begünstigen die Entwicklung lagebedingter Funktionen und die Herausbildung von Nah- und Fernverkehrsbeziehungen. Jede Veränderung innerhalb eines solchen Systems (z. B. durch Verlagerung von zentralen Funktionen von einer Siedlung auf eine andere) muß sich auf die Gesamtheit der – voneinander abhängenden – Beziehungen auswirken.

Andere, über die Gemarkung hinausreichende Lagebeziehungen, die nicht mit dem Begriff der Zentralität erfaßt werden, sind durch spezielle Funktionen bedingt wie die des *Verkehrsknotens* (Knotenpunkt) oder als Ziel von Touristen oder Erholungsuchenden (z. B. *Wallfahrtsort, Heilbad, Luftkurort*).

„Zentrale" und „periphere Lage" bezeichnen im wörtlichen Sinne Mittelpunkt- und Randlage, im erweiterten, heute vor allem in der Entwicklungsforschung gebrauchten Sinn großräumige Lagebedingungen und Lagebezüge, die als Ausdruck eines ökonomischen Systems und seiner Auswirkungen auf die Lagequalität von Siedlungen und Siedlungsräumen interpretiert

Lage und räumliche Verteilung von ländlichen Siedlungen 129

werden (vgl. dazu Kap. 7.3). Wachstum (Agglomerationsprozesse) auf der einen Seite, Stagnation oder Schrumpfung auf der anderen Seite, funktionale und sozioökonomische Differenzierungen (Eigenbestimmung-Fremdbestimmung) mit entsprechenden Auswirkungen auf das Siedlungsbild sind die Folgen.

Ein historisches Beispiel für ein solches Siedlungssystem mit Herausbildung zentraler und peripherer Lagen und ihren Auswirkungen auf die Siedlungsentwicklung gibt NITZ (1984, S. 162) für die nördlichen Niederlande und das nordwestliche Deutschland für das 17./18. Jh.:

Um das durch Welthandel (Kolonien) wirtschaftlich aufblühende und an Bevölkerungszahl rasch wachsende Amsterdam entstand unter hohem Kostenaufwand städtischer Unternehmer ein Ring von streng regelmäßig angelegten Poldersiedlungen, die Produkte (Blumen, Gemüse) für den städtischen Markt erzeugten. Einen zweiten, ebenfalls von wirtschaftlichem Wachstum gekennzeichneten, von städtischem Unternehmertum bestimmten Ring bildeten die Torf als Brennmaterial erzeugenden Marschhufensiedlungen und Fehnkolonien in den Hochmooren. Die Landwirtschaft der niederländischen und nordwestdeutschen Marschengebiete in einem dritten Ring stellte sich, veranlaßt durch den Bedarf in der Stadt, auf Getreidebau um, eine Umstellung, die gravierende Veränderungen in der Siedlungssubstanz (Einführung des Gulfhauses) nach sich zog. Können die Siedlungen der ersten drei Ringe dem Zentralraum zugeordnet werden mit – relativer – Eigenbestimmung der wirtschaftlichen Aktivitäten, so gehören die Siedlungen der nordwestdeutschen Geestgebiete wegen ihrer ungünstigen Landverkehrslage bereits zum peripheren Raum, der eine negative Auszehrung durch seine Lagebeziehungen zum Zentralraum erfährt: Abwanderung von Arbeitskräften (Hollandgänger) und heimgewerbliche Produktion von Halbfertigwaren (Textilien) für den Kernraum zu minimalen Preisen sind seine Kennzeichen, die für aktuelle Peripherieräume wie die Gastarbeiter-Herkunftsgebiete und Zielgebiete ihrer Rückwanderung in Südeuropa in gleicher Weise gelten.

Sofern der Abstand der Siedlungen voneinander als Lagekriterium aufgefaßt wird, fällt auch die *Siedlungsdichte* unter die Lagebestimmung von Siedlungen. Die Bestimmung der Siedlungsdichte setzt die Definition von *Siedlungseinheit* voraus. Als Anzahl der Siedlungen pro Flächeneinheit ist der Begriff der Siedlungsdichte allerdings mit dem Mangel behaftet, daß er die Größe und Funktionen der Siedlungen nicht berücksichtigt. Die Frage nach der Siedlungsdichte wird darum sinnvollerweise differenzierter gestellt als Frage nach der Dichte bestimmter Siedlungstypen, etwa zentraler Orte mit unteren Versorgungsfunktionen, nach der von Einzelhöfen in einem landwirtschaftlichen Gebiet usw. Sie ist in engem Zusammenhang zu sehen mit der Siedlungsgröße.

Wie Menschen einen bestimmten Abstand untereinander einhalten (vgl. BARTELS und HARD 1975, S. 14), so halten auch die Siedlungen je nach Größe und Funktion und differenziert durch die spezifischen Standortbedingungen in der Regel bestimmte Abstände untereinander ein.

Abstand und Dichte landwirtschaftlicher Siedlungen sind mitbestimmt durch die jeweilige Größe der landwirtschaftlichen Siedlung und durch die *Ackernahrung.*

Unter Ackernahrung ist die Flächenausstattung eines landwirtschaftlichen Betriebes zu verstehen, die notwendig ist, um einer Familie einen gesicherten, dem allgemeinen Lebensstandard in einem Staat einigermaßen entsprechenden Lebensunterhalt zu bieten. Da der Lebensstandard zwischen Staaten sehr unterschiedlich ist und mit der Zeit Änderungen unterliegt, kann auch der Umfang einer Ackernahrung nicht bindend festgelegt werden. Mit Änderungen im Umfang der Ackernahrung muß es zu Veränderungen der Dichte der landwirtschaftlichen Betriebe (sofern diese noch voll oder überwiegend von der Landwirtschaft leben) kommen, was sich unmittelbar auf die Siedlungsdichte durch Verdichtung oder „Ausdünnung" auswirken kann. Die Vergrößerung der Ackernahrung, wie sie in den Industriestaaten in Anpassung an den allgemeinen Lebensstandard neben Intensivierung der Produktion durch Flächenausweitung erfolgt, führt dazu, daß landwirtschaftliche Betriebe aufgegeben werden. Sofern die Gebäude nicht eine Umfunktionierung erfahren (z. B. in reine Wohnfunktion, nichtlandwirtschaftliche Arbeitsstättenfunktion), kommt es insbesondere in ökologisch ungünstigen und abseits gelegenen Gebieten zu ihrer Aufgabe und zu Verfall, wie es in den Randbereichen der Ökumene, etwa an den Siedlungsgrenzen Nordamerikas und Nordeuropas beobachtet werden kann.

6.2 Siedlungsmuster

6.2.1 Zur Erfassung von Siedlungsmustern

Die Verteilung der einzelnen Siedlungen oder Siedlungstypen auf der Erdoberfläche ergibt unterschiedliche Anordnungsmuster. Zur Erfassung solcher Anordnungsmuster (Siedlungsmuster) bieten sich *Regionalisierungsverfahren* an.

Als Regionalisierung wird die Übertragung von Sachverhalten (hier: Siedlungstypen oder -klassen) in ein Modell der Erdoberfläche, d.h. die Karte, und deren räumliche Zusammenfassung zu größeren räumlichen Einheiten (z. B. Gebieten, die durch einen gleichen Siedlungstyp gekennzeichnet sind) verstanden (s. Abb. 34).

Wie bei der gedanklichen Zusammenfassung von Siedlungen nach bestimmten Merkmalen (Typisierung, Klassifikation), so können auch die räumlichen Zusammenfassungen nach unterschiedlichen Gesichtspunkten erfolgen, indem etwa räumlich zusammenliegende Siedlungen gleichen Typs zusammengefaßt werden: Einzelhöfe zu einem Einzelhof- oder Streusied-

Lage und räumliche Verteilung von ländlichen Siedlungen 131

lungsgebiet, das sich z. B. gegen ein Dorfsiedlungsgebiet absetzt, Rundlinge zu einem Rundlingsgebiet, das sich gegen andere Formtypengebiete abhebt. Es läßt sich auch die regelhafte Vergesellschaftung von unterschiedlichen Typen oder funktional miteinander verbundener Siedlungen räumlich zusammenfassen, wie zentrale Orte und ihre Einzugsbereiche. Schließlich können z. B. unterschiedlich dicht mit Siedlungen besetzte Räume zusammengefaßt werden (Räume unterschiedlicher Siedlungsdichte).

Regionalisierung ist ein Hilfsmittel, um die Art von Siedlungsstrukturen (-mustern) zu erkennen und um Zusammenhänge zwischen Siedlungsverteilung und physischen und sozialen Raummerkmalen aufzudecken, gehäuft oder verstreut, dicht oder locker.

Grundsätzlich kann eine Anordnung (Verteilung) von Siedlungen oder bestimmten Siedlungstypen *regelmäßig* (*regelhaft*) oder *unregelmäßig*, *zufällig* oder *nicht zufällig* (*regelhaft*) sein.

Regelmäßig sind alle Siedlungsmuster, die durch bewußte planerische Entscheidungen des Menschen nach einem (meist) geometrischen Schema entstanden sind, aber auch alle Siedlungsmuster, für die sich die Anordnungsprinzipien nachweisen lassen und die keiner Zufallsverteilung folgen.

Vergleichbare Dichtewerte lassen sich am einfachsten aus der Anzahl der Siedlungen pro Flächeneinheit (z.B. qkm) berechnen. Mit Hilfe des *Nächst-Nachbar-Verfahrens* lassen sich vorgefundene mit hypothetischen Verteilungen vergleichen und Siedlungsmuster nach einer Skala von stark gehäuft bis stark gestreut (dispers) exakt (d.h. nachvollziehbar) kennzeichnen, wobei extrem gleichmäßige Streuung zugleich höchste Regelmäßigkeit bedeutet (vgl. DACEY 1962).

Die in Abb. 25 dargestellten Verteilungsmuster von Siedlungen lassen sich durch den Raumverteilungsindex R, der mit Hilfe des Nächst-Nachbar-Verfahrens gewonnen wird, näher qualifizieren. Das Nächst-Nachbar-Verfahren (vgl. dazu HAGGETT 1973, S. 290 und 1983, S. 457) basiert a. auf der Messung der tatsächlichen Entfernung d_t, die einen Punkt P_i von seinem nächsten Nachbarpunkt beliebiger Richtung trennt und b. dem Vergleich dieser Entfernung mit den Distanzen, die die Punkte innerhalb des gleichen Gebietes hätten, wenn sie eine zufällig verteilte Lage besitzen würden.

Aus dem Vergleich zwischen beobachtetem Verteilungsmuster und theoretischer Zufallsverteilung ergibt sich der Raumverteilungsindex (Nächst-Nachbar-Meßzahl), d.h. das Maß für den Konzentrationsgrad einer punktförmigen Verteilung R.

Formel: $R = \dfrac{D_b}{D_z}$

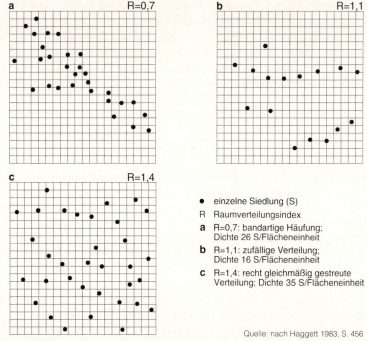

Abb. 25: *Unterschiedliche Verteilungsmuster von Siedlungen und deren Qualifizierung mit Hilfe eines Raumverteilungsindexes.*

*Dabei ist
R = der Nächst-Nachbarindex der Raumverteilung,
D_b = der Mittelwert der tatsächlich beobachteten Entfernungen d_t, d.h. die mittlere Entfernung der Punkte zu ihrem nächsten Nachbarn (in km),
D_z = die mittlere Entfernung der Punkte zu ihrem nächsten Nachbarn bei einer hypothetischen zufälligen Plazierung der Punkte (in km).*

*D_z berechnet sich nach folgender Formel (s. BAHRENBERG und GIESE 1975, S.87):
$D_z = 1/2\sqrt{A}$, wobei A die mittlere Anzahl der Punkte (Siedlungen) pro Flächeneinheit (Dichte der Siedlungen pro qkm) ist.*

Ein R-Wert < 1 bedeutet Häufung (Konzentration), die im Extremfall mit dem Wert 0 die Ballung in einem Punkt anzeigt, R > 1 bedeutet Streuung. Bei dem Maximalwert von R = 2,15 liegen die Punkte so weit, wie es möglich ist, voneinander entfernt. Es ergibt sich eine streng rechteckige regelmäßige Anordnung.

Für die Beurteilung, ob es sich bei einer Verteilung um eine regelhafte oder zufällige handelt, muß berücksichtigt werden, daß Abweichungen von einem geometrischen Verteilungsmuster etwa durch ungleiche Verteilung natürlicher oder anthropogener Ressourcen bedingt sein und darum durchaus nachvollziehbaren Regeln folgen können (vgl. HAGGETT 1973, S. 118 f. und Abb. 25).

Lage und räumliche Verteilung von ländlichen Siedlungen 133

6.2.2 Unterschiedliche Siedlungsmuster bedingende Einflußgrößen

In aller Regel sind immer mehrere Einflußgrößen bestimmend für Siedlungslage und Siedlungsverteilung, selten sind es allein physische oder anthropogene. Die physischen und anthropogenen Gegebenheiten erfahren darüber hinaus im Verlauf der Zeit, aber auch räumlich differenziert eine wechselnde Bewertung durch den Menschen. Diese ist abhängig von dem Stand sozioökonomischer Entfaltung, von gesellschaftlicher Situation, von Kulturtraditionen und anderem.

Aus den unterschiedlichen Einflußgrößen und der verschiedenen Bewertung der Bedingungen resultiert, daß einerseits gleiche natürliche Bedingungen bei unterschiedlicher Gesellschaftsstruktur und unterschiedlichem Stand der sozioökonomischen Entfaltung keine gleiche *Standortwahl* bedingen, andererseits die gleiche Standortwahl nicht unbedingt Ausdruck gleicher Einflußgrößen sein muß.

Physische Einflußgrößen auf die Verteilung von ländlichen Siedlungen sind Flüsse, Seen, Feuchtgebiete, Quellen, unterschiedliche Bodenqualität, die Oberflächengestalt usw.

Abb. 26 zeigt die Lage von Dörfern am Rande von Dambos auf der zentralen Hochebene in Malawi im südlichen Zentralafrika. Als Dambos werden die flachen, wannenförmigen Täler (Spülmulden) bezeichnet, die in der Regenzeit überflutet und auch in der Trockenzeit noch feucht sind. Die Siedlungslage an ihrem Rand schützt einerseits vor Überflutung, ist andererseits der günstigste Standort zur Bewirtschaftung der ökologisch unterschiedlichen Einheiten: der für Trockenfeldbau und als Weide in der Regenzeit genutzten Flächen zwischen den Dambos und der für Gärten und als Weide während der Trockenzeit genutzten Dambos (vgl. LIENAU, Malawi, Darmstadt 1981, S. 95). Die Siedlungen zeigen eine starke Häufung, die durch Index-Wert R = 0,472 bestätigt wird. Zur Berechnung des „Nächst-Nachbar-Indexes" s. zu Abb. 25. Im vorliegenden Fall berechnet sich der R-Wert wie folgt: bei dem Maßstab 1 : 50000 (Seitenlänge des vorliegenden Ausschnittes aus der TK = 5,5 km x 5,5 km, d.h. Fläche 30,25 qkm) ergibt sich bei 191 Siedlungen (Gehöften) eine Siedlungsdichte von 6,314 Siedlungen/qkm. Aus der Formel für die erwartete mittlere Entfernung folgt

$$D_{exp} = \frac{1}{2\sqrt{A}} = \frac{1}{2\sqrt{6,314}} = 0,19898 \; km$$

Als gemessene (tatsächliche) mittlere Entfernung (D_{obs}) ergibt sich der Wert von 0,09392 km. Somit folgt für R:

$$R = \frac{D_{obs}}{D_{exp}} = \frac{0,09392}{0,19898} = 0,472$$

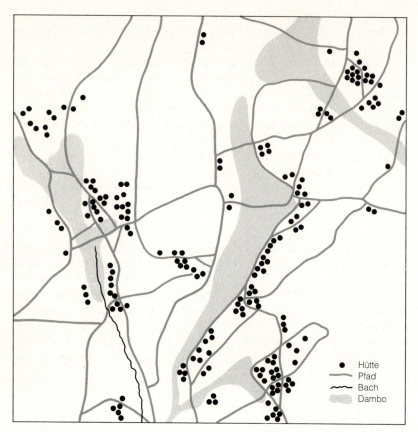

Abb. 26: Lagemuster von Siedlungen in Zentral-Malawi (eig. Entwurf nach TK 1:50000 Lilongwe, Malawi).

Zu den *anthropogenen Faktoren*, die auf die Siedlungsverteilung einwirken, sind einerseits alle Formen materieller Einrichtungen, wie Verkehrswege, Infrastrukturanlagen, aber auch Siedlungen, Siedlungselemente und deren materielle Ausstattung zu rechnen, andererseits menschliche Verhaltensweisen, Ansprüche an Lebensqualität, technische Möglichkeiten u.ä.

Übt in lokalem Maßstab z.B. eine *Straße* oder *Bahnlinie* (Bahnhof) Einfluß auf die Siedlungsentwicklung dadurch aus, daß vielfach eine Verlagerung von Wohn- und Betriebsstätten zu diesen hin erfolgt (so manches Dorf in Griechenland wuchs vom Berg hinab zur Talstraße), so beeinflussen in großem Maßstab Verkehrswege die Funktions- und Bevölkerungsentwicklung von Siedlungen bzw. führen zu deren Entstehung. An den Kreuzungen von Verkehrsbahnen oder an Punkten, an denen der Verkehrsträger gewechselt wer-

Lage und räumliche Verteilung von ländlichen Siedlungen 135

den muß, ist das der Fall. Daß es sich dabei nicht immer um größere Städte handeln muß, dafür sind etwa die noch eng mit ihrem umgebenden ländlichen Raum verbundenen *Sielhafenorte* ein Beispiel.

Bekanntestes Beispiel für ein anthropogen bestimmtes Anordnungsmuster von Siedlungen ist das der *zentralen Orte*, das auf Art und Häufigkeit der Inanspruchnahme von Gütern und Dienstleistungen (zentrale Orte als Sammler und Verteiler) beruht. Das von CHRISTALLER (1933) postulierte, von LÖSCH (Die räumliche Ordnung der Wirtschaft, Jena 1940) übernommene und verfeinerte Sechseckmuster optimaler Anordnung zentraler Funktionen unterschiedlicher Größenordnung wurde von ISARD (1956, S. 272) dahingehend modifiziert, daß er die Markteinzugsgebiete zum Zentrum von Ballungsräumen hin kontinuierlich verkleinerte. Diese Modellverfeinerung beruht auf der bereits von Lösch angenommenen These, daß aufgrund wachsender Bevölkerungsdichte zur Agglomeration bzw. zum Zentrum hin sich die Einzugsgebiete, aber auch deren Umrißgestalt ändern müssen (HAGGETT 1973, S. 66 f.).

Ein anderes Beispiel ist die *Neugestaltung von Besitzstrukturen mit Auflösung von Gruppensiedlungen*, wie das bei der Vereinödung im Allgäu (ENDRISS 1961) der Fall war. Auch die *Pazifizierung* eines Gebietes kann solche Strukturänderungen bewirken, wie es die Entwicklung der Einzelhöfe (Tanyen) in den Gemarkungen der großen befestigten Stadtdörfer im Alföld/Ungarn nach Fortfall von deren Schutzfunktionen zeigt (LETTRICH 1975 und DIERCKE ATLAS 1988, S. 99). Das gleiche gilt für die Beseitigung anderer *Hemmnisse* wie Krankheit (z.B. Malaria), Überschwemmungen, mangelnde Wasserversorgung usw.

Die Verteilung von Siedlungen ist immer auch das Ergebnis eines *raumzeitlichen Entwicklungsprozesses*.

Der Begriff der *Besiedlung* eines Raumes beinhaltet dabei einerseits die dynamische Komponente, den Vorgang der siedlungsmäßigen Durchdringung eines Landes (Gegensatz: *Entsiedlung*), andererseits auch den abgeschlossenen Vorgang, die siedlungsmäßig volle Erschließung. Die Stadien der Besiedlung bis zur vollständigen Erschließung zeigen unterschiedliche Siedlungsmuster, für deren Erklärung die *Art des Ausbreitungsprozesses* ein wichtiger Faktor ist, d.h. der *Prozeßverlauf wird zu einem Moment der Erklärung* einer bestimmten Siedlungsverteilung.

Die von der Diffusionsforschung herausgearbeiteten Muster und Einflußgrößen für die Ausbreitung von Gegenständen, Ideen etc. bieten Möglichkeiten zur Erklärung einer zeitlichen Abfolge von Siedlungsmustern (dazu z.B. ABLER, ADAMS, GOULD 1972, Kap. 11). Nicht alle in der Diffusionsforschung gefundenen Regelhaftigkeiten und Einflußgrößen auf die Formen von Ausbreitung können allerdings in der Siedlungsgeographie Anwendung finden. Aber Siedlungsentwicklung und Siedlungsausbreitung in verschiedensten Teilen der Erde bieten doch eine Fülle von Beispielen, für deren Erklärung die

Diffusionsforschung Modelle bereitstellt. BYLUND (1960) entwickelte, ausgehend von einer Analyse der Besiedlungsgeschichte von Mittel-Lappland vor 1867, einige hypothetische Modelle der Diffusion von Siedlungen (s. Abb. 27; vgl. HAGGETT 1973, S. 121).

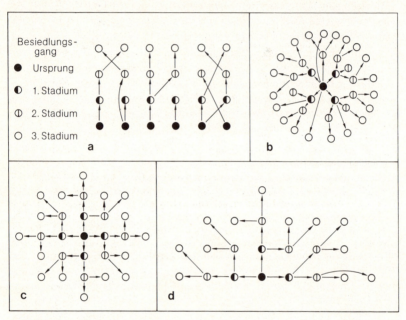

Abb. 27: *Hypothetische Modelle der Diffusion von Siedlungen (Bylund 1960, S. 226 nach HAGGETT 1973, S. 121).*

Wichtigste Voraussetzungen des in Abb. 27 dargestellten Modells sind a) die Gleichheit der natürlichen Bedingungen, b), daß entferntere Gebiete solange unbesiedelt bleiben, bis die nähere Umgebung der Muttersiedlungen (Ursprung) besiedelt ist und c), daß die Siedlung nicht in unbesiedelbare Räume (z. B. Meer) vordringen kann. So ist der einzige prinzipielle Unterschied zwischen den Modellen a-d die Zahl und Lage der Muttersiedlungen. a und d setzen eine Lage der Muttersiedlungen am Meer voraus. Die Modelle unterscheiden sich nach Zahl und Lage der Muttersiedlungen: Im Modell a lassen sich die Muttersiedlungen etwa als mehrere Küstensiedlungen denken, von denen gleichzeitig eine Besiedlung des Binnenlandes ausging. In den Modellen b und c liegt eine Muttersiedlung im Zentrum eines Gebietes. Die Besiedlung erfolgt gleichmäßig in alle Richtungen. Modell d bildet das Pendant zu a, jedoch mit dem Unterschied, daß hier die Siedlungsentwicklung nur von einer einzigen Siedlung ausgehend gedacht wird. Prämissen der Modelle sind ein isoplaner, d.h. in der Naturausstattung ganz gleicher Raum und eine von den Muttersiedlungen ausgehende schrittweise Besiedlung, die immer erst die der Muttersiedlung am nächsten liegenden Räume füllt, bevor sie weiter voranschreitet. In einem zweiten Arbeitsschritt verfeinert BYLUND die Modelle durch stufenweise Einführung in der Realität bestehender Randbedingungen (wie Unterschiede in der Naturausstattung und in der Erschließung durch Verkehrswege) und paßt sie damit mehr der Wirklichkeit an.

Lage und räumliche Verteilung von ländlichen Siedlungen 137

Einen anderen Weg zur theoretischen Erfassung eines siedlungsgeographischen Ausbreitungsvorganges wählt MORRILL (1962, Abb. 28 nach HAGGETT 1973, S. 122 f.):

Von einer am Meer gelegenen Siedlung A ausgehend, simuliert er mit Hilfe von Zufallszahlen den Entwicklungsprozeß der Siedlungen. Er unterwirft den Prozeß dabei folgenden Regeln: 1. gibt jeder Ort in jeder Zeiteinheit Abwanderer entsprechend seiner Einwohnerzahl ab; 2. ist das Wachstum von Orten begrenzt durch die Größe von Nachbarorten; sie können eine bestimmte Größe nicht überschreiten; 3. wird die Richtung und Entfernung für jeden Wanderungsvorgang und damit Siedlungsentstehung und Siedlungswachstum durch die Zahlen einer Wahrscheinlichkeitsmatrix bestimmt, die in Abb. 28 wiedergegeben sind. Sofern Zufallszahlen in die beiden rechten Kolumnen der Matrix fallen, werden sie nicht verwertet, da dieser Teil als nicht besiedelbar (Meer) angenommen wird. Unter diesen Voraussetzungen ergab sich innerhalb von vier Zeitphasen unter Verwendung von sieben Zufallszahlen (10, 22, 24, 42, 37, 96 und 77) das oben dargestellte Muster von sechs unterschiedlich großen Orten (mit zugleich unterschiedlichen zentralen Funktionen) mit einem großen Zentrum A (Größenordnung 5), einem mittleren Zentrum D (Größenordnung 2) und vier kleineren Orten (B, C, E, F) in der Größenordnung 1. Durch jeweils neues Ausrichten der Matrix auf die Siedlungen, von denen Abwanderer ausgehen, wird so hypothetisch der Aufbau eines zentralörtlichen hierarchischen Siedlungsnetzes bei wachsender Bevölkerungszahl nachvollzogen. Die Bewohner der neuen Siedlungen können von außerhalb zuwandern, wie das bei den Siedlungen der mittelalterlichen Ostkolonisation weitgehend der Fall war, die Siedlungsgründung kann aber auch

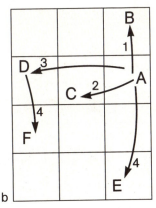

Abb. 28: Mit Hilfe von Zufallszahlen generierter Siedlungsprozeß (MORRILL 1962, S. 112, nach HAGGETT 1973, S. 122);
a. Matrix mit Distanz- und Richtungswahrscheinlichkeiten. Die rechts von A (erste Siedlung) gelegenen Felder (grau) werden im Modell als nicht besiedelbar angenommen.
b. Mit Hilfe von Zufallszahlen generierter Prozeß der Entstehung, Ausbreitung und Entwicklung von Siedlungen: B1-F4 bezeichnen Siedlungen unterschiedlichen Entstehungsalters und unterschiedlicher Größe und Bedeutung.

durch Affiliation, d. h. Abspliß, von in dem Siedlungsgebiet bereits vorhandenen Siedlungen aufgrund von Bevölkerungsvermehrung erfolgen, wie es SANDNER *(1961) für Costa Rica beschreibt. Sofern dies an einer Siedlungsgrenze erfolgt, bedingt es ein langsames Vorrücken von Siedlung und Kulturland in bislang unerschlossenes Gebiet. Das ist gleichzeitig zumeist verbunden mit Siedlungsverdichtung, Siedlungswachstum und -differenzierung im bereits erschlossenen Gebiet (vgl. Abb. 30).*

Barrieren in Form von *Staatsgrenzen*, Gebirgen, Gewässern oder Sumpf- und Moorgebieten und Durchlässen können dabei entscheidende Auswirkungen auf die Ausbreitungsvorgänge und damit auf die Verteilung der Siedlungen zu bestimmten Zeitpunkten und die aktuelle Verbreitung etwa von bestimmten Formtypen haben. So trennt die niederländisch-deutsche Staatsgrenze in Nordwestdeutschland im Bourtanger Moor siedlungsmäßig sehr unterschiedlich erschlossene Gebiete.

Während der holländische Teil des in Abb. 29 dargestellten Ausschnittes der topographischen Karte sehr früh (um 1600), insbesondere von Groningen aus, durch Fehnkolonien erschlossen wurde, setzte die siedlungsmäßige Erschließung auf deutscher Seite sehr viel später (2. Hälfte des 18. Jh.) durch die weniger intensive Form der Moorkolonien (Moorbrandkultur, Schaf- und Ziegenhaltung) ein. Die Fehnkolonien enden abrupt an der Grenze und finden sich auf deutscher Seite nur in abgewandelter Form und viel jüngerer Entstehung (vgl. NITZ *1976b).*

Als Fehnkolonien (Barger Compascuum, Zwarte Meer) werden die relativ dichten schnurgeraden Reihensiedlungen im Hochmoor mit hofanschließender Streifenflur und einem Kanal als Hauptachse bezeichnet (s. Nebenkarte Abb. 29), deren Existenz auf dem Abbau des Torfes und Ackerbau auf dem abgetorften Land basierte (Fehnkultur, vgl. BÜNSTORF *1966). Als Moorsiedlungen (z.B. Hebelermeer) werden im Gegensatz dazu die Hochmoorsiedlungen bezeichnet, deren Existenz von Anfang an auf Landwirtschaft basierte und denen darum ein schiffbarer Kanal für den Transport des Torfes fehlt (*NITZ *1976b, S. 163). Siedlungsform der Moorsiedlungen ist ebenfalls eine Reihensiedlung mit hofanschließender Streifenflur, die allerdings nicht die Linearität der Fehnsiedlung aufweist.*

Die holländischen Fehnkolonien entwickelten sich zu Agrar-Industriesiedlungen, die Landschaft zu einer intensivst genutzen Kulturlandschaft, während die deutsche Seite noch immer nicht voll erschlossen ist, die wirtschaftliche Entwicklung hinter der der holländischen Seite zurücksteht. Die Ursachen dafür liegen in der historischen Entwicklung: die Holländer erschwerten über Jahrhunderte durch Verweigerung einer Entwässerung in ihre Richtung die intensive Erschließung der deutschen Seite durch Fehnkolonien. Der Nordsüdkanal als Voraussetzung dafür wurde erst 1895 fertiggestellt.

Abb. 29: Die Auswirkungen von Grenzen auf die Siedlungsentwicklung. Beispiel der Siedlungsentwicklung beiderseits der deutsch-niederländischen Staatsgrenze im Bourtanger Moor (Ausschnitt aus der TK 1:50.000 L 3308 Meppen). In der Nebenkarte Modell einer Fehnsiedlung (Entwurf: C. LIENAU). ▶

Lage und räumliche Verteilung von ländlichen Siedlungen 139

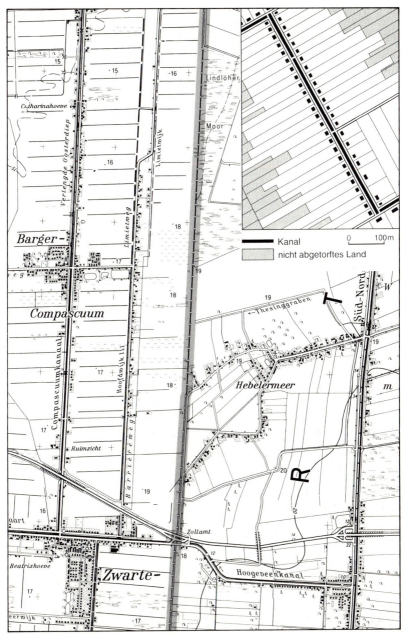

Quelle: TK 1: 50 000 L 3308 Meppen, Ausg. 1984
Nebenkarte: eig. Entwurf

YUILL (1965) wies auf die *Barriere-Effekte* von Appalachen, Blue Mountains und Serra do Mar für die Siedlungsausbreitung in das Innere von Nordamerika, Australien und Brasilien hin und versuchte, mit Hilfe von Simulationsmodellen die Effekte genauer zu erfassen (vgl. HAGGETT 1973, S. 74f.).

Mit dem Einfluß politischer Grenzen auf die Siedlungs- und Kulturlandschaftsentwicklung beschäftigt sich Bd. 9 (1991) der Zeitschrift „SIEDLUNGSFORSCHUNG" (Hg. H. FEHN). Es sind dabei nicht nur Barriere-Effekte, die die Siedlungsentwicklung beeinflussen; Schutzfunktion (z.b. österreichische Militärgrenze in SO-Europa; vgl. KARGER 1963), Abseitslage und mangelhafte Infrastruktur aufgrund der Grenzlage und anderes wirken auf die Siedlunggestaltung. „*Grenzen ziehen Siedlungen an, sie können aber, und davon ist unsere eigene Erfahrung in besonderer Weise geprägt, Siedlungen abweisen, sie ganz verhindern oder wenigstens in ihrer Entfaltung einschränken*" (IRSIGLER 1991, S. 22). Die ehemalige Grenze zwischen der Bundesrepublik und der DDR ist dafür ein gutes Beispiel.

Bereits vorhandene Siedlungen und ihre Verteilung terminieren die Anlage neuer Siedlungen insofern, als die Neuanlage nicht an bereits besetzten Standorten geschehen kann. Das zwingt etwa zur Wahl von naturräumlich ungünstigeren oder schwerer erreichbaren Standorten, wie wir es bei der Kolonisation an den Siedlungsgrenzen der Ökumene, aber auch bei der inneren Kolonisation sehen, z. B. bei der Ansiedlung der bäuerlichen Nachsiedlerschichten (Kötter, Brinksitzer) in NW-Deutschland.

6.3 Siedlungsräume und Siedlungsgrenzen

Die Betrachtung der räumlichen Verteilung der Siedlungen und der Zusammenhänge zwischen Verteilung und ökologischen, sozioökonomischen und gesellschaftlichen Bedingungen hat unterschiedliche Dimensionen.

Großräumig gesehen handelt es sich um die Frage nach den besiedelten, zeitweilig besiedelten und unbesiedelten Räumen oder Gebieten auf der Erde. Sie werden als *Ökumene, Subökumene* und *Anökumene* bezeichnet (dazu HAMBLOCH 1982, S. 39 ff.). In lokalem und regionalem Kontext geht es um die Frage nach der Lage der Siedlungen und Wirtschaftsflächen, dicht und dünn besiedelten Gebieten.

6.3.1 Die Merkmale des Siedlungsraumes und der Siedlungsgrenzen

Der Siedlungsraum des Menschen, die *Ökumene,* umfaßt den dauernd oder zeitweilig bewohnten Teil der Erde, den Teil also, der dem Menschen Standort für eine Wohnstätte und die Möglichkeit der Versorgung mit Nahrung bie-

Lage und räumliche Verteilung von ländlichen Siedlungen 141

tet. Es handelt sich dabei um sehr unterschiedlich dicht besiedelte und unterschiedlich intensiv bewirtschaftete Gebiete. Zu ihren Rändern hin erfahren Wirtschaft und Siedlung – abgesehen von den meist dicht besiedelten Küsten (Naßgrenze) und wenigen abrupten Übergängen – zumeist eine allmähliche „Ausdünnung": die Siedlungs- und Bevölkerungsdichte nimmt ab, die zusammenhängend bewohnten und genutzten Räume lösen sich schließlich zu nicht mehr zusammenhängenden Inseln auf, dauernde Bewohnung weicht einer temporären, die Bewirtschaftung wird flächenextensiver, sporadischer.

Dieser extensiv bewirtschaftete, sehr dünn und z.T. temporär bewohnte Randsaum der Ökumene wird auch als *Subökumene* bezeichnet. Er umfaßt große Teile der Trockengebiete und der äußerst dünn von Jägern und Sammlern bewohnten tropischen und subpolaren Wälder, die nur in geringem Umfang der *Anökumene* zugerechnet werden können.

Von den Meeren abgesehen, gehören zur Anökumene die Kaltgebiete um die Pole, insbesondere die riesige Landfläche der Antarktis und der allergrößte Teil Grönlands, Teile der großen afrikanischen und asiatischen Wüstengebiete, Teile der großen tropischen und subpolaren Waldgebiete und die hohen Teile der Gebirge.

Tab. 9: Ökumene und Anökumene (s. HAMBLOCH 1966, S.16).

	Mio qkm	% der Landfläche
Ökumene	118,9	79,8
polare Anökumene	17,5	11,7
vertikale Anökumene	6,7	4,5
zentrale Anökumene	5,9	4,0
Landoberfläche	149,0	100,0

Auch in der Anökumene finden sich punkthaft Siedlungen mit den verschiedensten Funktionen: Inseln agrarer Nutzung (z. B. Oasen in den Trockengebieten, Inseln agrarer Nutzung in den Waldgebieten meist entlang der Flüsse, die als Verkehrsweg dienen), Siedlungen von Jägern und Sammlern (Pelztierjäger, einzelne Indianerstämme), Fischereistationen, Bergbausiedlungen, militärische und meteorologische Stationen bzw. Stützpunkte. Diese außerhalb der Ökumene gelegenen Siedlungen fallen unter den Begriff der *Periökumene*. Umgekehrt schließt die Ökumene Landflächen ein, die unbesiedelt und nicht oder nur partiell genutzt werden: Gebirge, Waldgebiete, Moore und Sümpfe, die zur Anökumene oder Subökumene gerechnet werden müssen.

Definiert man die Grenze zwischen den Raumkategorien Vollökumene und Subökumene als Grenze des zusammenhängend erschlossenen Kulturlandes mit seinen Siedlungen, so ist sie identisch mit der *agraren Siedlungs-*

grenze, wobei „agrar" die planmäßige Bewirtschaftung des Bodens, sei es durch Feldbau, Viehwirtschaft oder auch Holzwirtschaft bezeichnet. Eine scharfe Grenzziehung zwischen Vollökumene, Subökumene und Anökumene bereitet im einzelnen allerdings Schwierigkeiten.

Die agraren Siedlungsgrenzen der Ökumene gegen die Anökumene sind – grob gesehen – physischer, insbesondere klimatischer Art: die *Kältegrenze* gegen die polaren Gebiete *(Polargrenze)* und gegen die Hochgebirgsbereiche *(Höhengrenze),* die *Trockengrenze* gegen die Wüstengebiete der Erde, die *Waldgrenze* gegen die noch unbesiedelten, feucht-schwülen tropischen Regenwaldgebiete und die borealen Nadelwälder und schließlich die *Naßgrenze,* d.h. die Küsten und Ufer von Meeren und Seen. Soweit Seen einer planmäßigen Bewirtschaftung durch Fischfang unterliegen, wird man sie allerdings nicht zur Anökumene rechnen können.

Breite, der Subökumene zuzurechnende Übergangssäume verbinden sich sowohl mit der nördlichen *Polargrenze* wie mit den, zumeist im Inneren der Kontinente gelegenen *Trockengrenzen.* Auch die durch Fischfang, Ölbohrungen und anderes intensiv genutzten Randsäume der Meere bzw. des Festlandes (Schelf) bilden Übergangssäume.

Der breite, äußerst dünn und größerenteils temporär von Rentiernomaden, Pelztierjägern, Fischern, Holzfällern oder von im Bergbau tätigen Menschen besiedelte Gürtel der Subökomene und Periökumene auf der Nordhalbkugel fehlt aufgrund der Land-Meer-Verteilung auf der Südhalbkugel: die Südspitzen der Kontinente sind noch dauernd besiedelt (auf Feuerland sehr dünn durch extensive Schaffarmen), der antarktische Kontinent ist bereits Anökumene.

Die nördliche Grenze des – allerdings nicht mehr zusammenhängend betriebenen – Ackerbaus und damit der Dauersiedlung auf feldbaulicher Grundlage (die hier inselhaft in der Subökumene liegt), schwankt in Anpassung an die klimatischen Gegebenheiten zwischen 53° im maritimen, vom kalten Labradorstrom beeinflußten Labrador und über 70° im stark kontinentalen Sibirien mit relativ hohen Sommertemperaturen sowie an der vom Golfstrom begünstigten Westküste Europas.

Bodenvage Siedlungen von Nomaden und ständig bewohnte, oft befestigte Oasensiedlungen einer Ackerbau und Viehhaltung betreibenden, seßhaften Bevölkerung, zwischen denen vielfältige funktionale und soziale Verbindungen bestehen, bilden die traditionelle Siedlungsform in den dünn besiedelten Übergangssäumen des altweltlichen Trockengürtels. Extensive Viehhaltung mit weit auseinanderliegenden Farmen sind die vorherrschende Wirtschafts- und Siedlungsform in den neuweltlichen Trockengebieten. Scharfe Grenzen zur Anökumene sind kaum zu ziehen. Infolge einer sich verstärkenden Desertifikation weitete sich in den letzten Jahrzehnten die Anökumene durch Vordringen der Wüste aus (vgl. DIERCKE WELTATLAS 1988, 222 und 223).

Lage und räumliche Verteilung von ländlichen Siedlungen 143

Mehr oder weniger breite Übergangssäume in den gemäßigten und nördlichen Breiten machen auch die Festlegung der *Höhengrenze* der Ökumene schwierig. Wie die Polar- oder Trockengrenze läßt sie sich genauer als Grenze bestimmter Siedlungstypen fassen, z. B. als Höhengrenze der agrarischen Dauersiedlung, als Höhengrenze weidewirtschaftlicher, permanent oder saisonal bewohnter Siedlungen, von Bergbau- oder Touristensiedlungen.

Generell steigt die Höhengrenze der Besiedlung, die ebenfalls eine Kältegrenze ist, von den Polen, wo sie sich mit der Polargrenze verbindet, zum Äquator hin an, um in den trockenen randtropischen Breiten ihre höchsten Werte zu erreichen. Große Landmassen und Massenerhebungen ermöglichen aufgrund der besonderen klimatischen Bedingungen (größere Sommerwärme) in ihrem Innern eine relativ höhere Lage von Dauersiedlungen als in den Randbereichen. So liegt die agrare Dauersiedlungsgrenze in den Zentralalpen einige hundert Meter höher als in den randlichen Alpen. Der dünn und punkthaft besiedelte und extensiv, oft nur saisonal bewirtschaftete Grenzsaum gewinnt zu den Polen hin an Breite.

In den Tropen, wo wir statt eines Jahreszeitenklimas ein Tageszeitenklima haben, fehlt er meist ganz. Hier reichen die Dauersiedlungen direkt bis an die Höhengrenze. Ihre Höhe und ihr Verlauf sind im einzelnen abhängig von Breitenlage, Relief, Gestein und Exposition, aber auch – wie bei den anderen Grenzen – von der Stufe der Gesellschafts- und Wirtschaftsentfaltung, bestehendem Bevölkerungsdruck oder Tabus. Aus letzterem Grund blieben z.B. große, ohne Zweifel besiedelbare Hochflächen im südlichen Zentralafrika (Malawi) bislang trotz starken Bevölkerungsdruckes unbesiedelt.

Die höchsten Dauersiedlungen finden wir in den bolivianischen und peruanischen Anden und im Himalaya, wo sie bis in 5000 m Höhe reichen. In den zentralen Westalpen liegen die höchsten Dauersiedlungen mit Ackerbau in ca. 2100 m Höhe, Almsiedlungen reichen bis 2700 m Höhe. Temporäre Siedlungen im Zusammenhang mit Fernweidewirtschaft sind die vorherrschende Siedlungsform im Höhengrenzsaum.

Auch die *Naßgrenze* ist keineswegs immer eindeutig ausgeprägt. An vielen Stellen wird die natürliche Küstenlinie z. B. durch Bootssiedlungen und Pfahlbausiedlungen (Ost- und SO-Asien) oder künstliche Inseln überschritten.

6.3.2 Die Dynamik der Siedlungsgrenzen

Die Siedlungsgrenzen, insbesondere auch die agraren Siedlungsgrenzen sind keineswegs statisch, sondern unterliegen Änderungen, die eng mit dem Stand (Stufe) der Gesellschafts- und Wirtschaftsentfaltung (BOBEK 1959) und damit der sozioökonomischen Gesamtsituation der Region, zu der die Siedlungsgrenze gehört, verknüpft sind. Veränderungen der Siedlungsgrenzen und die Wandlungen der Siedlungs-, Bevölkerungs-, Wirtschafts- und Sozialstruktur im Grenzbereich sind damit ebenso wie die gesamte Siedlungsentwicklung Ausdruck, und zwar besonders sensibler Ausdruck, der gesellschaftlichen Entwicklung eines Raumes.

Mit EHLERS (1984, S. 7) lassen sich nach den physiognomisch faßbaren Änderungen des Grenzverlaufes *expandierende, stagnierende (konstante)* und *kontrahierende (zurückweichende) Siedlungsgrenzen* unterscheiden.

Die expandierende Siedlungsgrenze ist durch Vorrücken des Kulturlandes in noch nicht erschlossene Räume gekennzeichnet *(Pioniergrenze)*, die stagnierende durch eine längere Konstanz ihres Verlaufes, die kontrahierende schließlich durch einen Rückgang von Siedlung und Kulturland (Wüstungsprozeß). Die Ausweitung des Siedlungs- und Kulturlandes kann *spontan* oder *gelenkt (geplant)* erfolgen mit entsprechendem Niederschlag im Siedlungsbild: Während der spontanen Besiedlung unregelmäßige Siedlungs- und Flurformen entsprechen, sind es bei der gelenkten in der Regel geplante Formen, häufig z.B. Reihensiedlungen mit hofanschließender Streifenflur, die wir unabhängig voneinander sowohl bei der mittelalterlichen Kolonisation in Europa wie der neuzeitlichen Landerschließung in der Neuen Welt finden (*Konvergenz*) (vgl. NITZ 1972 und 1976a).

Die Tatsache, daß die Siedlungsgrenzen selten dauerhaft sind, vielmehr oszillieren, immer wieder ein Vorrücken und Zurückweichen zu konstatieren ist, beweist, daß sie weniger eine Funktion physischer Faktoren als von *Bevölkerungsdruck* und den *sozioökonomischen* und *gesellschaftlichen Rahmenbedingungen* sind. Diese bedingen eine unterschiedliche Reaktion auf und Kompensation von Bevölkerungsdruck.

EHLERS (1984, S. 58, s. Abb. 30) bringt die Entwicklungsdynamik von agraren Siedlungsgrenzen, abgeleitet aus der Siedlungsentwicklung der kanadischen „frontier" in ein allgemeines Schema, das sich unter gewissen Prämissen (Bindung an die gesellschaftliche Entwicklung) und mit Einschränkungen auch auf die Siedlungsentwicklung anderer Teile der Erde, z.B. die Walsersiedlung in den Alpen (vgl. KREISEL 1990), übertragen läßt.

Abb. 30: Modell der Entwicklungsdynamik von agraren Grenzen (aus: EHLERS 1984, Abb. 15). ▶

Phase 1 der in Abb. 30 dargestellten Siedlungsentwicklung ist gekennzeichnet durch Erweiterung des Siedlungsraumes durch subsistenzbäuerliche Gruppen, Einzel- oder Gruppensiedlungen ohne hierarchische Differenzierung, fehlende stärkere soziale Differenzierung und mangelhafte Infrastruktur.

Phase 2, ebenfalls kennzeichnend für präindustrielle Gesellschaften, ist bei Erweiterung des Kulturlandes und Siedlungsausbreitung zugleich gekennzeichnet durch eine beginnende siedlungsgeographische und sozioökonomische Differenzierung, die sich in

Lage und räumliche Verteilung von ländlichen Siedlungen 145

Phase	Der physiognomische Aspekt	Der infrastrukturelle Aspekt
Phase I: Ausgangssituation Bevölkerungswachstum ≅ ökon. Nahrungsspielraum (prä-industriell)	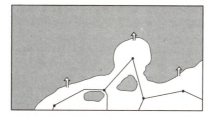	**Siedlung:** bäuerliche Dorf- / Einzelsiedlung ohne hierarchische Differenzierung: **Wirtschaft:** Sekundärer / tertiärer Sektor fehlen: **Verkehrsnetz:** unentwickelt
Phase II: Kulturraumbildende Kolonisation Bevölkerungswachstum > ökon. Nahrungsspielraum (prä-industriell)	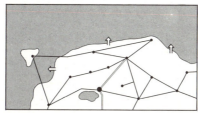	**Siedlung:** Ausbau des Siedlungswesens mit Ansätzen hierarchischer Differenzierungen: **Wirtschaft:** Sekundärer / tertiärer Sektor auf »regionale Zentren« konzentriert: **Verkehrsnetz:** beginnende Differenzierung des Straßen- und Wegenetzes
Phase III: Kulturraumfüllende Kolonisation Bevölkerungswachstum ≅ / > ökon. Nahrungsspielraum (Übergang zur Industrialisierung)		**Siedlung:** ausgeprägte siedlungsgeographische Hierarchisierung: **Wirtschaft:** Sekundärer Sektor partiell, tertiärer Sektor gut entwickelt, dennoch gegenüber »Altsiedlung« deutlich benachteiligt: **Verkehrsnetz:** qualitativ und quantitativ differenziert
Phase IV: Kulturraumstabilisierende Kolonisation Bevölkerungswachstum ≅ ökon. Nahrungsspielraum (industriell)	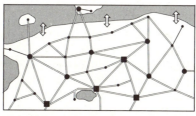	**Siedlung:** Existenz eines zentralörtlichen Systems: **Wirtschaft:** Sekundärer / tertiärer Sektor ähnlich ausgeprägt wie im »Altsiedelland«: **Verkehrsnetz:** gut ausgebaut
Phase V: Kulturlandschaftsumbau Bevölkerungswachstum < ökon. Nahrungsspielraum (industriell)	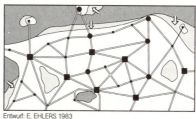	**Siedlung:** Festigung des zentralörtlichen Systems: Wachstum großer, Stagnation kleiner Zentren: **Wirtschaft:** Tertiärer Sektor erfährt Stärkung: **Verkehrsnetz:** gleichmäßig gut entwickelt und ausgebaut

Entwurf: E. EHLERS 1983

Allwetterstraßen, Asphaltstraßen

Wege, Pfade

Kulturland (überwiegend agrarisch genutzt)

Dörfliche Siedlungen

Naturland (Wald, Steppe, Heide, Moor, Sumpf usw.)

Landstädte, überwiegend mit Dienstleistungen für das agrare Umland

Aufgelassenes Kulturland (z. B. Wiederbewaldung)

Städte (mit vielseitigem Spektrum von Industrie, Handel, öffentlichen Einrichtungen)

Phase 3, die als Übergangsphase zur industriegesellschaftlichen Entwicklung verstanden wird, fortsetzt. Es bestehen immer noch deutliche Unterschiede in der Siedlungs- und Sozialstruktur zum Altsiedelland.

Phase 4 zeichnet sich bei stagnierender Siedlungs- und Kulturlandschaftsgrenze durch weitgehende Angleichung der Siedlungs- und Sozialstruktur an das Altsiedelland aus: soziale und funktionale Differenzierung der Siedlungen, beginnendes Übergewicht von Intensivierung des Anbaus auf der vorhandenen Fläche vor Anbauflächenextension.

Phase 5 schließlich zeigt nicht mehr Ausweitung, sondern Reduktion des Kulturlandes durch Aufgabe von ökologisch (und damit auch ökonomisch) ungünstigen und abseits gelegenen Flächen, damit Zurückweichen der Anbau- und Siedlungsgrenze, Wüstung und funktionale Umwidmung von Siedlungssubstanz (z. B. von agrarer Nutzung in Freizeitnutzung oder als Ruhestandswohnsitz), Siedlungs- und Bevölkerungskonzentration und einen Rückgang agrarer Bevölkerung bei wachsenden landwirtschaftlichen Betriebsgrößen.

Die letzten Phasen des Modells gelten v.a. für die Entwicklung unter den Bedingungen industrie-kapitalistischer Gesellschaftsstruktur. Die Siedlungsentwicklung in den Grenzgebieten der Ökumene (an den Siedlungsgrenzen) spiegelt überdeutlich die gesamte Siedlungsentwicklung als Produkt gesellschaftlicher Prozesse.

Die Siedlungen an den Siedlungsgrenzen teilen in besonderem Maße das Schicksal der *Peripherisierung* mit abseits zu den wirtschaftlichen Zentren gelegenen und von der physischen Ausstattung her oft benachteiligten Räumen. In den Staaten der EU sind es v.a. deren Randgebiete und die höheren Teile vieler Gebirge. Ihre Kennzeichen sind: Bevölkerungsabwanderung (z. B. Bevölkerungsabwanderung als Binnenwanderung in die Zentren des Landes und als Gastarbeiterwanderung über die Staatsgrenzen), Wandel der demographischen und sozioökonomischen Struktur der Bevölkerung infolge der Wanderung, Wandel der Landnutzung und der Siedlungsfunktionen. Die ehemals rein landwirtschaftlichen Siedlungen werden, sofern keine Aufgabe erfolgt, zu Siedlungen einer – vielfach nur noch saisonal anwesenden – Freizeit- und Ferienbevölkerung und einer konservativen Ruhestandsbevölkerung, die – wie z.b. in Griechenland – zu einem beträchtlichen Teil aus in die Heimat zurückgekehrten Gastarbeitern besteht. Sofern sich Industrien niederlassen, handelt es sich um abhängige, vertikal nicht integrierte, vor allem auf Ausnutzung billiger Arbeitskraft und staatlicher Subventionen reflektierende Industrien, die – oft als Zweigbetriebe von in den Agglomerationen ansässigen Betrieben – Halbfertigwaren herstellen bzw. einzelne Arbeitsgänge im Auftrag durchführen. Allgemeines Kennzeichen dieser Regionen und ihrer Siedlungen ist die Strukturschwäche. Neben wirtschaftlichen Interessen, die zu einem meist nur punktuellen Anhalten des Schrumpfungsprozesses in den Peripherräumen führen können (z. B. durch Ausbeutung bestimmter Bodenschätze), sind es vor allem staatliche Förderungsmaßnahmen, die einen Schrumpfungsprozeß aufhalten. Ausgleichsmaßnahmen werden um so eher getroffen, je fortgeschrittener ein Staat in der industriegesell-

Lage und räumliche Verteilung von ländlichen Siedlungen 147

schaftlichen Entwicklung ist und vor allem über je mehr finanzielle Mittel er verfügt. Folge ist, daß die räumlichen Disparitäten in den entwickelten Ländern meist geringer sind und langsamer wachsen oder sogar abnehmen als in den ärmeren Ländern (vgl. MYRDAL 1974), wobei arm zugleich im Sinne der Dependenztheorie Abhängigkeit bedeutet.

Auch in den staatlich stark geförderten Randgebieten der Industriestaaten vollziehen sich jedoch Kontraktionsprozesse.

6.4 Aufgaben und Literatur zur Vertiefung

1. Beschreiben Sie Siedlungslagen und Siedlungsmuster auf der TK L 2934 Lenzen (ggf. auch mit Hilfe des Nächst-Nachbar-Indexes).
2. Interpretieren Sie die Siedlungsformen auf der TK L 3308 Meppen und arbeiten Sie die Bedeutung der Grenze für die Siedlungsentwicklung heraus.
3. Beschreiben Sie Lagen ländlicher Siedlungen in Ihrem Umkreis.
4. Ordnen Sie den in Abb. 23 dargestellten Modellen reale Siedlungstypen zu und beschreiben Sie diese genau.

Lit.: BARTELS und HARD 1975, S. 14-18; EHLERS 1984; HAGGETT 1973, Kap. IV; HAGGETT 1983, Kap. 1; SIEDLUNGSFORSCHUNG (SF) 9, 1991.

7 Land-Stadt-Beziehungen

7.1 Begriffe, Modelle

Stadt und Land, städtische und ländliche Siedlungen stehen keineswegs unverbunden nebeneinander, sie sind vielmehr in mannigfacher Weise auf das engste miteinander verknüpft. Die Beziehungen können funktionaler, sozialer, kultureller und anderer Art sein (vgl. dazu HOYER 1987, KAUFMANN 1975, PLANCK und ZICHE 1979, WIEGELMANN 1978).

Die vielfältigen, zwischen Land und Stadt bestehenden Beziehungen, ihre Art und ihre Auswirkungen auf die Entwicklung der Siedlungen schlagen sich in zahlreichen Begriffen und/bzw. Modellen nieder.

Der vielfach für das Mittelalter und die frühe Neuzeit postulierte, durch die Stadtmauer manifestierte Unterschied zwischen Stadt und Land ist vermutlich nicht so groß gewesen, wie früher angenommen (BLICKLE 1981). Die Freiheit des Bürgers von Diensten und Verpflichtungen gegenüber dem Grundherren, die sich in der Redensart *„Stadtluft macht frei"* niederschlug, bestand nach der These von BLICKLE de facto auch für einen großen Teil zumindest der bäuerlichen Bevölkerung, bzw. war umgekehrt der Bürger auch keineswegs frei von z.T. drückenden Verpflichtungen. Schon G. L. MAURER vertrat in seiner Geschichte der Dorfverfassung (1865/6) im Kern diese These (*„Bürger und Bauer scheidet nichts als die Mauer"*).

Gedanklicher Ausgangspunkt ist meist die Stadt als der entwicklungsbestimmende Part, wie es in den Begriffen Verstädterung und Urbanisierung zum Ausdruck kommt.

Unter *Verstädterung* versteht man den wachsenden Anteil von in städtischen Siedlungen lebender Bevölkerung. Das kann einerseits durch Wachsen bereits bestehender Städte, andererseits durch Anwachsen ursprünglich ländlicher Siedlungen zu Städten, schließlich durch Neuanlage von Städten, statistisch auch durch Gemeindereform bewirkt werden. Gemessen als Anteil städtischer Wohnbevölkerung an der Gesamtbevölkerung hängen die errechneten Werte des Verstädterungsgrades einer Region oder eines Staates wesentlich vom – statistisch unterschiedlich gefaßten – *Stadtbegriff* ab.

Unabhängig davon läßt sich weltweit eine zunehmende Verstädterung beobachten, die vor allem als Folge der Industrialisierung und der Konzentration der industriellen Produktionsstätten sowie von Handel und Gewerbe mit den daraus resultierenden Arbeitsstätten in Agglomerationen erklärt werden muß. Durch Bevölkerungswachstum entstehender Bevölkerungsdruck auf dem Lande treibt allerdings viele Menschen auch allein mit der Hoffnung auf bessere Verdienst- oder Überlebensmöglichkeiten in die Städte, was dann zu *Slumbildung* und *Hyperurbanisierung* führen kann.

Siedlungsentwicklung durch Auszug von Bevölkerung aus den Kernbereichen von Agglomerationen in die noch ländlichen Randzonen und durch Zuzug vom Land in diese Randzonen wird als *Vervorstädterung* bezeichnet. Als *Exurbanisierung* bezeichnet HEINEBERG (1986, S. 7) die Verlagerung des Bevölkerungs- und Siedlungswachstums aus den Stadtregionen in noch ländlich oder kleinstädtisch strukturierte Siedlungen, die jedoch durch Pendelverkehr mit der Stadtregion eng verknüpft sind.

Im Unterschied zum Begriff der Verstädterung beinhaltet *Urbanisierung* die Übernahme ursprünglich an die Stadt gebundener Lebensformen, Verhaltensweisen, Bauformen etc. in ländlichen Siedlungen. Die modernen Kommunikationsmittel, die verbesserten Verkehrsverhältnisse, Tourismus und die wachsende Mobilität der Bevölkerung, auch z.B. die Gastarbeiterwanderungen, setzen eine Urbanisierung in Gang, fördern und beschleunigen sie. Z. T. werden die Begriffe Verstädterung und Urbanisierung gleichbedeutend gebraucht (z.B. in MEYER, ENZ. LEX. Bd. 24, 1979, s. v. Urbanisation).

Das soziologische Pendant zum Begriff Vervorstädterung ist *Rurbanisierung*. Der Terminus „rurban" ist ein aus den englischen Wörtern urban und rural gebildetes Kunstwort. Rurbanisation bezeichnet den Prozeß der Vermischung von ländlichen und städtischen sozialen Strukturen am Rande der Agglomerationen.

Der zum Prozeß der Verstädterung umgekehrte Vorgang der *Verländlichung* kommt heute nur noch selten vor. Früher oft Folge der Verlagerung von Handelsströmen und von Kriegseinwirkungen gab es in gewissem Sinne diese Entwicklung in Deutschland gegen und kurz nach Ende des Zweiten Weltkrieges durch massenhafte Flucht und Evakuierung von Menschen aus den zerstörten Städten und den Ortsgebieten in die ländlichen Räume. Verbreiteter ist demgegenüber die Übertragung bzw. Mitnahme von ländlichen Verhaltensweisen in die Stadt durch Bevölkerung, die vom Land in die Stadt wandert. Dieser Vorgang läßt sich als *Ruralisierung* bezeichnen. Er findet sich häufig in Entwicklungsländern und in Staaten, wo die in die Städte strömende Bevölkerung dort keine hinreichenden Lebensmöglichkeiten findet und diese dann durch die Haltung von Hühnern, Ziegen und – wo möglich – etwas Anbau von Nutzpflanzen zu verbessern sucht. Auch die Bauweise der wild, d.h. ohne Rechtstitel, errichteten Behausungen (*Squatter-Siedlungen*) und die Wohnweise werden oft aus den ländlichen Herkunftsgebieten übertragen. Ganze Viertel städtischer Agglomerationen können so durch Elemente ländlicher Lebens- und Bauweise gekennzeichnet sein.

Als *Counterurbanisation* bezeichnet man die in den westlichen Industriestaaten bestehende Tendenz zu Stagnation und Bevölkerungs- und Arbeitsplatzverlusten zugunsten des Wachstums von Mittel- und Kleinstädten und ländlichen Gemeinden außerhalb der Verdichtungsräume (vgl. BUTZIN 1986).

In verschiedenen Modellen ist versucht worden, das Verhältnis von Stadt und Land, städtischen und ländlichen Siedlungen, zumindest in Teilbereichen zu erfassen (dazu PLANCK und ZICHE 1979, S. 40 ff.): Das *Residualmodell* faßt den ländlichen Raum als den (noch) nicht städtischen auf. Es unterstellt die generelle Rückständigkeit der Lebensqualität in ländlichen Räumen, ergo ein Strukturgefälle zwischen Stadt und Land und die allmähliche Anpassung des ländlichen Raumes an den städtischen. Es ist damit den Modernisierungsmodellen (-theorien) der Entwicklungsländerforschung vergleichbar.

Das *Dichotomiemodell* betont die grundlegenden Gegensätze von Stadt und Land. Es ist ein Dualismusmodell. Das *Kontinuummodell* sieht dagegen zwischen Stadt und Land keine grundlegenden Gegensätze, sondern faßt sie als Pole eines Kontinuums von graduellen Abstufungen zwischen den beiden Raumkategorien auf. Abgesehen davon, daß viele Merkmale keine kontinuierliche Veränderung erfahren und es insofern Übergänge suggeriert, die de facto nicht in der Form bestehen, hat es als beschreibendes Modell kaum einen Erklärungswert.

Den zuvor kurz beschriebenen Modellen stehen die *funktionalen Modelle* gegenüber, die von Interaktionen zwischen beiden Raumtypen ausgehen. Das *Modell der zentralen Orte* (die Stadt als Versorgungszentrum des Landes), das *Hinterlandmodell* (das Land als Versorgungsraum der Stadt), das *Umlandmodell* (das Land als Funktionsraum der Stadt), das *Agglomerationsmodell* und das *Dependenzmodell* (voneinander abhängige Entwicklungsdynamik von Stadt und Land) sind funktionale Modelle, denen ein sehr viel höherer Erklärungswert zukommt.

Zentralität (vgl. dazu Kap. 5.1.3) bezeichnet den Bedeutungsüberschuß einer Siedlung bezüglich ihres Angebotes an Dienstleistungen für die Versorgung einer nicht nur im zentralen Ort selbst, sondern in einem mehr oder weniger großen Umkreis lebenden Bevölkerung. Durch sie wird eine funktionale Beziehung zwischen Stadt (zentralem Ort) und Land hergestellt (dazu BOBEK 1938). Menge und Reichweite der angebotenen Güter und Dienstleistungen bestimmen den Grad der Zentralität. Die ländlichen Siedlungen als Empfänger von Gütern und Dienstleistungen sind in unterschiedlicher Weise in das zentralörtliche System eingebunden. Zum Teil verfügen sie über eigene zentrale Funktionen.

Anders als im Zentrale-Orte-Modell wird im *Hinterlandmodell* die Versorgungsfunktion eines ländlichen Raumes für eine Stadt ausgedrückt. Bereits J. H. VON THÜNEN (1783-1850) arbeitete in seinem berühmt gewordenen Werk „*Der isolierte Staat*" die Beziehungen des Landes zur Stadt

Land-Stadt-Beziehungen 151

(= Markt) heraus. Er entwickelte mit den „*Thünenschen Ringen*" ein Modell, das die Differenzierung der Bodennutzung bzw. der landwirtschaftlichen Betriebsformen (und soweit von der Bodennutzung abhängig der Siedlungsweise) mit der Entfernung zur Stadt und den davon abhängigen Transportkosten sowie der Transportabilität der Güter (vgl. zum Thünenschen Modell OTREMBA 1960, S. 125 ff.) zu erklären sucht.

Wie die Theorie der Zentralen Orte, so erfuhr auch das Thünensche Modell zahlreiche Veränderungen und Modifikationen.

Da die um die städtischen Agglomerationen herum liegenden ländlichen Räume oft nur noch sehr bedingt die Funktion der Versorgung ihres städtischen Kernes übernehmen, bekommt das ländliche Umfeld der Städte immer mehr die Aufgabe eines Ergänzungsraumes städtischer Funktionen: Versorgung mit Wasser, Entsorgung von Müll und Abwässern, Erholung der in der Stadt lebenden Bevölkerung und Wohnort in der Stadt arbeitender Bevölkerung. Es wird damit zum reinen *Umland* der Stadt mit entsprechenden Auswirkungen auf die Siedlungen dieses Raumes, die nun gegen mehr oder weniger große Entschädigung städtische Lasten mittragen (müssen).

7.2 Das Agglomerationsmodell

Im Gegensatz zu den zuvor aufgeführten eher statischen Modellen sucht das *Agglomerationsmodell* einen dynamischen Vorgang modellhaft zu fassen. Voraussetzung des Modells ist eine industriell-kapitalistische Wirtschafts- und Gesellschaftsstruktur. Die Senkung der Betriebskosten unter dem Druck der Konkurrenz führt nicht nur zu einer stark spezialisierten und mechanisierten Produktion mit spezifischen Betriebsformen, sondern auch zur Zentralisation des Kapitals und zur räumlichen Konzentration der Produktion. Das Ziel der Kostenoptimierung bei betrieblicher Arbeitsteilung erfordert organisatorische Verbindungen zwischen den Betrieben, ihren Arbeitskräften und dem Markt, die optimal bei räumlicher Konzentration der genannten Faktoren gegeben sind.

Die städtische Agglomeration ist dabei das Ergebnis der von den einzelnen Betrieben unter den gegebenen wirtschaftlichen Bedingungen getroffenen Standortentscheidungen, die Wanderungsströme von Arbeitskräften, Kapitalströme, Infrastrukturausbau usw. zur Folge haben.

Wie eine solche Agglomerierung ablaufen kann, sei an einem – konstruierten – Beispiel geschildert (vgl. STAHL und CURDES 1970, S. 23).

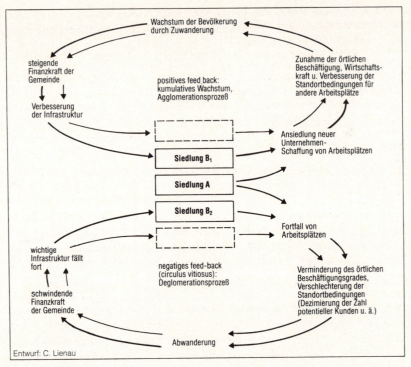

Abb. 31: *Modell eines Agglomerations- und Deglomerationsprozesses (aus: LIENAU 1989, S. 139).*

Ausgangsannahme in Abb. 31 ist ein Raum, in dem eine Anzahl von etwa gleich großen Siedlungen gleicher sozialökonomischer Struktur (z. B. mittel- oder kleinbäuerliche Dörfer) in annähernd gleicher Verteilung liegen. Wir lassen nun insofern eine Veränderung eintreten, als in der Siedlung A abbauwürdige Kohle gefunden und gefördert wird. Folge davon ist, daß in A Arbeitskräfte für den Abbau und dann auch für daran gekoppelte rohstofforientierte Industrien, Zulieferungsbetriebe etc. benötigt werden und zu einer Siedlungserweiterung führen. Daraus resultiert einerseits ein steigendes Steueraufkommen in A, das für Erweiterungen der technischen Infrastruktur, aber auch für bessere Bildungs-, Kranken- und Freizeiteinrichtungen Verwendung findet und damit die Lebensbedingungen der Bevölkerung und die Ansiedlungsbedingungen für weitere Industrien verbessert; zum anderen wird sich der Arbeitskräftebedarf, der zunächst in A selbst gedeckt werden kann, mehr und mehr auf die umliegenden Siedlungen auswirken, wobei die näher gelegenen Siedlungen Pendler zu den Arbeitsstätten entsenden, während aus den weiter entfernt liegenden die arbeitsfähige Bevölkerung abwandert. Das führt dort zu einem Sinken der Einwohnerzahl, während die näher gelegenen Siedlungen keinen Bevölkerungsverlust erleiden.

Nehmen wir weiter in der Nähe von A eine an einem schiffbaren Fluß gelegene Siedlung B an, so erhält auch B durch die Entwicklung einen Lagevorteil, weil der Abbau der Kohle und die darauf basierende Industrie Abtransport und Zulieferung von Rohstoffen und Maschinen verlangt, was einen Verkehrswegebau zu dem am Fluß liegenden Ort B und dessen Ausbau als Hafen zweckmäßig macht. Auch B, das sich zu einem Umschlagplatz entwickelt, erhält so über erhöhtes Steueraufkommen, die Verbesserung der Infrastruktur, Herausbildung von Fachkräften und Fühlungsvorteilen Entwicklungsimpulse, die zu einem (schnellen) Wachstum der Siedlung durch Ansiedlung weiterer Industriebetriebe und zum Zuzug von Arbeitskräften von außerhalb führen. Die umliegenden Gemeinden von A und B, die wir zu einer doppelpoligen Agglomeration zusammenwachsen lassen, werden z.T. in die Agglomeration einbezogen oder haben als Umlandgemeinden Anteil am Wachstum der Agglomeration. Sie haben dies einmal durch Bevölkerung, die zwar in der Agglomeration arbeitet, aber aufgrund billigerer Mieten, Grundstückspreise usw. in den Siedlungen des Umlandes ihren Wohnsitz nimmt oder beibehält, zum andern auch durch Industrien, die die Nähe zur Agglomeration suchen, ohne die dort höheren Belastungen tragen zu können oder zu wollen.

Das Agglomerationsmodell gibt eine *positive Rückkoppelung (feed back)* wirtschaftsdynamischer Prozesse auf die Siedlungsentwicklung wieder.

Die Kehrseite einer *negativen Rückkoppelung* (s. Abb. 31) läßt sich an den abseits bzw. fern der Agglomeration gelegenen Gemeinden aufzeigen, die durch Bevölkerungsabwanderung Funktionsverluste erleiden. Positive und negative Rückkoppelung folgen Regeln, die schon die Bibel kannte: „Denn wer da hat, dem wird gegeben, daß er die Fülle habe; wer aber nicht hat, von dem wird auch genommen, was er hat", heißt es im Gleichnis vom Säemann (Matthäus 13, 12), in der Übersetzung von Martin Luther (ähnlich Markus 4, 25 und Lukas 8, 18). Arbeitslosigkeit, Abwanderung, verbogene demographische Strukturen (unproportionaler Altersaufbau, unausgewogenes Geschlechtsverhältnis usw.) und zunehmend mangelhafte Ausstattung der Siedlungen mit Versorgungseinrichtungen, da diese von der schrumpfenden Bevölkerung nicht mehr getragen werden können, sind Kennzeichen der Entleerungsgebiete. Die negative Rückkoppelung führt zu einem *circulus vitiosus* und endet oft mit Aufgabe (Wüstfallen) der Siedlungen. Entwicklungen dieser Art finden sich in vielen Abseitsgebieten wie z.B. den Bergregionen Griechenlands oder Italiens, die die Menschen verließen, um in die großen Städte des Landes abzuwandern oder als Gastarbeiter in die mittel- und westeuropäischen Industrieländer zu gehen.

Positive und negative Rückkoppelungseffekte führen im äußersten Fall zu einer Konzentration sämtlicher Menschen und Aktivitäten in den Agglomerationen und ihren Randbereichen, einer völligen oder fast völligen Aufgabe der abseits gelegenen ländlichen Räume, in denen die Landwirtschaft vielleicht nur noch saisonal von in der Stadt lebenden Landwirten betrieben wird („*suitcase farmer*") und die ggf. noch während der Ferien zur Erholung von ihren ehemaligen Bewohnern aufgesucht werden. Agglomerationsnachteile, wie hohe Infrastrukturkosten, Umweltvernichtung, schlechtes Wohnumfeld und anderes, mögen jedoch als Ausgleichskräfte fungieren und eine solche

Entwicklung verhindern, abschwächen oder sogar eine Gegenentwicklung einleiten.

Auch Diffusionsmodelle (vgl. Kap. 6.2.2) erfassen Vorgänge der Siedlungsentwicklung modellhaft und erklären damit ebenso wie das Agglomerationsmodell Verteilungen von Siedlungstypen.

7.3 Das Dependenzmodell

Der umfassendste Ansatz zur Erfassung des Land-Stadt-Verhältnisses und deren Entwicklung ist *dependenztheoretischer Art* und baut auf dem Agglomerationsmodell auf (vgl. I. TÖMMEL 1982, S. 403 ff.). Der Ansatz interpretiert das in den westlichen Industriestaaten bestehende Verhältnis Land-Stadt als Ausdruck einer bestimmten Stufe (im strukturellen, nicht unbedingt zeitlichen Sinn) der Gesellschafts- und Wirtschaftsentfaltung. Anderen Stufen, etwa der Stufe der asiatischen Produktionsweise oder der feudalen Produktionsweise, entsprechen andere Beziehungen zwischen Land und Stadt mit anderen Auswirkungen auf die Siedlungsentwicklung und Siedlungsstruktur (vgl. etwa die rentenkapitalistischen Bindungen zwischen Stadt und Land im Orient; dazu z. B. EHLERS 1975).

Für die Entwicklung unter *kapitalistischen* Produktionsverhältnissen ist charakteristisch, daß ihre Dynamik von bodenunabhängiger Industrie und Gewerbe (von denen wiederum eine Reihe nicht produktiver Funktionen abhängen) bestimmt ist, die ihre betriebswirtschaftlich günstigsten Bedingungen bei räumlicher Konzentration finden. Ansatzpunkte sind dafür vielfach bereits bestehende Agglomerationen (Städte), die sich unter anderen wirtschaftlichen und gesellschaftlichen Bedingungen gebildet haben. Die verschiedenen Wirtschaftsbereiche, Branchen, Betriebsarten und Arten der Produktion besitzen im einzelnen sehr unterschiedliche Agglomerationstendenzen.

Die weitgehende Bindung der landwirtschaftlichen Produktion an die Fläche (nur ganz spezifische Produktionen, wie die von Eiern, Schweinemast usw. lassen sich bislang flächenunabhängig betreiben) und ihre stofflichen Besonderheiten (z.B. jahreszeitlich bedingte Schwankungen der Produktion) machen die Landwirtschaft nur schwer industrialisierbar, damit kapitalisierbar und schließen sie von Agglomerationstendenzen weitgehend aus. Sofern die bodengebundene Landwirtschaft den industriell-kapitalistischen Produktionsbedingungen unterworfen wird, führt dies anders als in der industrialisierten Sekundärproduktion zur Reduzierung des Arbeitskräftebedarfes pro Flächeneinheit und damit zur Entleerung ländlicher Räume und Monostrukturierung mit allen Folgen für die Lebensqualität und die Siedlungsentwicklung (vgl. dazu TÖMMEL 1981, u.a. S. 273 ff.). Eine solche Entwicklung gibt der Raumplanung schwerwiegende Probleme auf.

Land-Stadt-Beziehungen 155

So interpretiert der dependenztheoretische Ansatz die divergierende Entwicklung der Raumkategorien Stadt und Land als einen der kapitalistischen Produktionsweise immanenten Prozeß, bei dem auf der einen Seite immer komplexere, auf der anderen Seite immer einseitigere Raumstrukturen entstehen.

Auch in den sozialistischen Staaten verlief die Entwicklung keineswegs gleichgewichtig, verschärften sich die Gegensätze zwischen Stadt und Land. Die marxistische Forderung nach einer Aufhebung der Unterschiede zwischen Stadt und Land und der aus der marxistischen Lehre abgeleitete Weg dorthin über eine Industrialisierung der Landwirtschaft (vgl. TÖMMEL 1981, S. 1 ff.) führt bei konsequent durchgeführter Kollektivierung und Industrialisierung der Landwirtschaft vor allem zu einer stärkeren Trennung von Wohnbereich und Wirtschaftsbereich (vgl. Abb. 16) und in letzter Konsequenz zur sog. Agrostadt (der Terminus wird synonym verwendet für die ganz anders gearteten agraren Großsiedlungen z.B. Süditaliens). Dies sind ländliche Mittelpunkte, in denen sich die in der Landwirtschaft tätige Bevölkerung konzentriert und in denen die notwendigen Versorgungseinrichtungen (sowohl die sozialen und kulturellen wie die für materielle Güter) vorhanden sind. Die starke Mechanisierung und Spezialisierung der Landwirtschaft, die zu sehr großen Betrieben tendiert, muß zwangsläufig zu einer niedrigen Bevölkerungsdichte führen, wenn es nicht zugleich gelingt, die durch Mechanisierung verlorengegangenen Arbeitsplätze durch Arbeitsplätze in Industrien, die in den ländlichen Räumen angesiedelt werden, zu kompensieren.

Da auch in den sozialistischen Staaten die Agglomerationsvorteile eine dezentrale Industrialisierung erschwerten, ließ sich – wie das Beispiel DDR zeigte – eine Perpetuierung oder sogar Verschärfung des Stadt-Land-Gegensatzes kaum über die Umgestaltung der Landwirtschaft allein und deren möglichst weitgehende Angleichung an industrielle Produktionsmethoden aufheben.

Der *dependenztheoretische Erklärungsansatz* ist im Prinzip identisch mit den dependenztheoretischen Ansätzen in der Entwicklungsländerforschung, das Verhältnis Stadt-Land großräumig vergleichbar etwa mit dem zwischen westeuropäischen Industrieländern und tropischen Entwicklungsländern: Während in jenen nur noch ein kleiner Prozentsatz der Bevölkerung in der Landwirtschaft beschäftigt ist, in ländlichen Räumen und Siedlungen lebt, ist es in diesen Staaten der ganz überwiegende Teil der Bevölkerung. Bei den von Auszehrung betroffenen Räumen wird auch von *peripheren* Räumen gesprochen.

Der Begriff *peripher,* der von der Theorie der internationalen Beziehungen in die Geographie übernommen ist, beinhaltet *fehlende endogene Dynamik und Fremdsteuerung.* Er bekommt, da diese Merkmale auf randlich zu Aktionszentren liegende Räume zutreffen, in der Geographie eine – vom Wort selbst her nahegelegte – räumliche Bedeutung, die verschleiert, daß die genannten Merkmale auch auf Räume und Siedlungen zutreffen können, die in enger Nachbarschaft zu Agglomerationen (Aktionszentren) liegen.

7.4 Aufgaben und Literatur zur Vertiefung

1. Versuchen Sie, die Land-Stadt-Beziehungen am Beispiel Ihrer Heimat oder Universitätsstadt empirisch zu erfassen.
2. Ermitteln Sie am Beispiel einer ausgewählten ländlichen Siedlung deren wirtschaftliche und kulturelle Beziehungen zur Stadt.

Lit.: PLANCK und ZICHE 1979, S. 37-45; TÖMMEL 1982.

8 Siedlungsgenese

Haus- und Hofformen, Orts- und Flurformen und alle anderen Siedlungselemente sind Produkte und Ausdruck einer mehr oder weniger langen historischen Entwicklung und der wechselnden sozialen und ökonomischen Bedingungen in der Vergangenheit.
  Jeder Phase der Entwicklung sind dabei i.d.R. spezifische Formen zuzuordnen.
  Die möglichen Entwicklungsstadien einer Siedlung lassen sich theoretisch folgendermaßen begrifflich fassen: Eine *Primär-* oder *Ursprungsform (Initialform)* entwickelt sich weiter zu einer *Sekundärform* bzw. einer Folge von Sekundärformen mit veränderter baulicher Gestalt und ggf. veränderten Funktionen (*Funktionswandel* oder *Funktionswechsel*). Eine Siedlung in ihrer Ursprungs- oder einer Sekundärform kann auch verschwinden (wüstfallen) oder (ganz oder teilweise) zerstört werden, um ggf. später an derselben Stelle neu errichtet zu werden (*Tertiärform*).
  Im einzelnen hat die Entwicklung von Siedlungsgestalt und -funktion zahlreiche Komponenten. Die Entwicklung der Siedlungsgestalt setzt sich zusammen aus der Entwicklung von Größe, Grundriß und Bebauungsdichte, die sich ihrerseits gegenseitig beeinflussen; die Funktionsentwicklung aus der Entwicklung von Versorgungs- und Verteilungsfunktionen (Entwicklung zentralörtlicher Bedeutung) und deren Erreichbarkeit, der Entwicklung der Arbeitsstätten und anderer auf die Erfüllung der Daseinsgrundfunktionen bezogenen Einrichtungen. Lediglich die *Initialform* oder *Primärform* einer Siedlung kann allein als Ergebnis der physischen, politischen, rechtlichen und sozioökonomischen Bedingungen, die auf die Entscheidung des Siedlers bzw. Siedlungsträgers einwirkten, interpretiert werden.
  Auch dabei bleibt die Frage bestehen, ob bereits Vorformen bzw. Vorbilder existierten, aus denen heraus eine gewählte Ursprungsform entwickelt bzw. übernommen wurde (*Übertragung* einer Formidee) oder ob aus gleichen sozialen und physischen Bedingungen und der gleichen Landnahmesituation heraus gleiche Formen ohne Kenntnis der Siedler von bereits bestehenden Formtypen der gewählten Art evolutionär entwickelt wurden *(Konvergenz)* (vgl. z.B. NITZ 1972b).
  Die weitere Entwicklung der Ursprungsform (Initialform) und der Funktionen wird durch die sich unter dem Einfluß der verschiedensten Faktoren

wandelnden Bedingungen bzw. deren sich wandelnde Bewertung durch den Menschen bestimmt. Die bereits vorhandene materielle Substanz beeinflußt dabei die weitere Entwicklung mit. Es ist also ein ganzes Bündel von Einflußgrößen, die das „Wie" und „Wo" der Siedlungsanlage und Siedlungsentwicklung bestimmen.

Jede Siedlung hat ihre *eigene Geschichte*, ihre *individuelle Entwicklung*. Allerdings verläuft die Entwicklung von Siedlungen, insbesondere bei räumlicher Nachbarschaft, innerhalb eines historischen Territoriums, eines gleichen ökologischen Kontextes, des gleichen Abstandes von einem Oberzentrum und anderen vergleichbaren oder gleichen Bedingungen oft zumindestens in einigen Punkten ähnlich (z.B. planmäßige Anlage, schwache Entwicklung aufgrund dezentraler Lage, Wüstfallen in ökologischer Randlage).

Das Erkenntnisinteresse der *historisch-genetischen Siedlungsforschung* richtet sich auf verschiedene Fragenkomplexe: die Erklärung der Gegenwart aus der Vergangenheit, die Rekonstruktion der Vergangenheit und den Entwicklungsverlauf (Prozeß der Entwicklung).

Wie in jeder Wissenschaft, so geht es auch der historisch-genetischen Siedlungsgeographie um Herausarbeitung von allgemeineren, über den speziellen Einzelfall hinausreichenden Zügen der Siedlungsentwicklung.

Den unterschiedlichen Fragestellungen in der siedlungsgenetischen und siedlungshistorischen Forschung entsprechen unterschiedliche Typologien und Begriffe.

In die Begriffsbildung gingen so z. B. die Fragen nach dem Siedlungsträger, nach dem „Wie", „Wann" und „Wo" der Besiedlung, aber auch nach dem Entwicklungsprozeß ein. *Einzel(be)siedlung* und *Gruppen(be)siedlung, individuelle, genossenschaftliche* und *kollektive (Be-)Siedlung (Individualsiedlung, Genossenschaftssiedlung, Kollektivsiedlung), spontane, gelenkte* und *geplante (Be-) Siedlung (Plansiedlung), Altsiedlung (Altsiedelland)* und *Jungsiedlung (Jungsiedelland), Agglomeration(-sprozeß), Deglomeration (-sprozeß)* sind Beispiele für *genetische Typenbegriffe*. Vielfach werden auch mit einem sich auf die Form beziehenden Terminus genetische Inhalte verknüpft, wie bei den Termini *Waldhufendorf, Rundling, Angerdorf, Langstreifenflur* oder *Drubbel*.

8.1 Arbeitsweisen der historisch-genetischen Siedlungsgeographie

Zur Erfassung von Ursprung und Entwicklung einer Siedlung und ihrer Flur bedarf es vielfältiger Hilfsmittel, gibt es eine Vielzahl von Methoden und Arbeitsverfahren.Sie gleichen naturgemäß denen in der Geschichtswissenschaft, Ur- und Frühgeschichte und Archäologie angewendeten: kritische Auswertung aller Arten von schriftlichen Quellen, Auswertung von kulturlandschaftlichen Relikten im Gelände und Grabungsfunden sowie von älteren Karten. Mathematisch-statistische Verfahren und die Anwendung der EDV sind heute wichtige Hilfsmittel auch vieler historisch-genetisch arbeitender Siedlungsgeographen (u.a. LÖFFLER 1978,1979; RÖDEL und RÜCKERT 1992).

Ausgangspunkt und wichtigstes Hilfsmittel der historisch-genetisch arbeitenden Siedlungsgeographie, insbesondere der Flurforschung (zu Methoden s. BORN 1970b, zum Stand der Flurforschung DENECKE 1980), sind Katasterkarten und alte Flurkarten. Eine Analyse von Größe, Zuschnitt, Lage und Besitzzugehörigkeit der Grundstücke (Parzellen) mit Hilfe solcher Karten kann wichtige Hinweise auf Entstehung und Entwicklung von Siedlung und Flur geben. Ein Rückschluß von den dargestellten Flurformen auf die ursprünglichen Formen erwies sich allerdings nur unter großen Einschränkungen als möglich, da die Besitzstruktur und der Zuschnitt der Parzellen durch Erbteilungen, Abüsplisse, Verkäufe usw. meist starke Veränderungen gegenüber dem ursprünglichen Zustand erfahren hatten.

So mußten spezifische Verfahren angewendet werden, um die Siedlungs- und Flurformen zu ermitteln, die bestanden, bevor die ersten bzw. die noch vorhandenen Karten erstellt wurden (dazu KRENZLIN 1979).

Dazu gehört die Analyse von Besitzlagen zueinander und die Ausdeutung häufiger Nachbarschaftslagen, die Hinweise auf Teilungen sind (sog. *Korrespondenzmethode*, RIPPEL 1961). Mit Hilfe der *reduktiven* oder *retrospektiven Methode* (s. JÄGER 1973, S. 12) werden Struktur (Form) und Funktion schrittweise in die Vergangenheit zurückverfolgt, um sie so zugleich aus ihr abzuleiten. Die *Rückschreibungsmethode*, eine *reduktive Methode,* macht sich die Tatsache zunutze, daß Veränderungen des Besitzgefüges in einer Flur, d. h. der Flurform, oft nicht von entsprechenden Veränderungen der steuerrechtlichen Einheiten begleitet sind. Aus den in alten Besitzverzeichnissen (Flurbuch, Lagerbuch, Urbar, Salbuch) aufgelisteten Zugehörigkeiten der Parzellen zu Betrieben und steuerrechtlichen Einheiten, also deren rechtlicher Charakterisierung, lassen sich ältere Besitzeinheiten durch schrittweises Zurückverfolgen rekonstruieren. KRENZLIN/REUSCH (1961) gelang mit dieser Methode der Nachweis, daß die Gewannfluren in Unterfranken Ergebnis von seit dem Mittelalter stattfindenden Teilungsprozessen sind.

Als Urbarium (= Sachbuch) bezeichnet man das seit dem Mittelalter für die Wirtschaftsführung angelegte Güter- und Einkünfteverzeichnis der Grundherrschaften (Klöster, Bistümer, weltliche Landesherren). Urbarien sind wichtige Quellen der Siedlungsgeschichte.

Flurbücher (Katasterbücher) sind Ergänzungen zur Flurkarte mit Verzeichnis von Größe, Nutzungsarten, Wertzahlen (Bodenwertzahlen) und anderem der in einer Gemarkung gelegenen Grundstücke.

Flurkarten (= Katasterkarten) sind Karten in den Maßstäben 1:500 bis 1:5000 mit Angaben über Grundstücksgrenzen, Abmarkungen, Nummern der Flurstücke, Nut-

zungsarten (Wald, Grünland, Ackerland, Moor) und Bodenwertzahlen sowie Gebäuden. Im 19. Jh. für die Grundsteuererhebung geschaffen, bilden sie zusammen mit den Katasterbüchern das Liegenschaftskataster.
Als Urkatasterkarte bezeichnet man die ersten, in Deutschland zumeist in der ersten Hälfte des 19. Jh. entstandenen, modernen Katasterkarten.

Als *topographisch-genetische Methode* (z.B. MÜLLER-WILLE 1944, HAMBLOCH 1960) bezeichnet man eine Methode, bei der man, vom Zustand einer Siedlung ausgehend, wie er z.B. in der Urkatasterkarte dargestellt ist, deren Genese Schicht für Schicht unter Einbeziehung der Lage der Höfe und Parzellen, der Besitzverteilung, Flurnamen Bodenuntersuchungen und Urkunden zu erklären sucht.

Jede der Methoden läßt sich nur unter bestimmten Voraussetzungen anwenden. So muß die Korrespondenzmethode etwa da versagen, wo die Besitzzersplitterung nicht oder nicht vornehmlich durch Teilung erfolgte, die Rückschreibungsmethode, wo entsprechende Verzeichnisse fehlen.

Die vielfach bei fehlenden Quellen angewendeten *Analogieverfahren,* mit denen von Bekanntem auf Unbekanntes geschlossen wird, sind nur mit größter Vorsicht verwendbar; etwa wenn von der bekannten Entstehung einer bestimmten Flurform auf dieselbe Entstehungsgeschichte der gleichen Flurform in einer anderen Region geschlossen wird. Das ist besonders gefährlich, wenn dabei Kulturkreise überschritten werden (z. B. bei der Interpretation vergleichbarer Flurformen in Mitteleuropa und in Afrika; vgl. dazu LIENAU 1982a).

Eine breite Palette von Verfahren entwickelte man in der *Wüstungsforschung* (vgl. z. B. JÄGER 1953; JANSSEN 1968). Zur Bestimmung von Flurwüstungen werden systematisch Ackerterrassen, Wölbäcker, Blockwälle und Lesesteinhaufen unter Wald erfaßt, zur Bestimmung ehemaliger Wohnplätze und deren Größe, Gestalt und Alter Siedlungsrelikte in Form von baulichen Resten, Scherben etc. Die systematische Gesamterfassung aller Spuren menschlicher Tätigkeit im Gelände wird auch mit dem englischen Terminus des „survey" bezeichnet. Analyse von Materialbeschaffenheit, Verzierungen etc. der materiellen Produkte, chemische Bodenuntersuchungen (u. a. nach Phosphatanteilen; Phosphatmethode) und pflanzengeographische Verfahren dienen dazu genauere Aussagen machen zu können. Für Altersbestimmungen erweist sich besonders da, wo andere Zeugnisse fehlen oder diese keine sichere Auskunft geben, die *Radiokarbon-* oder *^{14}C-Methode* als unerläßlich (z.B. NIEMEIER 1972).

^{14}C ist das chemische Zeichen für das radioaktive Kohlenstoffisotop der Massenzahl 14. Seine schwache Radioaktivität mit einer Halbwertszeit von 5760 Jahren ($\pm$ 40 Jahre) wird zur Altersbestimmung von Fossilien (und deren Fundkontext) genutzt. Die Methode macht sich die Tatsache zunutze, daß durch kosmische Strahlung in der Erdatmosphäre Neutronen erzeugt werden, die mit dem Stickstoffisotop ^{14}N

der Luft ^{14}C bilden, das in der genannten Halbwertszeit unter Emission eines Elektrons in ^{14}N zerfällt. Der in der Atmosphäre im gewöhnlichen Kohlenstoff vorhandene ^{14}C-Gehalt ist, da Erzeugung und Zerfall im Gleichgewicht stehen, immer gleichbleibend. Bei allen organischen Aufbauprozessen, bei denen Kohlenstoff Verwendung findet, wird auch eine kleine Menge ^{14}C eingebaut, die ständig zerfällt. Ist nun ein Organismus abgestorben, wird kein ^{14}C mehr aus der Luft verarbeitet, so daß aus dem noch vorhandenen Anteil an ^{14}C in einer Fossilie auf deren Alter geschlossen werden kann. Ein Vergleich mit anderen Altersbestimmungen (Dendrochronologie, schriftliche Zeugnisse) zeigt, daß Altersbestimmungen vor 1000 v.Chr. stärkere Abweichungen (3000 v.Chr. ca. 7%) ergeben, die darauf zurückzuführen sind, daß die Annahme eines konstanten ^{14}C-Anteils in den Organismen zu allen Zeiten nicht korrekt ist.

Bei der *Phosphatmethode* wird der Boden auf Phosphatgehalte neu untersucht, um damit Hinweise auf frühere menschliche Nutzung und die Siedlungsstruktur zu bekommen (s. EIDT 1977).

Die *archäologische Methode* spielt naturgemäß v.a. in der Wüstungsforschung eine besondere Rolle. Ebenfalls zur Altersbestimmung verwendet wird die *Pollenanalyse*.

Bei der Pollenanalyse dienen v.a. in Mooren konservierte Pollenkörner zur Bestimmung der Flora früherer Zeiten bis zurück etwa zur letzten Eiszeit. Die wachsartige Außenschicht bewahrt Pollen unter Luftabschluß vor der Zerstörung, so daß sich anhand der Artenbestimmung per Mikroskop z.B. Aussagen über die Zusammensetzung der Flora früherer Zeiten und die kultivierten Nutzpflanzen machen lassen. Pollenanalysen helfen auch bei der zeitlichen Einordnung bestimmter Bodenschichten und damit der Altersbestimmung von Siedlungen und Kulturböden.

Ortsnamen, Flurnamen und Namen für andere Lokalitäten (Berge, Flüsse etc.) können wichtige Hinweise auf Siedlungsgang, Flurentwicklung, wüstgefallene Siedlungen und Fluren liefern, sind allerdings mit großer Vorsicht zu interpretieren (dazu W. ARNOLD 1875, BACH 1953-56, SCHWARZ 1989, S. 186 ff.). Die siedlungsgeographische Forschung bedient sich der Ortsnamen als Hilfsmittel zur Altersbestimmung von Siedlungen, zur Bestimmung früherer Funktionen, z. B. von Flurteilen oder Siedlungen, zur Ermittlung ethnischer Siedlerschichten und deren Verbreitung, zum Ausbreitungsprozeß von Siedlern bzw. Siedlungen allgemein, zum Nachweis früherer Waldverbreitung (s. HAGGETT 1983, S. 298 ff.) u.v.a.

Die Verwendung der Ortsnamen zur Altersbestimmung basiert darauf, daß bestimmte Ortsnamen bestimmten Entstehungszeiten zuzuordnen sind, wobei jene um so aussagekräftiger sind, je zeitlich begrenzter sie verwendet wurden. Verwendung für die Altersbestimmung, aber auch die ethnische Zuordnung finden dabei v.a. die Endungen von Siedlungsnamen (vgl. dazu die nachstehende Übersichtstabelle).
Selbstverständlich muß immer auf die ursprüngliche Form zurückgegangen, eine spätere Wandlung ausgeschaltet werden. Da eine Altersbestimmung durch Ortsnamen nie ganz sicher ist, sind immer andere Kriterien hinzuziehen.
Die These von der eindeutigen stammesmäßigen Bindung der Ortsnamen W. ARNOLDs (1875) ist allerdings ebenso widerlegt wie die von der stammesmäßigen Bindung von Hof- und Flurformen (z.B. „fränkisches Gehöft", „celtic fields").

Tab. 10: Wichtige Ortsnamenendungen in Mitteleuropa (eig. Entwurf nach BACH 1953/56, FEZER 1974 u.a.).

	Bedeutung und völk. Zuordnung	Raum (Hauptvorkommen)	Jahrhundert[1] (Hauptphasen der Verwendung)
kelto-romanisch	-iacum = -ich, -ig, -ach, -ie, -ey, -ay, -y, -er, -ez, -es -magus = -magen (= Feld) castellum = -kastel portus = -port	romanisches Westdeutschland/ Frankreich romanisches Westdeutschland romanisches Westdeutschland romanisches Westdeutschland	<3. <3. <3. <3. <3.
altgermanisch	-ithi = -ede, -de, -te, -den -lar (= Weide) -mar (= Sumpf) -apa = -epe (= Wasser, Aue) -ah, -aha (= Wasser)	Thüringen bis Geldern südl. Niedersachsen bis Hessen Norddeutschland und Rhein. Schiefer- gebirge Belgien und Holland Westdeutschland bis Hessen Niedersachsen Bergisches Land Bergisches Land	3. 3. 3. 3./4. 5.———8. 8.———10. ———11.———14. 4.———8.
Germanische Land- nahmezeit (3.-5. Jh.)	-ingen, -ungen, -ange (= bei den Angehörigen ders.; in Verbindung mit Personennamen)	Südwestdeutschland (-ingen) Hessen und Südniedersachsen (-ungen) Schweiz Bayern (-ing) Bayern zwischen Isar und Enns Lüneburger Heide Nordfrankreich (-ange) Dänemark, Schweden	3.———7. 3.———7. 4.———11. 4.———9. ———10.———13. ———13.———15. 5.———8. 5.?———7./8.

Siedlungsgenese

Suffix	Gebiet	Jahrhundert
-heim, -um (= -ham in Engl., -hjem in Dänemark) (= Wohnort, Dorf, Gehöft)	in altfränkischen Gebieten	3. — 9.
-ingheim, igheim	alemann.-fränk. Grenze in Württemberg	3. — 7.
-leben, -lev, -løsa (Dänemark, Schweden) (= Erbe des ...)	Dänemark, Südskandinavien	5.? — 7./8.
-stadir (altnord. = Ort, Stätte, auch Handelsplatz), -stedt	Ostschleswig (alt), Thüringen (jünger)	3. — 9.
-stete, -stede, -stad, -statt, -stätt	Schleswig-Holstein (-stedt)	3./4.
	Süddeutschland (-stat, statt)	3.
	Niedersachsen, Nordhessen (-stedt)	3. — 6. — 8.
-(w)ang (= Feld, Garten)	Holstein	3. — 5.
-dorf	Mosel und Kölner Bucht	5. — 8.
	Pfalz	7./8.
	Niedersachsen, Nordhessen	6. — 9.
	Thüringen, Ober- und Mittelfranken	8. — 11.
	Bayern	7. — 10.
	Oberösterreich	9. — 13.
	Niederösterreich, Oberpfalz	9. — 11. — 13.
	östlich der Elbe-Saale-Linie	11. — 13.
	Dänemark (-thorp, -tarp, trup)	
-hausen, -husen, -sen, -huizen	Thüringen, Hessen, Niedersachsen (-husen, -sen), SW-, Süddeutschland (-hausen)	7. — 9. — 10.
-inghausen		
-hofen (= eingehegter Raum)	bes. Süddeutschl., als Burgsiedlung jünger	6. — 8.
	(Nordschweiz), Hochrhein	7. — 10. — 12. — 14.
-inghofen, -ighofen, -ikon		
-furt	Niedersachsen, Nordhessen	6. — 8.
-tun	Niedersachsen, Nordhessen	6. — 8. — 10. — 12. — 14.

1. Ausbauzeit = Merowingischer Ausbau (6.-8. Jh.)

Fortsetzung Tab. 4

Bedeutung und völk. Zuordnung	Raum (Hauptvorkommen)	Jahrhundert[1] (Hauptphasen der Verwendung)
-bur, -beuren, -buren (= kleines Haus)	NW-Deutschland, Thüringen, Hessen, Süddeutschland	7. — 10.
-sel, -selden	Belgien, Westfalen	6. — 9.
-weiler, -weier, -wiler, -wil	Elsaß	7./8.
-wurt, -warf	Baden, Nordschweiz, Württemberg Marschen Nord- und NW-Deutschlands	6. — 8. — 12. 6. — 10.
Zusammensetzungen mit *Völkernamen*. Nach Unterwerfung der Alemannen (Ende 5. Jh.), der Bayern und Thüringer (6. Jh.), planmäßige Umsiedlungen von Sachsen, Wenden, Hessen, Thüringern (Bad Dürkheim), romanischer Bevölkerung = Welschen (Welz-, Wal-, Walch-) z. B. durch die Franken in Merowingischer wie Karolingischer Zeit zur Festigung der Herrschaft; vor allem in Süddeutschland.		7. — 10.
-zimmern (= Gewerbesiedlungen?)		8. — 10.
-stetten (= Verkehrssiedlungen)	Württemberg, bes. Schwäbische Alb	8. — 10.
-wangen	Süddeutschland	8. — 11.
-by (= Bau)	Dänemark und Schweden	8. — 11.
-au, -auel, -chl	Mittelrhein	8. — 13.
-büttel (= Anwesen, Haus)	Bereich der Elbe; bes. Elbmündung	9. — 12.
-borstel, -bostel (= bur-stal: Hausstelle)	Geest und Geestrand; Bremen-Holstein	9. — 13.
-bach	Deutsche Mittelgebirge	10. — 13.
-beck, -beke		10. — 13.
-born	Nord- (älteste Verwendung) bis Süddeutschland und Schweizer Jura	9. — 11.

2. Ausbauzeit = Karolingischer Ausbau = 1. Rodungsperiode (8.–11. Jh.)

Siedlungsgenese

Hochmittelalterliche Rodungsperiode (12.-14. Jh.) = 2. Rodungsperiode

Suffix	Zeitraum (Jh.)	Gebiet
-bronn, -bronnen, -brunnen	8.–11.–14.	Süd- (älteste Verwendung) bis Norddeutschland
-rode, -rade- rath, -ert, -rott	9.–11.–13.	Rhein. und Belg. Tiefland
	10.–14.	Gebirgsland und übriges Norddeutschland
-reut, -rieth, -gereuth, -rüti	9.–14.	Süddeutschland, Schweiz
-sang, -brand, -bränd, -schwand, -schwend	10.–14.	Süddeutschland
-seif, -sief, -siep, -siepe (= Sumpf)	11.–14.	Rheinisches Schiefergebirge
-seich, -siek	11.–14.	Westfalen, Holstein
-seifen (= Bach, Sumpf oder Abbau von erzhaltigem Sand)	12.–14.	
-büll	9.–14.	Friesland
-hau, -gehäu	12.–14.	Erzgebirge bis Bayern
-schneid	12.–14.	Süddeutschland
-bracht, -brecht, -bert, -breth (= aus Allmendwald ausgegliedertes Gelände)	12.–14.	Eifel, Niederrhein
-scheid		
-holz, loh (locus = Wäldchen)	12.–14.	Mittelrhein, Rhein. Schiefergebirge
-hardt, -hart, -hard (Weidewald in Gemeinbesitz)	12.–14.	
-grün (= Grüne Fläche)	12.–14.	
-hagen (durch besondere Rechte ausgez. Reihensiedlung)	9.–12.	Bayern, Oberfranken, Böhmen, Sachsen, Thüringen
-deich, -damm	10.–14.	Niedersachsen
	12.–14.	Westfalen
	10.–14.	Lippe, Mecklenburg
-berg, -burg, -fels, -stein, -eck	11.–15.	Niedersachsen, Schleswig-Holstein, allgemein, besonders Gebirge
Kirchliche Ortsnamen:		
-kirch	8.–9.–12.	Elsaß, später allgemein (Hessen ab 13. Jh.)
-münster (Kloster)	9.–14.	

Fortsetzung Tab. 4

	Bedeutung und völk. Zuordnung	Raum (Hauptvorkommen)	Jahrhundert[1] (Hauptphasen der Verwendung)
Frühneuzeitliche Nachsiedlungen 14.–17. Jh.	-zell (cella)		
	-kloster		10.———14.
	-stift, -kappel, -klaus, allgemein		
	Heiligen- und Sankt-Orte Mönch, Münch, Bisch-, Pfaffen, Pfäff-, Weih- Zusammensetzungen mit „wim, widum" = (Kirchengut) *Genitiv- und Lokativ- bildungen*, z. B. Egloffs usw.)	vor allem in grundherrlichen Rodungs- (-rod gebieten Oberschwabens	11.———14.
	-hof, -haus	Westfalen	
	-mark		
	-kessel, -hag		
	-grund, -leite	(Geländebezeichnungen) vor allem im Gebirge	14.–17.
	-hütte (z. B. Glashütte), -berg (z. B. Kohlberg), -platz (z. B. Aschenplatz)	(Gewerbesiedlungen) vor allem im Gebirge	
Spätsiedlungen des Absolutismus und des jungen Ausbaus	-berg, -gut, -bad, -hall, -koog, -siel, -deich, -moor, -fehn, -feld, -tal, -hof, -holz	(mit Familien- oder Rufnamen im Suffix, häufig Herrschernamen, z. B. Sophien-, Wilhelms-, Ludwigs-)	17.–20.

8.2 Fragestellungen der historisch-genetischen Siedlungsgeographie

8.2.1 Siedlungsgenetische Forschung zur Erklärung der Gegenwart

Siedlungsgenetische Forschung als Mittel zur Erklärung der Gegenwart setzt voraus, daß der Genese ein eigener Erklärungswert zukommt. Nach C. G. HEMPEL (zit. bei MATZAT 1975, S. 66) müssen sich bei einer genetischen Erklärung *„die einzeln aufeinander folgenden Phasen für ihre Funktion durch mehr qualifizieren als durch die Tatsache, daß sie eine zeitliche Abfolge bilden und daß sie alle der letzten Phase vorangehen, die erklärt werden soll ... In einer genetischen Erklärung muß gezeigt werden, wie jedes Stadium zum nächsten führt und durch ein allgemeines Prinzip mit seinem Nachfolger verbunden ist, welches das Auftreten des letzteren wenigstens angemessen wahrscheinlich macht, wenn das erstere gegeben ist".*

Wichtig für die Erklärung der gegenwärtigen Siedlungsstruktur und des gegenwärtigen Siedlungsbildes ist neben der genetischen die *historische* Dimension. Sie erklärt nach LÜBBE (zit. bei MATZAT 1975, S. 72) eine bestimmte Situation bzw. Entwicklung dadurch, daß sie sie als Ergebnis einer nicht mehr handlungsrationalen bzw. kausalen Ereignisfolge oder statistisch erklärbarer Ereignisse deutet. Für die Siedlungsentwicklung sind solche Ereignisse Kriege, Naturkatastrophen usw., die sie entscheidend beeinflussen können. Die historische Erklärung ist für die Deutung der gegenwärtigen Siedlungsstruktur kaum zu unterschätzen, wenn man etwa an die Auswirkungen der Ereignisse der beiden Weltkriege oder der großen Naturkatastrophen der jüngeren Zeit denkt. Ein Beispiel dafür, daß die gegenwärtige Siedlungsstruktur und mit ihr die Wirtschafts- und Sozialstruktur des ländlichen Raumes nur durch Analyse der *historischen* Entwicklung verständlich wird, bietet die Arbeit von I. KOPP (1975).

KOPP geht von zwei heute unterschiedlichen Siedlungs- bzw. Gemeindetypen im Spessart aus, von denen der eine durch kleinstbäuerliche Nebenerwerbsstruktur verbunden mit Pendlertum, dem Fehlen von landwirtschaftlichen Vollerwerbsbetrieben, extremer Besitzzersplitterung und Zelgenwirtschaft bis zur erst sehr spät durchgeführten Flurbereinigung, der andere durch sehr viel größere Nebenerwerbs- und mittelbäuerliche Vollerwerbsbetriebe gekennzeichnet ist. Am Beispiel sozioökonomischer Unterschiede, die sich deutlich im Siedlungsbild niederschlagen, zeigt die Verfasserin, daß die Wurzeln der Unterschiede in der territorialgeschichtlichen Vergangenheit liegen. In den planmäßig angelegten Reihensiedlungen mit hofanschließender Streifeneinödflur erfolgte zunächst als Reaktion auf das mittelalterliche Bevölkerungswachstum Besitzteilung mit Siedlungsverdichtung, da die physischen Bedingungen dies zuließen, ohne die Lebensgrundlage damit zu gefährden (genetische Erklärung). Die territoriale Zersplitterung, die eine religiöse Aufspaltung in evangelische und katholische Siedlungen mit sich brachte, führte dann aber dazu, daß sich ein unterschiedliches Bevölkerungs- und Wirtschaftsverhalten herausbildete (historische Erklärung):

in jenen blieben durch eine Begrenzung der Kinderzahlen tragfähige Größen der landwirtschaftlichen Betriebe erhalten, in diesen führte kontinuierlich starkes Bevölkerungswachstum im 18./19. Jh. zu extremer Besitzzersplitterung, sozialer Not, der Herausbildung neuer Berufe und starkem Pendlertum, Unterschiede, die sich erst in diesem Jahrhundert mit den wirtschaftlichen Möglichkeiten im Rahmen der Industrialisierung und der Entwicklung des Verkehrswesens ausglichen, ohne ganz zu verschwinden.

Das Beispiel macht klar, daß bestimmte Abläufe sich unter bestimmten Bedingungen mit einiger Regelhaftigkeit vollziehen, die durch einmalige historische Ereignisse (hier die Aufspaltung in evangelische und katholische Siedlungen) unterbrochen und in divergierende Richtungen gelenkt werden können.

8.2.2 Historisch-genetische Siedlungsforschung zur Rekonstruktion der Vergangenheit

Anders als die siedlungsgenetische Forschung, die der Erklärung und Herleitung der gegenwärtigen Siedlung dient, hat die historische Siedlungsgeographie allein die Rekonstruktion der Vergangenheit (ggf. der Initialform) zum Ziel. Insbesondere für weiter zurückliegende Zeiten können Siedlungen (oder auch nur ihre Reste) durch die Persistenz ihrer materiellen Gestalt zu einer wichtigen Geschichtsquelle werden, zu einer Quelle für frühere Lebensverhältnisse, Lebensbedingungen und die wirtschaftlichen und sozialen Verhältnisse ihrer Bewohner.

Die Kenntnisse einer vergangenen Siedlung, des Umfanges eines Siedlungsraumes zu einer bestimmten Zeit und seiner Siedlungsstruktur können aber auch wichtig werden etwa für das Verständnis von Literatur aus jener Zeit, die Interpretation schriftlicher historischer Quellen usw.

So zielte etwa das Bemühen der historischen Topographie Griechenlands und Italiens vor allem auf die Auffindung von überlieferten Siedlungen und Lokalitäten, um dadurch ein besseres Verständnis von dem Siedlungs- und Landschaftskontext des von den antiken Autoren geschilderten Geschehens zu gewinnen. Methoden und Arbeitsverfahren zur Rekonstruktion der Vergangenheit sind bei JÄGER (1973, S. 12 ff.) zusammengefaßt.

8.3 Abriß der Entwicklung der ländlichen Siedlungen in Deutschland

Wenn hier als Beispiel für die Genese ländlicher Siedlungen in groben Zügen die Entwicklung der ländlichen Siedlungen in Deutschland dargestellt wird, so deshalb, weil dafür mittlerweile recht gesicherte Kenntnisse vorliegen,

Siedlungsgenese 169

was für große Teile der Alten Welt noch nicht gilt. Als Spiegel der politischen, gesellschaftlichen und wirtschaftlichen Veränderungen in diesem Raum darf die Phasenbildung der Siedlungsentwicklung nicht ohne weiteres auf andere Gebiete (z.b. Griechenland) mit einer anders verlaufenden Entwicklung übertragen werden. Begriffe wie „frühgeschichtlich", „mittelalterlich" etc. müssen jeweils entweder anders definiert oder aber dürfen dort nicht verwendet werden, wenn sie keine falschen Vorstellungen erwecken sollen.

Jede Entwicklungsphase hinterließ ihre spezifischen Spuren in den Siedlungs- und Flurformen. Die nachfolgenden Ausführungen stützen sich v.a. auf BORN 1974.

8.3.1 Ur- und frühgeschichtliche Zeit

Mit dieser ersten Phase wird die etwa 5000 Jahre dauernde Siedlungsgeschichte Mitteleuropas bis zur Völkerwanderungszeit und Landnahme germanischer Stämme aus dem Norden und Osten Europas zusammengefaßt, eine Phase, von der nur wenige bauliche Zeugnisse übrig blieben und kaum irgendwo Siedlungskontinuität nachgewiesen werden konnte.

Bauliche Zeugnisse dieser frühen Phase sind Megalithgräber („Hünengräber"), Reihenfriedhöfe, Spuren von Hausgrundrissen im Boden u.ä., die von Siedlungsarchäologen (u.a. JANKUHN 1969) ausgegraben wurden.

ROBERT GRADMANN entwickelte die von ihm selbst mehrfach korrigierte *Steppenheidetheorie* zur Erklärung der urgeschichtlichen Besiedlung, der ELLENBERG die *Waldweidetheorie* entgegengestellte.

Anders als die Forschungen GRADMANNS zur Rekonstruktion der *Urlandschaft*, also der vom Menschen unberührten Landschaft vor dessen erstem Eingriff, zielten die Forschung von OTTO SCHLÜTER (1952 ff.) auf die Rekonstruktion der *Altlandschaft*, also der Siedlungsräume der frühgeschichtlichen Zeit. Wichtiges Hilfsmittel waren für ihn die Orts-, Flur- und Geländenamen.

Die letzte Phase vor der Landnahmezeit ist im südlichen und westlichen Mitteleuropa durch die *römische Kolonisation* bestimmt, von der sich Spuren auch im ländlichen Raum erhielten (u.a. alte Flureinteilungen, archäologische Reste von Lagern, Limes als Gemarkungsgrenze).

8.3.2 Frühgeschichtliche Landnahmezeit (3./4. – 8./9. Jh.)

Die als *frühgeschichtliche Landnahmezeit* charakterisierte Periode kennzeichnet die Zeit der – wahrscheinlich durch Klimaverschlechterung ausgelösten – Völkerwanderung mit dem Eindringen germanischer Stämme (u.a. Franken und Alemannen) aus dem Norden und Osten und deren Seßhaftwerdung, eine Zeit, die verbunden ist mit dem Untergang des Römischen Reiches. Die Aufgabe des im 1. Jh. n.Chr. unter Domitian begonnenen Obergermanisch-Rätischen Limes Ende des 3. Jh. und der endgültige Abzug der Römer aus Germanien im 4. Jh. mögen als Beginn dieser Phase genommen werden, die Konsolidierung der Besiedlung, die im nordwestlichen und mittleren Deutschland wohl erst im 7. und 8. Jh. erfolgte (BORN 1974, S. 29), als deren Ende. Mit der Neubesiedlung im Zuge der *Völkerwanderung* entstand im westlichen Mitteleuropa ein Grundgerüst von Siedlungen, das das Siedlungsmuster bis heute mitbestimmt.

Bei der Landnahme wurden – verständlicherweise – die aus landwirtschaftlicher Sicht günstigsten Gebiete bevorzugt: die Lößbörden, die Tieflandsbuchten, die leicht bearbeitbaren sandigen Geestrücken und die Gäulandschaften Süddeutschlands. Bevorzugte Siedlungsformen waren Einzelhof und Kleingruppensiedlung, die sich später zu Haufenweilern und Haufendörfern weiterentwickelten, eine Entwicklungsreihe, die auch in anderen Regionen der Erde häufig vorkommt (s. G. SCHWARZ 1989, Sachregister s.v. Einzelhöfe). Forciert wurde die Ausbildung von Gruppensiedlungen durch das Aufkommen der Grundherrschaft und die Ausbildung des sog. *Villikationssystems* in der Karolingerzeit.

Mit Villikation (von lat. vilicus = Verwalter eines Landgutes, villa) werden die Ende des 7. Jh. aufkommenden grundherrschaftlichen Verbände unfreier Bauern bezeichnet mit einem, von einem vilicus (Meier) verwalteten Fronhof als Zentrum. Die zu einem Fronhof gehörenden Betriebe der in unterschiedlichem Umfange unfreien Bauern waren zu Abgaben an den Grundherren und Dienstleistungen auf dem Fronhof und dem zu diesem gehörendem Land (terra salica, Salland) verpflichtet, wofür sie dem Schutz des Grundherren unterstanden.

Das System bewirkte die Stabilisierung der ländlichen Siedlungen, soziale und damit auch bauliche Differenzierung und Ortsnamengebung. Das Ende der Phase, in der sich die fränkische Staatsmacht (Merowinger, Karolinger) immer mehr festigte, ist gekennzeichnet durch teilweise Lenkung der Besiedlung (sog. *fränkische Staatskolonisation*) mit den ersten regelhaften Siedlungsformen seit der Römerzeit (dazu u.a. NITZ 1963). Die planmäßigen Anlagen (Reihensiedlungen mit Streifenfluren) beschränkten sich auf den Bereich von Königshöfen (curtes). Charakteristische Ortsnamensendungen der frühgeschichtlichen Landnahme sind solche auf -heim und -ingen.

8.3.3 Frühmittelalterlicher Landesausbau (8./9. – 12. Jh.)

Die Kräftigung der Staatsmacht im mittleren Europa, die ihren Höhepunkt in der Kaiserkrönung Karls d. Großen in Rom im Jahre 800 findet, geht einher mit wachsender Bevölkerung, die einerseits zur Verdichtung in den altbe-

Siedlungsgenese 171

siedelten Becken- und Gäulandschaften (*Altsiedelland*), andererseits zu neuen Rodungen an den Rändern der Altsiedelgebiete in den niedrigeren Teilen der Gebirge führte. Der Ausbau des Siedlungslandes erfolgte teilweise ungelenkt, teilweise durch den Staat gelenkt. Als Träger des gelenkten Ausbaues fungierten geistliche (Klöster) und weltliche Grundherren. Siedlungsformen der ungelenkten Landnahme waren Einzelhöfe und unregelmäßige Kleingruppensiedlungen, der gelenkten kleine Reihensiedlungen mit hofanschließenden breiten Streifen (z.B. NIEMEIER 1949) oder andere regelmäßige Kleinformen mit Straße oder Platz als zentralem Element und Streifenfluren.

Das starke Anwachsen der Bevölkerung im hohen Mittelalter führte zu einer vom Klima (hochmittelalterliches Klimaoptimum!) begünstigten Zunahme der Rodungstätigkeit in den Waldgebieten sowie zur Neulandgewinnung in den Marschen.

8.3.4 Hoch- und spätmittelalterlicher Landesausbau und Ostkolonisation (12.-14. Jh.)

An der Wende zum Spätmittelalter ab etwa 1200 vollzog sich ein verfassungs- und sozialgeschichtlich äußerst wichtiger Prozeß, der als *Gemeindebildung* bezeichnet wird (dazu BLICKLE 1981, S. 23 ff.). Mit ihr kommt es zur *Dorfbildung* (Verdorfung). *Dorf* und *Gemeinde* sind wechselseitig aufeinander bezogene Institutionen. Wo Streusiedlungen Gemeinden bilden, entstehen dörfliche Zentren als deren Mittelpunkte. Mit der *Verdorfung* ist ein Wandel der Agrarstruktur verbunden, gekennzeichnet durch *Vergetreidung*, d.h. eine Ausweitung des Getreidebaus und damit Vergrößerung der agraren Tragfähigkeiten, was die Herausbildung kleinparzellierter Gewannfluren ebenso förderte wie Verdichtung und Außenwachstum bestehender Siedlungen zu Haufendörfern und die Einführung der *Zelgenwirtschaft*, d.h. einer individual-kollektiven Bewirtschaftung der Flur.

Unter Zelge versteht man die unter Flurzwang gleichartig und gleichzeitig genutzten Teile einer Gemengefeldflur. In der sog. Dreifelder- oder Dreizelgenwirtschaft war die Flur im Idealfall in drei Zelgen unterteilt (so bei der Neuanlage von Siedlungen im Rahmen der Ostkolonisation); es konnten aber auch mehr sein. Neben Dreizelgenwirtschaften gab es Zwei-, Vier- und Mehrzelgenwirtschaften.

Die gleichzeitig erfolgende Ausbildung von *Dorfmarken* (Gemarkungsgrenze) ist ebenso wie die Vergetreidung ein Indiz für knapper werdende Ressourcen aufgrund von Bevölkerungswachstum. Mit Auflösung der Villikationsverfassung und Umwandlung in eine *Rentengrundherrschaft* lockerte sich die Beziehung zwischen Bauer und Grundherr. Das Land gehörte damit noch nicht dem Bauern, aber er konnte jetzt über seine eigene Arbeitskraft und deren Ertrag verfügen. Auch die Verfügbarkeit über die Scholle wuchs: Höfe wurden zu Erbpacht vergeben, es kam zu Erbteilungen. Die Erbsittengebiete bildeten sich in ihren Grundzügen heraus. In den Dörfern setzte eine soziale Differenzierung ein. Die neue Wirtschaftsweise und die veränderten politischen Bedingungen erforderten eine Reglementierung des Zusammenlebens auf Dorf- bzw. Gemeindebene: es mußten Regelungen geschaffen werden und Organe für die Setzung und Einhaltung der Regeln: Gemeindeversammlung, Vertretungsorgane der Versammlung, Schulten, Wächter, Bannwarte etc.

Zu den Regelungen auf Gemeindeebene gehörte der *Flurzwang*. Als Flurzwang wurden die feldgemeinschaftlichen Ordnungen bezeichnet, die rechtliche und tatsächliche Beschränkungen der Flurnutzung beinhalteten und die Parzellenbesitzer zwangen, sich dem von der Dorfgemeinde angenommenen Wirtschaftssystem anzupassen.

Der große Landbedarf machte die Erschließung auch für Landwirtschaft ungünstiger Gebiete notwendig. Dazu gehören die höheren Bereiche der Mittelgebirge und die weiten Buntsandsteinlandschaften im mittleren und südlichen Deutschland sowie feuchte Waldgebiete im Flachland (Oberrheinebene, Mecklenburg). Das besiedelte und kultivierte Land erreichte in dieser Zeit eine Ausdehnung wie später nie wieder. An die Stelle kleiner Planformen traten nun bei der *gelenkten Rodung* große, regelmäßig angelegte lineare Siedlungen und Platzsiedlungen, die mit den Typenbezeichnungen des Straßendorfes, Angerdorfes, Wald- und Hagenhufendorfes belegt wurden. Neben der gelenkten Rodung gab es auch weiterhin ungelenkte Rodungen mit Einzel- und Kleingruppensiedlungen. Den Rodungen entspricht Neulandgewinnung v.a. in den See- und Flußmarschen durch Eindeichungen und Errichtung künstlicher Dämme seit dem 11. Jh., in geringerem Umfang auch in den großen Hoch- und Übergangsmoorgebieten Nordwestdeutschlands durch Moorkultivierung (Moorbrandkultur mit oberflächlicher Trockenlegung der Moore). Die damit entstehenden Reihensiedlungen mit hofanschließenden Streifenfluren werden als Marsch- und Moorhufensiedlungen bezeichnet. 1107 wird mit Vahr bei Bremen von Holländern, die vom Bremer Erzbischof Land zur Kultivierung erhalten hatten, das erste Marschhufendorf angelegt.

Die von GRADMANN (u.a. 1948) geprägten Begriffe *Altsiedelland* und *Jungsiedelland* bezeichnen die strukturellen Unterschiede zwischen den in der Landnahmezeit spontan und den später systematisch und gelenkt besiedelten Gebieten.

Die größte Ausweitung des Kulturlandes verband sich mit der *Ostkolonisation* (auch als deutsche Ostsiedlung, deutsche Ostbewegung und ostdeutsche Siedlung bezeichnet, vgl. dazu Kap. 8.4.4.2). Mit dieser erfolgten seit dem 12. Jh. (frühere Kolonisationsbemühungen waren weitgehend fehlgeschlagen) die Besiedlung sowie die wirtschaftliche und kulturelle Er-

Siedlungsgenese 173

schließung der Gebiete östlich von Elbe, Saale und Böhmerwald, die nach dem durch die Völkerwanderung entstandenen Vakuum von slavischen Stämmen überwiegend nur dünn besiedelt waren. Bereits Jahrhunderte früher waren die Pannonische Mark bis zur Theiß, die bayerische Ostmark und das heutige Kärnten kolonisiert worden (zum Gang der Kolonisation und den Siedlungsformen s. WESTERM. GROSSER ATLAS Z. WELTGESCH., S.74).

In mehreren Phasen zogen Landesherren bzw. weltliche und geistliche Grundherren (eine besondere Rolle spielten dabei die Zisterzienser) Siedler aus dem Westen als bäuerliche Kolonisten, aber auch als Kauf- und Bergleute in das Land. Z.T. warben von den Grundherren beauftragte Lokatoren die Siedler an und leiteten deren Ansiedlung. Diese erfolgte entweder „aus wilder Wurzel", d.h. auf vollkommen neu gerodetem Land oder im Anschluß an eine bereits bestehende slavische Siedlung, deren Gemarkung erweitert wurde. Die Präfixe der Ortsnamen nahe beeinander liegender Orte wie Deutsch- und Wendisch- (Windisch, Welsch-) weisen gelegentlich auf das Nebeneinander deutscher und slavischer Siedlungen hin.

Die mit der Ostkolonisation angelegten Siedlungen weisen zumeist lineare und polare Planformen auf, wie der Rundling mit Riegenschlagflur, Angerdorf und Straßendorf mit Plangewannfluren, und das Waldhufendorf mit hofanschließender Breitstreifenflur, um nur die bekanntesten Beispiele zu nennen (s. WESTERM. GROSSER ATLAS Z. WELTGESCH., S. 76 u. 77).

Die räumliche Differenzierung der Siedlungsformen ergab sich aus dem Zeitpunkt der Besiedlung, den naturräumlichen Gegebenheiten und dem Grad der Erschließung des Landes zu Beginn des kolonisatorischen Ausbaues, sicher auch aus der Person des Trägers der Kolonisation. Die Siedlungsformen in ihrer jeweiligen Verbreitung dürfen nach BORN (1974, S. 60) nicht allein auf sich während der Kolonisation vollziehende *Innovations-* und *Evolutionsprozesse* zurückgeführt werden, sondern auch auf *Übertragung* aus dem Westen, wo die Formen beim Ausbau des Siedlungslandes verwendet wurden bzw. verwendet worden waren.

Den Planformen der ländlichen Siedlungen und Fluren entsprechen Planformen der mit der Ostkolonisation entstandenen Städte, die vom noch keineswegs schematisch wirkenden fiederförmigen Grundrißplan Lübecks bis hin zu so regelmäßigen Formen wie der Krakaus reichen.

8.3.5 Wüstungsperiode (1. Hälfte 14. Jh. bis 2. Hälfte 15. Jh.)

Hungersnöte am Anfang des 14. Jh., v.a. aber Pestepidemien, die in der Mitte des 14. Jh. in Europa wüteten und in einigen Gebieten mehr als die Hälfte der Bevölkerung dahinrafften, bewirkten einen drastischen Bevölkerungsrückgang. Die damit verbundene verminderte Nachfrage nach Getreide löste eine

Agrarkrise aus, die das Interesse an der Landwirtschaft minderte (s. u.a. ABEL 1978). Dazu setzte mit der Erstarkung der Territorialfürstentümer und der territorialen Zersplitterung nach Ende der Stauferzeit eine Welle von Stadtgründungen ein, die der Sicherung und Versorgung der zumeist kleinen Territorien dienen sollten. All dies führte zur Aufgabe von Siedlungen und Fluren (s. WESTERM. GROSSER ATLAS Z. WELTGESCH., S. 77). Nicht immer wurden Siedlungen und Fluren vollständig aufgegeben. SCHARLAU (1956) unterschied deshalb zwischen *partieller* und *totaler Orts-* und *Flurwüstung.* Aufgegeben wurden v.a. Siedlungen und Fluren in ökologischen Randlagen, aber auch im Umkreis von neugegründeten Städten, deren Bewohner mit oder ohne Druck in die Städte zogen (vgl. z.B. JÄKEL 1953). Die Fluren wurden vielfach, wenn auch extensiv, weiterbewirtschaftet. Ruinen und Grundmauern von Kirchen und Häusern, alte unter Wald und Grünland erhaltene Ackerterrassen, Wölbäcker (s. HAGGETT 1983, Abb. S. 302), Lesesteinhaufen und Raine legen Zeugnis ab von wüstgefallenen Siedlungen und Fluren bzw. Flurteilen.

Nicht alle Wüstungen, deren Spuren man unter Wald und anderorts findet, müssen allerdings aus dieser Phase rühren. Auch in früheren und späteren Jahrhunderten wurden Siedlungen und Fluren aufgegeben, weil der Standort falsch gewählt war, die Bevölkerung ausstarb, abwanderte oder vertrieben wurde.

8.3.6 Frühneuzeitliche Aus- und Umbauperiode (2. Hälfte 15. Jh. – 2. Hälfte 17. Jh.)

Erneutes Bevölkerungswachstum ab der 2. Hälfte des 15. Jh. und nachfolgend ein Anstieg der Getreidepreise führten zur Wiederbesiedlung von Ortswüstungen, An- und Eingliederung von Wüstungsfluren in bestehende Fluren, Neurodungen und sozialer Differenzierung in den Dörfern. Letztere wurde verstärkt durch *Gutsbildung* (s.u.).

Die verwendeten Siedlungs- und Flurformen zeichneten sich gegenüber früheren Zeiten durch größere Regelmäßigkeit aus. Das lag nicht nur an der Entwicklung der Vermessungstechnik, sondern auch daran, daß die Landesherren den Ausbau jetzt umfassend mit betreffender Gesetzgebung und der Einrichtung von Katastern kontrollierten; dagegen waren die Lenkungsmaßnahmen im späteren Mittelalter sehr viel geringer. Die von den Grundherren zur Vermehrung der Steuereinnahmen und Wahrung der Wirtschaftskraft der ungeteilten Altbauernbetriebe geförderten Neurodungen erfolgten an den Rändern bestehender Fluren und in den Allmenden, in denen man Nachsiedler (nichterbende Nachkommen von Altbauern, Landlose etc.) ansiedelte. Diese als *Kötter, Kätner, Gärtner* (im Gegensatz zu den *Hufner, Erben, Anspänner* u.ä. genannten Altbauern) bezeichneten Siedler hatten i.d.R. ver-

Siedlungsgenese 175

minderte Gemeinderechte (z.B. betr. Nutzung der Allmende). Mit dem Ausbau durch Kötter veränderte sich die Siedlungsstruktur nachhaltig.

In Nordwestdeutschland siedelten diese v.a. in Einzelhöfen mit von Hecken eingehegten Blockparzellen, die man als Kämpe bezeichnet. In Südwestdeutschland führte die soziale Differenzierung zu einer Verdichtung der Dörfer (s. GREES *1974, 1975), ein Vorgang, der auch in Nordwestdeutschland ab der 2. H. des 16. Jh. mit der Ansiedlung sog. Brinksitzer oder Brinkkötter (Brink = Grasplatz, Dorfanger, oft am Rand gelegen) zu beobachten ist, die im Dorf oder an dessen Rand siedelten und hauptberuflich im Handwerk und anderen nichtlandwirtschaftlichen Berufen arbeiteten. Die ebenfalls in dieser Zeit aufkommende Schicht der Heuerlinge bewirtschaftete bei nur geringem oder fehlendem Eigenbesitz von Altbauern gegen Arbeitsleistung auf dem Altbauernhof gepachtetes Land. Ihre Gebäude lagen meist als kleine Kotten auf den Hofplätzen der Altbauern oder in deren Nähe (dazu* GIESE *1976).*

Neulandgewinnung in den Marschen und Neurodungen in den Gebirgen führten ebenfalls zur Erweiterung des Kulturlandes in dieser Phase. In sie fällt auch eine Neubelebung der Ostkolonisation (sog. *zweite deutsche Ostsiedlung*) mit Anlage von Plansiedlungen im Danziger Werder (Marschhufensiedlungen), der Netzeniederung und der „großen Wildnis" in Ostpreußen.

Das Zurückbleiben der Löhne hinter dem im 16. Jh. erfolgenden Anstieg der Getreidepreise, d.h. Unterbezahlung der Arbeitskräfte, war Voraussetzung für die *Gutsbildung*, die nun massiv in den Gebieten der Ostsiedlung von Ostholstein bis Schlesien, Westpreußen und dem Baltikum einsetzte, aber auch in den Gebieten des mittleren und südlichen Deutschland keineswegs fehlte. Unter *Gutswirtschaft* versteht man einheitlich bewirtschafteten Großgrundbesitz, bei dem Leitung (Gutsherr, Inspektor) und ausführende Arbeit deutlich getrennt sind. Baulicher Ausdruck sind Herrenhaus (Gutshaus, Schloß) und Gutsarbeiterhäuschen sowie große Wirtschaftsgebäude, gelegentlich Torhäuser, Kapellen und andere Gebäude. Land- und forstwirtschaftliche Güter in Staatshand und – früher – Hand des Landesherren werden als *Domänen* bezeichnet. Sie dienten der Erwirtschaftung von Staatseinkünften.

Ausgangsformen in den Gebieten der Ostkolonisation waren v.a. die größeren Hufen der Lokatoren, der Lehensritter (s. LEISTER 1952) sowie die Ländereien, die Adel und Kirche bereits besaßen. Die Ausweitung erfolgte im Sinne eines Selbstverstärkungseffektes, begünstigt durch die steigenden Getreidepreise. Die Möglichkeit des billigen Getreidetransportes per Schiff förderte die Gutsbildung v.a. in Meernähe. Durch das sog. Bauernlegen, d.h. Aufkauf der bäuerlichen Höfe und Vertreibung der Bauern, wandelten sich viele Bauerndörfer in Gutssiedlungen. Ostholstein und Mecklenburg sind Gebiete mit besonders ausgeprägter Gutsbildung. Folgende vier Bedingungen erscheinen als notwendige Voraussetzung für die Entstehung von Gutswirtschaften: Verkehrsgunst für den Export der erzeugten Güter, Kriegszerstörungen, die die traditionellen bäuerlichen Strukturen destabilisieren,

Adelsherrschaft, die das Bauernlegen ermöglicht und schließlich „moderne" Landwirtschaft, wie sie etwa in Form der Koppelwirtschaft betrieben wurde. Der Dreißigjährige Krieg bringt eine gewisse Zäsur in der Siedlungsentwicklung, auch wenn die Auswirkungen auf sie nicht überschätzt werden dürfen. Die Bevölkerungsverluste und die Aufgabe bäuerlicher Ländereien führten zu weiterer Vergrößerung der Güter, die stärkere Bindung der abhängigen Bauern an ihre Ländereien und Dienstpflichten zur *Leibeigenschaft*.

8.3.7 Absolutistischer Landesausbau

In der 2. Hälfte des 17. Jh. beginnend, ist die Phase gekennzeichnet durch umfassende staatliche Lenkung der Entwicklung der ländlichen Kulturlandschaft, der damit v.a. seine Einnahmen erhöhen will. Innerer Ausbau durch Neuordnung der Besitzverhältnisse (u.a. Aufteilung der Allmenden, Nutzungsintensivierung durch Einführung neuer Bodennutzungssysteme, Bewässerungseinrichtungen, Flurbereinigung), Neugestaltung und Erweiterung bestehender Wohnplätze gehören ebenso zu den Maßnahmen wie Neulandgewinnung im Rahmen von *Binnenkolonisation* v.a. in den großen Mooren und Stromniederungen sowie in einigen Mittelgebirgen. Die merkantilistische Wirtschaftspolitik führte zur Spezialisierung in der Landwirtschaft mit entsprechenden Baulichkeiten, zum Eindringen des Manufakturwesens auch in die Dörfer und zur Schaffung technischer Einrichtungen für die ländliche Wirtschaft (Wasserräder, Windmühlen etc.). Es entstehen Waldarbeiter-, Köhler-, Fuhrmanns- und Flößersiedlungen und -siedlungsteile.

Die Gestaltung der ländlichen Siedlungen geschieht ganz nach rationalen Gesichtspunkten. Beispiele sind die Siedlungen der friderizianischen Kolonisation im Oderbruch oder die Schachbrettsiedlungen Maria Theresias im Banat (s. WESTERM. GROSSER ATLAS Z. WELTGESCH., S. 121), weniger spektakuläre etwa die in ebensolchem Muster nach einem Brand wiederaufgebauten Dörfer in Nassau-Dillenburg (vgl. WEBER 1966).

Auch die Anlage von Plansiedlungen (v.a. in Form von Fehnkolonien) in den ausgedehnten Hochmoorgebieten Nordwestdeutschlands gehört dazu (Bsp. Papenburg, s. WESTERM. GROSSER ATLAS Z. WELTGESCH., S. 140). Viele Neugründungen des 18. Jh. sind wegen des geringen Umfanges des zur Neubesiedlung verfügbaren Landes klein.

8.3.8 Französische Revolution und Industriezeitalter

Französische Revolution, durch sie induzierte Bauernbefreiung und Allmendteilungen und die ab Mitte des 19. Jh. verstärkt einsetzende Industrialisierung führten mit den Erfindungen der Agrartechnik und -chemie (u.a. Erfindung des Kunstdüngers durch J.v. LIEBIG um 1840) zu Umwälzungen der Landwirtschaft und der ländlichen Gesellschaft, wie es sie innerhalb so kurzer Zeit vorher nie gegeben hatte.

Die in den deutschen Staaten zwischen 1785 und 1850 erfolgende *Bauernbefreiung* bewirkte, daß aus rechtlich und wirtschaftlich bis dahin von Grundherren abhängigen Bauern eigenverantwortlich handelnde Unternehmer werden konnten. Sie bewirkte allerdings dadurch, daß die Ablösung nicht umsonst erfolgte, auch, daß für viele die Bauernbefreiung eine „Befreiung" von ihrem Land insofern bedeutete, als sie aufgrund von Verschuldung dieses verloren (v.a. an adlige Großgrundbesitzer).

Mit den zu gleicher Zeit unter Leitung staatlicher Kommissionen durchgeführten, teilweise mit Flurbereinigung verbundenen, *Allmendteilungen (Markenteilungen, Gemeinheitsteilungen)* wurden die früher gemeinschaftlich genutzten Marken den unterschiedlichen Nutzungsrechten entsprechend aufgeteilt und in Privateigentum überführt. Kötter und andere soziale Gruppen, die mit den Allmendteilungen ihre wirtschaftliche Grundlage verloren, da sie keine Nutzungsrechte gehabt hatten, gaben ihren Besitz auf, was zusammen mit den technischen Verbesserungen zur Freisetzung zahlreicher Arbeitskräfte führte. Diese suchten – zumal auch die im 18. Jh. verbreitete Heimindustrie als ergänzende Erwerbsquelle in die Krise geriet – zunächst oft durch Auswanderung dem Elend zu entkommen, dann (v.a. nach 1850) durch Abwanderung in die wachsenden Industriezentren.

Die Entstehung von Ballungen bedingte, gefördert durch den Eisenbahnbau, eine verstärkte Marktorientierung der Landwirtschaft (J.H.v. THÜNEN).

Die Anlage von Kornbrennereien, Zuckerfabriken (erste Zuckerfabrik 1802 in Niederschlesien) und Konservenfabriken kennzeichnen die Entwicklung. Da die unterschiedlichen Standortbedingungen jetzt mehr zum Tragen kommen, differenzierte sich die Agrarlandschaft und damit das Bild der Siedlungen: die Nähe oder Ferne zu Märkten wurde wirksamer und beeinflußte die Entwicklungsdynamik der ländlichen Siedlungen. Insgesamt führte die Entwicklung, verstärkt mit dem wirtschaftlichen Aufschwung des Deutschen Reiches nach 1870/71 zu einem bis dahin kaum gekannten Wohlstand in vielen ländlichen Räumen, was sich in vielen Neu-, Um- und Erweiterungsbauten landwirtschaftlicher Gehöfte (der Wohnbauten ebensosehr wie der Wirtschaftsbauten) äußerte (EIYNCK 1987). Erst mit der Allmendteilung und Individualisierung der Wirtschaft bildete sich in Nordwestdeutschland der heute so charakteristische Gegensatz zwischen Offenland und Wald heraus. Die Allmendflächen waren vorher stark verheidet, die Übergänge zwischen Wald und Offenland aufgrund des großen Viehverbisses fließend (s. POTT und HÜPPE 1991).

Durch vom Staat getragene *ländliche Neusiedlung* (= *innere Kolonisation*) wurde das Siedlungsland nicht unerheblich ausgeweitet bzw. verdichtet. Diese Art von Neusiedlung war in Deutschland eng mit der Konsolidierung des Nationalstaates verbunden und sollte diesen stärken („Stärkung des deutschen Elements"). Sie erfolgte deshalb auch insbesondere in den Grenzgebieten, und zwar in Form der *Aufsiedlung von Großgütern*, wie in den ehem. preußischen Provinzen Posen und Westpreußen, oder in Form von *Ödlandkultivierung*, wie im Emsland (s. J. G. SMIT 1986, R. GRAAFEN 1986). Ländliche Neusiedlung gab es in jener Zeit auch in den Nachbarstaaten Deutschlands (H. PENZ, H.-R. EGLI, P. BURGGRAAFF, E. H. PEDERSEN, W. KRINGS, alle 1986).

8.3.9 Die Entwicklung nach dem Zweiten Weltkrieg

Wo genau die Grenze zur vorhergehenden Phase, die sich noch weiter untergliedern ließe, zu ziehen ist, läßt sich schwer entscheiden. Wirksamster Einschnitt ist wohl der Zweite Weltkrieg, obgleich im westlichen Deutschland in vielen ländlichen Räumen die Entwicklung zunächst einmal eher nahtlos an die Vorkriegszeit anknüpft und die rasante Umgestaltung erst in den 60er Jahren beginnt. Das Ende des Zweiten Weltkrieges bringt allerdings die völlige Veränderung der Agrarstruktur und mit ihr der Struktur der ländlichen Räume, ihrer Siedlungen und Fluren in den östlichen Teilen Deutschlands (s. dazu das Bsp. Gröningen in DIERCKE ATLAS 1988, S. 52-53).

Im westlichen Teil Deutschlands ist ein Hauptproblem nach Kriegsende die Ansiedlung von heimatvertriebenen Landwirten. *Bodenreform*, fortgesetzte Moorkultivierung und – wenn auch nicht in gleichem Umfang wie zwischen 1933 und 1945 – fortgesetzte Neulandgewinnung durch Eindeichung (F. W. LÜBKE-KOOG) erbrachten ca. 250000 ha Siedlungsland und etwas mehr als 15000 Neusiedlerstellen. Die Maßnahmen zur Neulandgewinnung und Strukturverbesserung liefen in Schleswig-Holstein unter dem *Programm Nord* und wurden später im Rahmen der *Gemeinschaftsaufgabe „Verbesserung der Agrarstruktur und des Küstenschutzes"* durch den Bund mitgetragen. Kennzeichen der ländlichen Entwicklung im westlichen Teil Deutschlands sind seit den 60er Jahren die *Mechanisierung der Landwirtschaft, Flurbereinigung* und *Dorferneuerung* als Maßnahmen zur Verbesserung der Agrarstruktur und damit Verbesserung der Lebensfähigkeit der landwirtschaftlichen Betriebe, verbunden mit einer anhaltenden Abnahme von landwirtschaftlichen Betrieben und in der Landwirtschaft tätiger Bevölkerung. Verbunden mit dem Bedeutungsverlust der Landwirtschaft wachsen die Aufgaben des ländlichen Raumes für die Städte in anderen Bereichen, so als Freizeit- und Erholungsraum, als Standort aus den Agglomerationen heraus verlagerter Produktion, als Standort für Müllbeseitigung etc.

Die große Mobilität, die Veränderungen in den Anforderungen der Stadt an den ländlichen Raum und die veränderten Arbeitsplatzstrukturen ließen – um eine typische Entwicklungsreihe zu nennen – aus ursprünglichen *Bauerndörfern*, zunächst Dörfer mit teilweiser Wohnfunktion werden, weil ein beträchtlicher Teil der Bevölkerung in Siedlungen mit industriellen Arbeitsplätzen auspendelte (das Bauerndorf wird sozial gesehen ein Arbeiter- und Bauerndorf). Schließlich wurden daraus oft Dörfer mit fast ausschließlicher Wohnfunktion. Andere Dörfer wandelten sich von Bauerndörfern oft schon früh unter dem Druck der Realteilung zu *Arbeiterbauerndörfern* (d.h. Dörfern, in denen die Landwirtschaft überwiegend nur noch nebenerwerblich betrieben wird, während Industrie und Bergbau den Haupterwerbszweig bilden) und später zu *Industriedörfern*.

Sozialbrache wurde in einigen Gebieten zur Begleiterscheinung. Die Bausubstanz paßte sich diesen Veränderungen an, wie etwa die Beispiele des Gestalt- und Funktionswandels eines Bauernhauses in Burladingen/Schwäbisch Alb zwischen 1895 und 1961 (WEINREUTER 1969, HENKEL 1993, S. 192) oder die Entwicklung des Dorfes Anspach zwischen 1910 und 1985 (DIERCKE ATLAS 1988, S. 64) sehr schön zeigen. Im Umkreis der Agglomerationen und größeren Städte findet eine *Zersiedlung* des ländlichen Raumes in großem Umfang statt. In abgelegenen Gebieten stagniert die bauliche Entwicklung, gelegentlich kommt es zu Siedlungsaufgabe, ein Faktum, von dem viele in Europa abseits gelegene, von ihrer physischen Ausstattung her für Landwirtschaft ungünstige Gebiete in starkem Maße betroffen sind, z.B. Gebirgsregionen und Randgebiete in Griechenland, Italien, Skandinavien, Schottland und Irland (dazu u.a. HENKEL 1978).

Mit dem *Funktionswandel* änderten sich Bauformen und Baumaterialien. Nicht nur bei *Funktionswechsel* wurden die Bauformen angepaßt, wie im o.g. Beispiel von WEINREUTER gezeigt, sondern auch bei Anpassung der Funktionen an die modernen Erfordernisse. Die sich verändernde Gestalt alter Höfe zeigt dies ebenso wie diejenige neu errichteter landwirtschaftlicher Höfe etwa im Rahmen von *Aussiedlungen* (dazu ERNST 1967), deren Entstehungszeit man an den Bauformen im Regelfall recht gut ablesen kann (Zuordnung der Funktionsteile zueinander, Silageturm u.a.m.). Statt landschaftsgebundener Baustoffe werden künstliche verwendet, wobei sich auch deren Art wandelt. „Funktionales Bauen" und „internationaler Stil" sind Schlagwörter, mit dem sich die architektonische Entwicklung der ländlichen Siedlungen ebenso wie die der Städte kennzeichnen läßt. Das alles geschieht in den ländlichen Siedlungen Deutschlands auch sub specie „Flurbereinigung" und „Dorferneuerung". Letztere wird bezeichnenderweise als Aufgabe „städtebaulicher" Entwicklung aufgefaßt und so benannt (vgl. dazu Kap. 9).

Auch die meisten Fluren veränderten ihr Gesicht durch radikale Umgestaltungen im Rahmen von *Flurbereinigungen* mit Zusammenlegung und Vergrößerung der Parzellen, Beseitigung von Hecken, Anlage eines Wegenetzes, Kanalisierung der Gewässer etc..

Die Flurbereinigungsgesetze von 1953 und 1976, das Bundesbaugesetz von 1960, das Raumordnungsgesetz und andere Gesetze sowie auf ihnen basierende räumliche Gesamtplanungen (s. Kap. 9.4) beeinflußten maßgeblich die Siedlungsentwicklung der jüngeren Zeit.

Zielte die Dorfgestaltung in den ersten Jahrzehnten nach dem Krieg (bis ca. 1975) zunächst unter dem Zwang veränderter Ansprüche an die Lebens- und Wirtschaftsbedingungen und aufgrund eines kriegsbedingten Nachholbedarfes auf Behebung baulicher Mißstände (Gebäudesanierung und Dorfauflockerung), so trat danach die erhaltende Dorferneuerung in den Vordergrund.

Einbau sanitärer Anlagen, Verbesserung der Beheizung, Belüftung und anderes kennzeichnen die Maßnahmen zur Sanierung bzw. Verbesserung der Häuser. In der Wahl der Baumaterialien (z.B. Glasbausteine), in der Fassaden- und Dachgestaltung wurden solche Maßnahmen oft ohne Rücksicht auf den Stil des Hauses der Mode entsprechend durchgeführt. Der Bau von Gemeinschaftshäusern, Schulen, Kindergärten, Turnhallen und Schwimmbädern (oft noch kurz vor der Gemeindereform durchgeführt, damit man die Folgekosten nicht tragen mußte), Telefonzellen etc., Entkernung, Straßenbau und Asphaltierung, Anlage von Plätzen, Aussiedlung landwirtschaftlicher Betriebe, Anlage eines geradlinigen Wege und Gewässer- bzw. Entwässerungsnetzes (Bäche und Flüsse werden zu Vorflutern degradiert!) sind Kennzeichen der ersten Phase der Dorferneuerung. Sie veränderte die Struktur und das Bild von Siedlung und Flur auf das nachhaltigste.

In der jüngeren Entwicklung („erhaltende Dorferneuerung") stehen Maßnahmen zur Erhaltung des traditionellen Baubestandes und der Natur stärker im Vordergrund, ohne daß dieser in jedem Fall schon hinreichend Berücksichtigung fände. Staatlich geförderte Restaurierung alter Fachwerkbauten, Dorfbrunnen, Pflanzung von Hecken, Renaturierung von Bächen, die zu Vorflutern verkommen waren, etc. sind sichtbarer Ausdruck der zunehmenden Wertschätzung, die das Dorf erfährt (vgl. dazu Kap 9.7).

Der für Deutschland beispielhaft geschilderte Entwicklungsverlauf ist nicht ohne weiteres auf andere Staaten und Regionen übertragbar.

Siedlungsgenese

8.4 Modelle zur Erfassung der Siedlungsentwicklung

8.4.1 Typengenetischer Ansatz

Mit seinem *typengenetischen Ansatz* versucht BORN (1977, bes. S. 83 ff.) allgemeinere Züge der Entwicklung von Orts- und Flurformen in Mitteleuropa zu fassen. Das geschieht auf zwei Wegen: einmal in der gedanklichen Ordnung der Ausgangs- oder Gründungsformen nach dem Reifegrad ihrer Gestaltung, zum anderen in der Darstellung von Formensequenzen, durch Empirie wiederholt ermittelten ähnlichen Entwicklungsabläufen. BORN unterscheidet zwischen *Siedlungsformenreihen,* d. h. Siedlungsformen gleicher Konzeption, aber verschiedener Ausführung oder Gestaltung, wobei sich in der Regel eine Wandlung der Formen mit der Zeit erkennen läßt, und *Siedlungsformensequenzen,* den typischen Stadien der Veränderung einer Ursprungsform (vgl. Abb. 32).

Der typologischen Ordnung der Gründungsformen nach dem „Reifegrad" der Primärform (das gilt vor allem für Planformen) liegt der Gedanke zugrunde, daß sich eine Form sukzessive zu einer *Hochform* oder *Optimalform* entwickelt und entsprechende Ausgestaltung findet, um dann – z. B. unter physisch ungünstigen Bedingungen – zu „verkümmern". *Initialform, Grundform, Hochform, Ergänzungsform, Kümmerform* sind Bezeichnungen für Stadien einer solchen Formenreihe. KRÜGER (1967) zeigte die Entwicklung eines Formtypus beispielhaft an der Entwicklung der Reihensiedlung mit hofanschließender Streifenflur vom Typ des Waldhufendorfes auf.

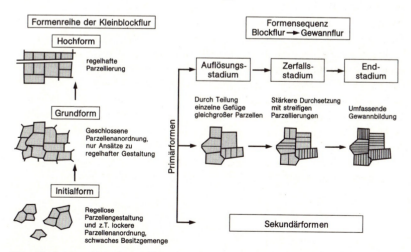

Abb. 32: *Schematische Darstellung von Formenreihen und Formensequenzen in der Flurformenentwicklung (aus: NITZ 1979, S. 204).*

Während sich im Westen Deutschlands in einigen Mittelgebirgen (Schwarzwald, Odenwald, Spessart) sowie im nordwestdeutschen Flachland (vgl. z.B. H. ZSCHOCKE 1963) Vorausformen und Normvarianten des Waldhufendorfes finden, dominieren im zentralen Teil Europas (Erzgebirge, Sudeten und in den niederen Gebirgsteilen der Karpaten) die Hochformen. Die Auflösungsformen gewinnen im Osten an Raum und herrschen im zentralen Teil des Verbreitungsgebietes in den morphologisch und ökologisch für eine Besiedlung ungünstigeren Gebirgsteilen vor. Hier spiegelt sich in der Formenreihe zweifellos auch der zeitliche Verlauf der Ausbreitung (Diffusion) (vgl. KRÜGER 1967, Beilage 4).

Unter *Formensequenz,* der regelhaft auftretenden Umformung einer Initialform und der folgenden Sekundärformen, fällt die immer wieder festgestellte Entwicklung vom Einzelhof oder der kleinen Hofgruppe zum Haufendorf (s. SCHWARZ 1989, Register s.v. Einzelhof und BARTEL 1968). In der Flurformenentwicklung stellt die Entwicklung von einer Blockgemengeflur zu einer kurzstreifigen und kreuzlaufenden Streifengemengeverbandsflur oder von einer Breitstreifeneinödflur zu einer schmalstreifigen Langstreifengemengeverbandsflur eine Formensequenz dar.

Eine solche Typologie ist zunächst nicht mehr als eine Ordnungs- und Orientierungshilfe, um die verschiedenen beobachteten Abläufe überschaubar zu machen. Sie beantwortet noch nicht die Frage nach den Ursachen für eine solche Entwicklung, ermöglicht aber eine prägnantere Formulierung derselben und gibt Ansatzpunkte für eine Erklärung.

8.4.2 Dynamische Modelle

Eine Reihe von Modellen sucht den Entwicklungsprozeß exemplarisch zu erfassen. Dazu gehören das im Kap. Land-Stadt-Beziehungen behandelte *Agglomerationsmodell* und das *Depedenzmodell.*

Auch die in Kap. 6.2.2 behandelten *Diffusionsmodelle* von BYLUND und MORILL sind dynamische Modelle, die den Ausbreitungsprozeß von Siedlungen zu erfassen suchen und damit zugleich die Erklärung für Verteilungen zu einem bestimmten Zeitpunkt liefern.

8.4.3 Siedlungsstruktur und das Modell der Stufen der Gesellschafts- und Wirtschaftsentfaltung

Ein Ansatz, Siedlungsstrukturen und deren Entwicklung allgemein und unabhängig von der jeweiligen regionalen Geschichte zu erklären, ist ihre Abhängigkeit von der Gesellschafts- und Wirtschaftsentfaltung aufzuzeigen (vgl. NITZ 1980).

Die Gesellschafts- und Wirtschaftsentfaltung, wie sie etwa BOBEK (1959) herausarbeitete, umgreift die gesamte wirtschaftliche, politische und soziale Organisation einer Gesellschaft, ihre Lebensform und die Art und Weise, wie diese ihre Bedürfnisse befriedigen kann.

Die Vorstellung einer stufenweisen Fortentwicklung in der Geschichte ist von der Wirklichkeit widerlegt worden; die Geschichte zeigt keine gradlinig aufsteigenden, sondern vielfach zyklische Bewegungsabläufe, die neben Phasen der Weiterentwicklung auch solche des Rückschritts und der Stagnation kennen. Die Stufentheorie wird damit nicht überflüssig. Ihr Wert liegt in der Aufgabe, geschichtliche Wirklichkeit in ihrer Mannigfaltigkeit über abstrahierendes Ordnen auf das Typische zu reduzieren. Wenn der Begriff „Stufe" gebraucht wird, so ist er also nicht im Sinne fortschreitender Entwicklung zu verstehen.

Der Versuch, Siedlungen in ein „Stufenschema" einzugliedern, gehört einer Untersuchungsebene an, die die Siedlungen als Resultate sozioökonomischer Entwicklungsprozesse versteht und deren Ergebnisse in einen größeren historischen Rahmen integriert. Unter den vielen Entwürfen für eine Stufeneinteilung stellt der von BOBEK (1959, S. 263) einen besonders günstigen Ansatzpunkt für eine Untersuchung der Zusammenhänge von Siedlungsstruktur und Gesellschafts- und Wirtschaftsentfaltung dar. BOBEK unterscheidet insgesamt sechs bzw. sieben Stufen:

- die Wildbeuterstufe,
- die Stufe der spezialisierten Sammler, Jäger und Fischer,
- die Stufe des Sippenbauerntums mit dem Seitenzweig des Hirtennomadismus,
- die Stufe der herrschaftlich organisierten Agrargesellschaft,
- die Stufe des älteren Städtewesens und des Rentenkapitalismus,
- die Stufe des produktiven Kapitalismus, der industriellen Gesellschaft und des jüngeren Städtewesens.

Ergänzen müßte man diese Stufen der Gesellschaft- und Wirtschaftsentfaltung heute wohl noch um eine *postkapitalistische* oder *postfordistische Stufe*, wobei eine Abgrenzung zur kapitalistischen nicht einfach ist.

BOBEK nimmt an, daß sich diese Hauptstufen über Vorstufen in mehreren Phasen zur Hochform der jeweiligen Stufe entwickeln. Das bedeutet aber nicht, daß eine Haupt- oder Vorstufe unbedingt aus der vorherigen hervorgehen muß. Das gewaltsame Überstülpen einer neuen Gesellschaftsform und die forcierte Umwandlung einer Gesellschaft z. B. führt zum Überspringen von Stufen, aber auch zum Nebeneinander von zwei Stufen, was die Weiterentwicklung der einen, die Stagnation der anderen bedingen kann. Jedenfalls stellt die Einteilung nur ein grobes Raster dar, das stark verfeinert werden muß, um die jeweiligen realen Verhältnisse adäquat zu erfassen.

Die Bobeksche Stufenlehre unterscheidet sich von der marxistischen weniger, als es auf den ersten Blick scheinen mag.

Die *marxistische Gesellschaftswissenschaft* gliedert unter dem Oberbegriff der ökonomischen Gesellschaft, die historisch konkretisiert als ein einheitlicher, durch die Produktionsweise bestimmter Organismus auf einer bestimmten Entwicklungsstufe begriffen wird, die folgenden Stufen aus:
- Urgesellschaft,
- Sklavenhaltergesellschaft und andere frühe Klassengesellschaften,
- Feudalismus,
- Kapitalismus,
- Kommunismus.

Jede Stufe der Gesellschaftsentwicklung beruht nach der marxistischen Anschauung auf einem bestimmten Entwicklungsstand der Produktivkräfte, dem bestimmte Produktionsverhältnisse entsprechen, die gewissermaßen die Basis der jeweiligen Gesellschaft bilden, über der sich der Überbau der politisch-ideologischen Verhältnisse und Institutionen erhebt. Die Ablösung einer Gesellschaftsform durch eine höhere erfolgt durch Klassenkampf und Revolution.

Die Beziehungen zwischen Produktion und Siedlung werden als dialektische Wechselbeziehungen gesehen, wobei die Siedlungen nicht nur Produkte der gesellschaftlichen Entwicklung sind, sondern ihre Gestalt bzw. Art der Gestaltung ihrerseits die gesellschaftliche Entwicklung beeinflußt (vgl. WEBER und BENTHIEN 1976, S. 113).

Schwierigkeiten bei der Analyse von Siedlungsstrukturen unter dem Aspekt einer dieser Theorien entstehen hauptsächlich aus der begrenzten Zahl von Stufen der Gesellschafts- und Wirtschaftsentfaltung, welche die komplexen, u. U. relativ kurzfristig wandelbaren Siedlungsstrukturen in ihrer Differenziertheit kaum angemessen abzudecken vermögen.

Den von BOBEK ausgegliederten ersten beiden Stufen, der *Wildbeuterstufe* und der *Stufe der spezialsierten Jäger und Sammler* – in der marxistischen Terminologie entspräche diesen Stufen die Stufe der *Urgesellschaft* -, sind einfache Behausungen, die ephemer oder episodisch- temporär bewohnt werden, zuzuweisen (vgl. G. SCHWARZ 1989, S. 62 f.). Heute auf wenige Rückzugsgebiete beschränkt, müssen wir die erste Stufe sozioökonomischer Entwicklung für die ältere Steinzeit auch für unsere Regionen annehmen. Die meist nur kurzfristig und ephemer benutzten Wohnplätze der heute fast ausschließlich auf tropische Wald- und Savannengebiete und die großen borealen Wald- und Tundrengebiete beschränkten Wildbeuter bestehen aus einfachen Grashütten und Zelten. In den kühlen Regionen dienten vielfach auch *Höhlen,* bei den Eskimos *Iglus* als Unterkunft. Die Siedlungen der spezialisierten Jäger, Fischer und Sammler zeichnen sich ebenfalls durch *episodisch-temporäre Siedlungsart* und vielfach, wie früher bei vielen Indianerstämmen Nordamerikas, durch *bodenvage Behausungen* (Zelte) aus.

Soziale Kernzelle des *Sippenbauerntums* ist die Sippe oder Großfamilie, Grundelement der Siedlung das *Großfamiliengehöft.* Gruppensiedlungen, die,

Siedlungsgenese 185

wenn sie mehrere Sippen beherbergen, oft eine deutliche innere Gliederung aufweisen (siehe Abb. 21), herrschen vor, wenn sich auch durchaus Streu- oder Schwarmsiedlung mit dieser Gesellschaftsform verbinden kann (vgl. Abb. 22). Gemeinsame Verteidigung, die die *Sippensiedlungen* oft zu Wehrsiedlungen macht, mag ein wichtiges Motiv für die Gruppensiedlung sein, desgleichen die Kult- und Festgemeinschaft. Als kennzeichnend für die Siedlungsstruktur dieser Gesellschaftsstufe stellt NITZ (1980) die Absonderung in Siedlungskammern heraus. Heute noch weitverbreitet in Afrika und in SO-Asien, finden wir diese Stufe in Mitteleuropa mit Aufkommen des Ackerbaus und bei Seßhaftwerden der Bevölkerung bereits in der Jungsteinzeit.

In den von BOBEK als *herrschaftlich organisierte Agrargesellschaft* und als *älteres Städtewesen und Rentenkapitalismus* bezeichneten Stufen der gesellschaftlichen Entwicklung ist die ländliche Siedlung in den Ackerbaugebieten Mitteleuropas durch die *Hufenverfassung, Herrenhöfe (Fronhöfe)* und die meist kleinen Höfe von Bauern, die von den Herren abhängig, ihnen lehens- oder zinspflichtig sind und Arbeitsleistungen auf den Herrenhöfen zu erbringen haben, des weiteren häufig durch Gemengefeldflur mit *Zelgenwirtschaft* (*Gewannflur*) und *Allmendweide* charakterisiert.

Mit dem Übergang in die Stufe des produktiven *Kapitalismus, der industriellen Gesellschaft* und des *jüngeren Städtewesens* erfolgt ein Umbau der ländlichen Siedlung in Richtung auf eine Anpassung an die neuen wirtschaftlichen und gesellschaftlichen Verhältnisse (vgl. NITZ 1980, S. 97 ff.). Das ist in Europa am frühesten in Oberitalien zu beobachten, wo an die Stelle der Dorfsiedlung mit einer Gemengeflur der *Einzelhof (podere)* in *Halbpacht (mezzadria)* tritt, der sich im Eigentum eines städtischen Unternehmers befindet. Die *Villa*, sommerlicher Zweitwohnsitz städtischer Unternehmer, wird zum Zeichen ihrer Präsenz und Macht auf dem Land. Mit einer von einem Verwalter besetzten *fattoria* (landwirtschaftliches Gut) verbunden, ist sie zugleich organisatorischer Mittelpunkt der von dort aus kontrollierten Wirtschaft der Einzelhöfe. Wie das Land, so sind auch die Städte (Palazzi !) als Sitz der Landeigentümer in ihrem Bild von dieser Gesellschaftsstruktur geprägt (vgl. DÖRRENHAUS 1976). Teilweise verlagert sich der Wirtschafts- und Lebensmittelpunkt der Grundeigentümer dann auch ganz auf das Land, wie in Venetien, wo mit dem Niedergang des Seehandels ab dem 15. Jh. die Villen (z. B. die oft schloßartigen Villen entlang der Brenta) zum ständigen Wohnsitz der Grundeigentümer werden (vgl. BENTMANN/MÜLLER 1971).

In Großbritannien vollzieht sich dieser Wandel mit der *enclosure*. Auch hier weicht die Gruppensiedlung mit streifiger Gemengefeldflur und Zelgenwirtschaft (*openfield system*) der Einzelsiedlung oder zumindest stark reduzierten Dörfern. Das in die Hand von unternehmerischen Grundeigentümern gelangende Land wird nun von wenigen großen Betrieben mit eingehegten blockförmigen Parzellen bewirtschaftet. Die dadurch in den ländlichen Räumen frei werdenden Arbeitskräfte ziehen, wie in Italien, in die Städte und bilden dort eine wichtige Grundlage der städtischen Wirtschaft. In Schleswig-Holstein verbindet sich diese Entwicklung mit den *Verkoppelungen,* in Mecklenburg und Preußen mit einer Vergrößerung und Umgestaltung der *Gutswirtschaft,* vorangetrieben durch die Stein-Hardenbergschen Reformen *(Bauernbefreiung).*

Auch in den skandinavischen Ländern finden wir bereits seit Anfang des 18. Jh. eine radikale Umgestaltung der ländlichen Siedlungen durch Dorfauflösung unter Produktivitätsgesichtspunkten. Die Prozesse laufen im einzelnen in verschiedenen Phasen ab, die als Vor- oder Zwischenstufen innerhalb einer Hauptstufe der Gesellschafts- und Wirtschaftsentfaltung zu interpretieren wären. Sie werden innerhalb eines bestimmten sozioökonomischen Rahmens, der für die gesamte Siedlungsentwicklung entscheidende Bedeutung hat, weiter modifiziert durch spezielle naturräumliche, ideologische, soziale, verkehrstechnische und andere Einflüsse.

Außerordentlich wichtig ist in dieser jüngeren Phase die Lage und Beziehung der ländlichen Siedlung zu den Städten. Aus unterschiedlichen Lagebezügen resultiert eine unterschiedliche Entwicklungsdynamik, die die Siedlungen entscheidend prägt und zur Differenzierung des Siedlungsbildes beiträgt.

Im *Sozialismus* schließlich erfährt die Siedlungsstruktur ebenfalls charakteristische Änderungen, die in der spezifischen Struktur der Gesellschaft und deren Ideologie begründet sind. Das kommt in der Um- und Neugestaltung der Städte ebenso zum Ausdruck wie bei den ländlichen Siedlungen mit der Trennung von Wohn- und Arbeitsstätte (Kollektivgebäude der LPG am Ortsrand), mehrgeschossige, an städtischen orientierte Wohnbauten der in der Landwirtschaft tätigen Bevölkerung und spezifische *Agrostädte* als Mittelpunkte der sozialisierten, großbetrieblichen Landwirtschaft.

An drei Beispielen soll der Zusammenhang zwischen Stufen der Gesellschafts- und Wirtschaftsentfaltung und Siedlungsgestalt näher erläutert werden.

8.4.4 Beispiele für Zusammenhänge von Siedlungsgestaltung und Gesellschafts- und Wirtschaftsentfaltung

8.4.4.1 Die Turmsiedlungen der Mani – Siedlungen einer akephalen, sippenbäuerlichen Gesellschaft

An dem Beispiel der Turmsiedlungen der inneren Mani in Südgriechenland soll dargelegt werden, in welcher Weise die Siedlungsgestalt als Ausdruck der gesellschaftlichen Struktur und Ordnung der sie bewohnenden Menschen

Siedlungsgenese 187

interpretiert werden kann, in welcher Weise also die Behausungsformen und deren Anordnung (Siedlungsform) ausdeutbar sind (vgl. LIENAU 1995a).

Der hier dargestellte Siedlungstyp ist gekennzeichnet durch Wohntürme (pyrgoi), die das Bild beherrschen und den Siedlungen einen sehr wehrhaften Anblick verleihen. Die Türme sind Teil von *sippenbäuerlichen Gehöften*, aus denen die Siedlungen bestehen (vgl. Abb. 33). Die Gehöfte drängen sich meist dicht aneinander, bilden z. T. allerdings deutliche Gruppen in einer Siedlung und machen damit in Verbindung mit diesen Gruppen zugeordneten kleinen Kapellen und Freiflächen die Sippenstruktur der Siedlung sichtbar (Zellenhaufendorf). Der Ortsgrundriß ist unregelmäßig, in der Breite wechselnde Gassen mit platzartigen Erweiterungen durchziehen den Ort.

Die Ortsgrößen sind unterschiedlich: Einzelhöfe und Weiler aus einer kleinen Gruppe von Turmhöfen finden sich ebenso wie Dörfer mit einst vielen hundert Einwohnern. Kleinere Gruppensiedlungen herrschen jedoch vor. Dichte Opuntienhecken umgeben sie häufig als Schutzwall. Das Verhältnis von Anzahl der Türme (Turmhöfe) in den einzelnen Siedlungen zur Gesamtzahl der Höfe wechselt. Insbesondere in der südlichen inneren Mani bestehen die Siedlungen fast nur noch aus Turmhöfen. Die Siedlungen sind heute zu einem großen Teil verlassen und verfallen, waren aber noch bis vor 20 Jahren dicht bewohnt. Die Türme hatten allerdings schon lange, bevor die massive Abwanderung in den letzten Jahrzehnten den endgültigen Siedlungsverfall einleitete, ihre ursprünglichen Funktionen verloren. Zur Erklärung dieser eigenartigen Siedlungsstruktur ist es notwendig, die Verteilung der Turmsiedlungen und die einst herrschende Gesellschaftsstruktur genauer zu betrachten.

Die Turmsiedlungen beschränken sich auf die innere, schwer zugängliche Mani, deren Siedlungsraum eine dem hier bis 1200 m Höhe aufragenden Taygetos vorgelagerte, aus Kalk und Marmor bestehende wenig fruchtbare Terrasse bildet, die zum Meer hin steil abfällt.

Die maniatische Gesellschaft ist bis ins ausgehende 19. Jh. durch eine *Clanstruktur* bestimmt, patrilineale Familienverbände mit starkem innerem Zusammenhalt, die sich in einzelne Haushalte gliedern. Es bestand eine deutliche soziale Hierarchie mit einer Oberschicht, den Nyklianoi, und einer Mittel- und Unterschicht, den Achamnomeroi und Famegioi. Nur die Nyklianoi durften – neben weiteren Sonderrechten, die sie besaßen – Häuser mit Türmen bewohnen. Die Beziehungen der Sippen untereinander wurden durch ungeschriebenes Recht geregelt. *Blutrache* bildete – bis ins 20. Jh. hinein – ein bestimmendes Element der rechtlichen Auseinandersetzung.

Eine staatliche Macht, die für Ordnung und für den Schutz des einzelnen sorgte, fehlte. Die großen Machtzentren des byzantinischen und türkischen Reiches lagen weit entfernt, die lokalen Machtzentren auf dem Peloponnes waren zu schwach, der Zugang zur inneren Mani war zu schwierig und gefährlich, als daß sie eine effektive Kontrolle über das Gebiet hätten ausüben können. Die byzantinische Herrschaft blieb ebenso wie die türkische weitgehend formell. So beruhte der Schutz des einzelnen und die Durchsetzung seiner Ansprüche auf seiner Familie, eine Gesellschaftsstruktur, die wir als *akephal* bezeichnen. Da es eine große Anzahl etwa gleich starker Familien der Oberschicht in der inneren Mani gab, bedeutete dies, daß jede zur Oberschicht gehörende Familie in ihrem Dorf eigene Wehrbauten errichtete. Die Anzahl der Türme in einer Siedlung entsprach so der Anzahl der Nyklianoi-Familien. Sie richteten sich v. a. gegen den Gegner im Inneren und waren erst in zweiter Linie Schutzbauten gegen Überfälle äußerer Feinde.

Bei den für Landwirtschaft, der Lebensgrundlage des größten Teiles der Bevölkerung, äußerst ungünstigen naturräumlichen Verhältnissen war jeder Quadratmeter nutzbaren Landes lebensnotwendig. Verknappung der landwirtschaftlichen Nutzfläche, wie sie mit Zuwanderung von Flüchtlingen aus Kreta nach dem Fall durch die Türken und aufgrund von natürlichem Bevölkerungswachstum seit dem Ende des 17. Jh. eintrat, mußte zu häufigeren Fehden führen. Dies ist denn auch die Zeit, in der die Siedlungen ihr so charakteristisches Aussehen gewannen.

Mit dem Zerfall der gesellschaftlichen Ordnung, die diese Siedlungsgestalt hervorbrachte, – sie setzte wie er mit der Gründung des neu griechischen Staates 1830 ein – verloren die das Bild bestimmenden Türme als deren Zeugnisse ihre Funktion. Heute erfahren sie eine teilweise Revitalisierung als Ferienunterkünfte für abgewanderte Maniaten und für Touristen.

Daß aus ähnlichen gesellschaftlichen Strukturen ähnliche Siedlungsformen resultieren, zeigen etwa die *Kullen* Nordalbaniens, die Dörfer des Swat (vgl. FAUTZ 1963, S. 71), die festungsartigen Großfamilien-Einzelgehöfte des Rif (GROHMANN-KEROUACH 1971, S. 41) oder die aus turmbewehrten Höfen bestehenden Dörfer in Teilen des Kaukasus (s. HOPPE und KORALL, Zeitmagazin 19, 1993). Die turmreichen mittelalterlichen Städte Oberitaliens (z. B. S. Gimignano, Bologna) sind Produkt einer ähnlich gearteten städtischen Gesellschaft (Romeo und Julia!).

Abb. 33: Turmsiedlungen in der Inneren Mani (Peloponnes):
a. Grundriß von Vatheia;
b. Grund- und Aufriß von Turmhöfen;
c. Schema der inneren Differenzierung eines maniatischen Dorfes in der Inneren Mani (aus: LIENAU 1995a). ▶

Siedlungsgenese

a. Grundriß von Vatheia

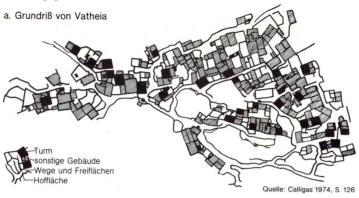

■ Turm
▨ sonstige Gebäude
Wege und Freiflächen
Hoffläche

Quelle: Calligas 1974, S. 126

b. Grund- und Aufriß von Turmhöfen

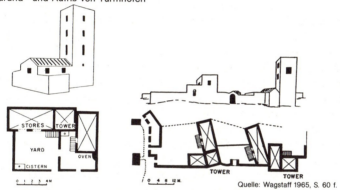

Quelle: Wagstaff 1965, S. 60 f.

c. Schema der inneren Differenzierung eines maniatischen Dorfes der Inneren Mani

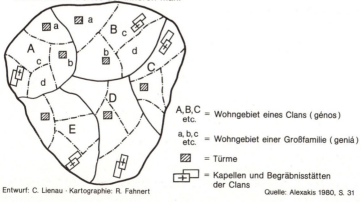

A,B,C etc. = Wohngebiet eines Clans (génos)

a,b,c etc. = Wohngebiet einer Großfamilie (geniá)

▨ = Türme

⌸ = Kapellen und Begräbnisstätten der Clans

Entwurf: C. Lienau · Kartographie: R. Fahnert

Quelle: Alexakis 1980, S. 31

8.4.4.2 Die ländlichen Siedlungen der Ostkolonisation – Siedlungsstruktur einer herrschaftlich organisierten Agrargesellschaft

Ein gutes Beispiel für die Zusammenhänge von Siedlungsgestalt und -struktur mit der gesellschaftlichen Entwicklung stellen auch die mit der Ostkolonisation entstehenden ländlichen Siedlungen und deren Wandlungen dar (zu den Siedlungstypen der Ostkolonisation vgl. die Abb., WESTERM. GROSSER ATLAS Z. WELTGESCH., S. 74-77; zum Text vgl. vor allem KRENZLIN 1952, KÖTZSCHKE 1953, KUHN 1955 und 1973).

Die Siedlungsphasen der mittelalterlichen Ostkolonisation, des frühneuzeitlichen Besiedlungsvorganges im Osten und des absolutistischen östlichen Landesausbaus sind der *Stufe der herrschaftlich organisierten Agrargesellschaft* zuzuordnen. Die Herrschaftsbestimmtheit der ländlichen Siedlungs- und Flurformen östlich von Elbe und Saale findet ihren Ausdruck in deren regelmäßiger Anlage als Resultat planender Beeinflussung, die von Rahmenvorgaben bis hin zu vollkommen planerischer Durchgestaltung reicht. Im einzelnen sind dieser Steuerung folgende Auswirkungen zuzuschreiben:

a) Die Ausbildung von relativ einfach und übersichtlich strukturierten Siedlungs- und Flurformen mit gleichförmig regelhaften bis geometrisch schematischen Grundrißanlagen, welche selbst die gewachsenen slawischen Kleinsiedlungen innerhalb von kurzer Zeit überformten bzw. verdrängten;

b) Die Normung von Siedlungsgrößen: So wurden beispielsweise von den askanischen Markgrafen der östlichen Mark Brandenburg bevorzugt *Hufengewannfluren* mit 64 Hufen angelegt. Ferner ergaben sich Festlegungen auf Zehnerzahlen der Hufen, bei Waldrodungen meist auf 60 Hufen. Mit *Hufengewannflur* werden planmäßig angelegte Gewannfluren (Plangewannfluren, Primärgewannfluren, d.h. nicht durch Teilungsvorgänge aus anderen Vorformen hervorgegangene Streifengemengefluren) mit einer festgelegten Anzahl von Hufen verstanden (zur Klassifizierung s. LIENAU 1978, S. 99 f.). *Hufe* oder *Hube* (lat. mansus) bezeichnet die bäuerliche Hofstätte mit seinem Anteil an Flur und Allmende im Umfang einer Ackernahrung. Sie kann sehr unterschiedlich groß bemessen sein.

c) Eine sehr systematische Fluraufteilung: So umfaßte z. B. die Hufengewannflur der großen Angerdörfer der mittleren Mark Brandenburg drei große regelmäßig unterteilte Gewanne mit einer der Hufenzahl entsprechenden Parzellierung, die fast die gesamte Gemarkung einnahmen und sich direkt den Wohnplätzen anschlossen. An die Großgewannflur angegliedert waren häufig sog. „Beiländer" (wohl Nachrodungen), kleine Gewanne mit sich oft ebenfalls nach der maßgeblichen Hufenzahl richtenden Parzellierungen. Beispiele äußerst systematischer Erschließung sind auch die *regelhaften Gutsfluren* und Fluren der *Liniendörfer* der Frühneuzeit und die *Einplan-*

siedlungen der friderizianischen Kolonisation (u.a. Ansiedlung von Hugenotten), die ein Maximum an Schematisierung der Wohn- und Flurgestalt anstrebten;

d) Die einheitliche Formung ganzer Siedlungsräume und die planerische Zuordnung von Stadt und ländlichen Siedlungen. Landesherrliche Lenkung der Kolonisation führte dabei zur Anlage großer Plansiedlungen und zu weitgehender Prägung größerer Räume durch diese; Kolonisationsbemühungen kleiner Adliger mit begrenzten Herrschaftsbereichen dagegen hatten kleine Plananlagen und ein Nebeneinander vieler verschiedener Planformen auf engem Raum zur Folge.

Bestimmend für die Typenvielfalt der *mittelalterlichen Kolonisation* wurde über das Herrschaftsmoment hinaus eine Vielzahl von Faktoren: so die Art des Siedlungsträgers, die agrare Wirtschaftsform, naturräumliche Gegebenheiten, der Grad bereits vorhandener Erschließung der Kolonisationsgebiete und schließlich der Zeitpunkt der Kolonisation.

Für die westliche und mittlere Mark Brandenburg ist z. B. folgende Abhängigkeit der Siedlungsformen und -größen von den *Siedlungsträgern* nachweisbar: während die *großen Anger-* und *Straßendörfer* mit *planmäßiger Großgewannflur* der mittleren Mark der planenden Leitung der Markgrafen von Brandenburg unterstanden, sind die *kleinen* bis *mittelgroßen Straßendörfer, Sackgassendörfer, Rundlinge* und kleinen lockeren *Weiler* sowie die *Gewannfluren* mit mittelgroßen, meist regelmäßigen Gewannen westlich der Havel-Nuthe-Linie Resultate der vom Bischof von Brandenburg bzw. von adeligen Grundherren durchgeführten Besiedlung.

Neben der Abhängigkeit der Siedlungs- und Flurformen vom Grundherren, der als Siedlungsträger Standort, Größe, rechtliche Stellung der Siedlung und das Parzellierungsprinzip von Wohnplatz und Flur bestimmte, beeinflußte die *agrare Wirtschaftsform* die Siedlungs- und Flurform. Der im mittelalterlichen Ostsiedelgebiet weitaus am häufigsten vertretene Flurformentyp war die *Plangewannflur* aus wenigen großen Streifengemengeverbänden, die oft neben dem Ackerland auch Wald- und Weidegebiete umschlossen. Es war die Flurform der *Dreifelderwirtschaft*. Die Flurgliederung wurde – über grundherrliche und landesherrliche Lenkung, unter Rückgriff auf bekannte Formen, die nun planmäßig vervollkommnet wurden – durch Entsprechung von Gewann- und Zelgenzahl auf die zur damaligen Zeit wohl fortschrittlichste Wirtschaftsform abgestellt.

Naturräumliche Abhängigkeiten der Siedlungsformen lassen sich u.a. bei Waldhufendörfern vermerken. Das aus seiner linearen Anlageform resultierende besondere Anpassungsvermögen an Reliefunterschiede und die mit ihr verbundene Flurverfassung wiesen diese Siedlungsform als besonders für die mitteldeutsche Gebirgsschwelle geeignet aus. Bindungen an bestimmte agrare Nutzungssysteme sind nicht feststellbar. Dafür spielten neben natur-

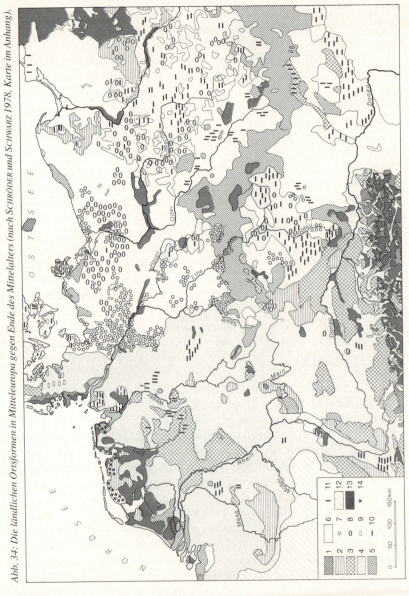

Abb. 34: Die ländlichen Ortsformen in Mitteleuropa gegen Ende des Mittelalters (nach SCHRÖDER und SCHWARZ 1978, Karte im Anhang).

räumlichen Faktoren planerische Gesichtspunkte bei der Flurparzellierung eine bedeutende Rolle, da Siedlungs- und Flurform einerseits die Vorteile der Dorfgemeinschaft gewähren, andererseits Raum zur wirtschaftlichen Eigengestaltung lassen.

Siedlungsgenese

Die Karte Abb. 34 zeigt eine charakteristische Verteilung: Östlich der Elbe/Saale herrschen Planformen, die nach Osten an Planmäßigkeit gewinnen (Gebiete der Ostkolonisation), während im Westen die ungeplanten Formen vorherrschen: im NW und im Alpenraum Einzelsiedlung bzw. Streusiedlung mit kleinen lockeren Gruppensiedlungen, in den anderen Gebieten Gruppensiedlungen mit flächigem Grundriß in unterschiedlicher Größe und Dichte. Nur in den später erschlossenen Mittelgebirgen und Marschen (Jungsiedelland) finden sich im Westen Planformen.
1. Einzelhöfe; 2. Kleine unregelmäßige Gruppensiedlungen (Weiler); 3. Einzelhöfe und kleine, unregelmäßige Gruppensiedlungen in Mischung; 4. Kleine bis große unregelmäßige Gruppensiedlungen in Mischung (Weiler und Haufendörfer); 5. Planmäßige Reihensiedlungen mit hofanschließender Streifeneinödflur (Wald-, Marsch-, Hagenhufensiedlungen); 6. Planmäßig angelegte Platzdörfer, Straßendörfer und andere Planformen; 7. Vorherrschend Rundplatzdörfer bzw. Platzweiler (Rundlinge); 8. Vorherrschend Angerdörfer; 9. Vorherrschend Fortadörfer; 10. Vorherrschend Straßendörfer;11. Planmäßige Reihensiedlungen mit hofanschließender Streifenflur; 12. Gruppensiedlungen mit unbekanntem Grundriß; 13. unbesiedelte oder temporär besiedelte Gebiete; 14. Wurtendörfer

Der *Grad der Erschließung* des Landes zu Beginn des kolonisatorischen Ausbaus wirkte sich ebenfalls auf die Siedlungs- und Flurgestaltung aus: In Grundmoränengebieten mit nur geringer oder fehlender slawischer Besiedlung, in denen eine durchgreifende deutsche Neusiedlung stattfinden konnte, wurden große Anger- und Straßendörfer mit planmäßiger Großgewannflur gegründet. Auf Grundmoränenplatten mit stärkerer slawischer Besiedlung entstanden im Zuge deutschen Siedlungsausbaus in Anknüpfung an vordeutsche Siedlungsstrukturen zunächst Kleinsiedlungen verschiedener Formgebung mit unregelmäßigem Flurformenmuster. Die Nachfolgeentwicklung erbrachte den Übergang zu mittelgroßen Anger- und Straßendörfern mit relativ regelmäßigen, mittelgroßen Gewannen.

Auch die *zeitliche Entwicklung* der Kolonisation (vgl. dazu WESTERMANN GROSSER ATLAS Z. WELTGESCH., S. 74) schlägt sich im Siedlungsbild nieder. Stehen am Anfang kleine Rundplatzdörfer, die Rundlinge, die in ihrer Verbreitung eng an die Altsiedelgebiete des westlichen Mitteleuropa anschließen und sich in schöner Ausprägung z.b. im Hannoverschen Wendland (Kreis Lüchow-Dannenberg) und in Ostholstein finden, sowie andere, nicht sehr regelmäßige Kleinformen, so dominieren in der Hochphase große, sehr regelmäßige Platzformen (Angerdörfer) sowie lineare Siedlungen in der Form von Straßendörfern und Waldhufendörfern. In den jüngsten Phasen der Kolonisation zeigen die Siedlungen dann ganz regelmäßig-schematische Planformen, sowohl mit linearem als auch polarem (Platz) und flächigem Grundriß.

Die Gutsbildung der *frühneuzeitlichen Ausbauphase*, mit der die Ausweitung der politisch-rechtlichen Vormachtstellung des Adels gegenüber den Bauern und der Aufbau einer umfangreichen Getreideproduktion mit großräumigen Exporten nach Westeuropa verbunden war, schlug sich im

Siedlungsbild einerseits in Form von großen Herrenhäusern mit mächtigen Wirtschaftsgebäuden des landwirtschaftlichen Großbetriebes, großzügig angelegten Alleen und Parks nieder, andererseits in mit der Gutswirtschaft verbundenen Kleinstellen der Kossäten, Büdner und Landarbeiter. In der Flur wird die Veränderung sichtbar in einer der Produktion in größeren Dimensionen angepaßten Großblockflur mit großflächigen Nutzungsparzellen.

Die während der zweiten Deutschen Ostsiedlung neu auftretenden Siedlungsformen des Marschhufendorfes und der Hauländereien wiesen als lineare Siedlungen mit hofanschließenden Streifenparzellen der Marschen bzw. der Niederungs- und Waldgebiete eine besondere Anpassung an naturräumliche Bedingungen auf. Die Hauländereien waren darüber hinaus traditions- bzw. ethnisch gebunden: sie wurden von Niederländern in den deutschen Osten übertragen. Das Wort *Hauländerei* stellt eine Mischform aus der für die holländischen Reihendörfer aufgenommenen Bezeichnung „Holländerdorf" und der für Rodungssiedlungen gebräuchlichen Bezeichnung „Hauland" dar (vgl. G. SCHWARZ 1989, S. 209). Es sind kleine Reihendörfer oder auch Einzelhöfe kleinbäuerlicher Struktur mit regelhafter Flurform.

Die Kolonisationsbestrebungen des *absolutistischen Landesausbaus* (18. Jh.) wurden von der merkantilistischen Wirtschaftspolitik des absolutistischen Staates, seinem Peuplierungsstreben und der starken Bestimmung der Staatseinnahmen durch die Landwirtschaft getragen. Die absolutistische Staatskolonisation gab den Neusiedlungen in Entsprechung zum absolutistischen Ideengut und bei einer umfassenden rational-planerischen landesherrlichen Steuerung der Siedlungsentwicklung eine äußerst schematisch-regelhafte, weitestgehend durchformte Prägung, die sich in den sog. Einplansiedlungen, Kolonien, Linien- und Schachbrettdörfern zeigte.

Die Bezeichnung *Kolonie* wurde im Zuge der preußischen Kolonisation zum allgemeinen Begriff für die außerordentlich planmäßig, vielfach von Glaubensflüchtlingen (Hugenotten, Salzburgern) angelegten, kleinbäuerlichen und oft mit Nebengewerbe verbundenen Ansiedlungen. Auch der Terminus *Einplansiedlung* bezieht sich auf Kolonien der friderizianischen Kolonisation, schematischen Reihensiedlungen mit kurzen, relativ breiten hofanschließenden Streifen. Mit *Liniendorf* werden die sehr langen, schematisch linearen Reihensiedlungen mit hofanschließender Streifeneinödflur der preußischen Kolonisation in den Waldgebieten Ost- und Westpreußens, den polnischen Teilungsgebieten und a. O. bezeichnet. *Schachbrettsiedlungen* wurden von der österreichischen Staatskolonisation im Banat verwendet (WESTERMANN GROSSER ATLAS Z. WELTGESCH., S. 121).

Siedlungsgenese 195

8.4.4.3 Ländliche Siedlungen in einem sozialistischen Staat. Das – historische – Beispiel DDR

Für die Entwicklung der ländlichen Siedlungen der DDR war die Umwandlung der markt- und privatwirtschaftlichen Agrarordnung in eine planwirtschaftliche, zentral gelenkte und verwaltete Ordnung (Transformationsphase: 1945-60) und die Festigung derselben (Konsolidierungsphase: ab 1960) maßgebend (vgl. dazu u.a. OGRISSEK 1961, SCHRÖDER 1964, TÖMMEL 1981 und DIERCKE ATLAS 1988, 52/3).

Sie begann 1945 mit der *Bodenreform*. Diese setzte mit der entschädigungslosen Enteignung von 3,3 Mio. ha Land besonders von Großgrund- und Gutsbesitzern ein. Etwa zwei Drittel davon wurden Landarbeitern, Umsiedlern, landarmen und -losen Bauern in Privateigentum übergeben, das zur Verhinderung einer Neubildung privaten Großgrundbesitzes nicht veräußert werden durfte. Die restlichen 1,0 Mio. ha Land wurden zum Aufbau von *Volkseigenen Gütern* (VEG) benutzt. Neben dem Land wurde der gesamte Viehbestand, Geräte und Gebäude an die Bauern vergeben. Maschinen dagegen übernahmen die *Maschinen-Ausleih-Stationen* (MAS), ab 1952/53 verstaatlichte *Maschinen-Traktoren-Stationen* (MTS). Ihnen oblag insbesondere die Verteilung der Produktionsmittel an die Betriebe und deren Beratung in Fragen der Landtechnik. Dies führte zu einschneidenden Veränderungen der Siedlungen und Fluren.

Es entstanden drei Siedlungsformen, denen der Anschluß der Neubauernhöfe an vorhandene Gutsanlagen gemeinsam war: die *Neusiedlerstellen* nahmen Teilflächen des ehemaligen Gutshofes ein und lagen an den Zugangsstraßen zu diesem, schlossen sich kreisförmig um die ehemaligen Gutsgebäude oder bildeten die Verlängerung der zeilenartig angelegten Gutsarbeitersiedlungen. In größeren Gemarkungen entstanden selbständige Neusiedlungen, die, kommunalpolitisch zu einem älteren Dorf gehörend, nicht mit zentralen Funktionen ausgestattet wurden, weswegen sie auch *Nebensiedlungen* hießen. Neue Siedlungselemente ergaben sich weiter durch die VEG und die MAS/MTS-Zentren mit ihren modernen Wohnhäusern, Versorgungseinrichtungen und Wirtschaftskomplexen.

Veränderungen der Flurform betrafen nicht die bäuerlichen Gemarkungen, deren block- und streifenförmige Parzellierung der Flur in Streulage oder als geschlossener Besitz bestehen blieb. Die Großblockfluren der Gutshöfe wurden allerdings (entsprechend der Zielsetzung der Abschaffung feudalen Großgrundbesitzes) zu Streifen- und Blockgemengefluren umgewandelt, wobei die Schläge der Güter und die Feldwege den Rahmen der Neuaufteilung bildeten. Da jedem Bauern ein Teil der zunächst weiter bestehenden Nutzungsartenkomplexe des Gutes zugeteilt werden mußte, konnten die Parzellen weder hofanschließend noch als arrondierter Besitz vergeben werden, wodurch (bei Betriebsgrößen von unter 10 ha,) Nutzungsparzellen von maximal 4-5 ha, zumeist von knapp 1 ha entstanden.

Die Einführung der *Kollektivierung* 1952, die dem wirtschaftlich notwendigen Streben nach Konzentration, Arbeitsteilung und Spezialisierung sowie der gesamtwirtschaftlichen, gesellschaftspolitischen Entwicklung des Sozialismus Rechnung tragen sollte, vollzog sich über die Gründung *Landwirtschaftlicher Produktionsgenossenschaften* (LPG). Insgesamt standen drei durch einen unterschiedlichen Grad an Vergesellschaftung voneinander abgrenzbare LPG-Typen zur Verfügung. Die Typen I und II bildeten dabei Vorstufen zum Typ III, dem Typ der Vollkollektivierung. Gründung und Eintritt in die LPG war jedem Bauern freigestellt, eine Freiheit, die durch materielle und propagandistische Förderung der Kollektivierung und Benachteiligung von Privatbetrieben stark beschränkt war. Bis 1960 waren 92,5% der Landnutzungsfläche der DDR in staatlich-sozialistisches sowie genossenschaftlich-kollektivwirtschaftliches Eigentum überführt. Die Umfunktionierung der in den Anfangsjahren überwiegenden LPG-Typen I und II in LPG des Typs III war 1975 weitestgehend abgeschlossen.

Die Umgestaltung der ländlichen Siedlung während der Kollektivierungsphase zielte auf die Angleichung der Arbeits- und Lebensbedingungen auf dem Lande an die in der Stadt – nach Marx und Engels *das* Endziel sozialistischer Dorfgestaltung – was durch die Industrialisierung der landwirtschaftlichen Produktion und den Aufbau genossenschaftlicher ländlicher Siedlungen erreicht werden sollte.

Hauptmerkmal der neuen ländlichen Siedlung wurde die räumliche Trennung der Funktionen Wohnen und Wirtschaften bei einer Zusammenfassung der Produktion in einem gesonderten Wirtschaftsbereich, der vom Wohngebiet durch Grünzonen und Verkehrswege abgetrennt wurde. Der Wohnbereich erfuhr ggf.eine nach der Größe und Bedeutung der ländlichen Siedlung bemessene Ausstattung mit um einen zentralen Platz angeordneten Gemeinschaftseinrichtungen. Der Wirtschaftsbereich wurde in mehrere bauliche Komplexe der LPG, MTS und evtl. VEG unterteilt (vgl. Abb. 16).

Da die kollektiven Wirtschaftsbauten am Ortsrand oder außerhalb der Siedlungen errichten wurden, ergab sich für die ehemaligen Höfe in den Dörfern kein wirtschaftlicher Anpassungszwang. Sie dienten weiterhin dem Wohnen und etwas privater Landwirtschaft. Das Dorfbild veränderte sich darum gegenüber früher oft nur wenig, zumal das Geld für größere bauliche Veränderungen fehlte, was die Dörfer heute zu einem dankbaren Objekt erhaltender Dorferneuerung macht (s. dazu SCHÄFER 1992).

Durch die rationelle Großflächenbewirtschaftung der LPG wurde die kleinparzellierte Flur durch eine Großblockflur ersetzt, die ihrem äußeren Erscheinungsbild nach der Gutsflur entspricht, der aber ein anderer sozioökonomischer Hintergrund eigen ist. Nach Erreichung der Vollkollektivierung

Siedlungsgenese 197

stellte sich die Aufgabe der Stabilisierung produktionstechnischer, wirtschaftlicher und politischer Verhältnisse auf dem Lande, die durch eine bessere Versorgung der Bevölkerung erreicht werden sollte. Im Zuge dieser Zielsetzung kam es zur Gründung *landwirtschaftlicher Kooperationen*. Fortschreitende Spezialisierung (Kooperationen Pflanzenbau, Tierproduktion spezifischer Produktionsrichtungen) und zwischenbetriebliche Arbeitsteilung (Spezialbetriebe für Hilfsarbeiten der landwirtschaftlichen Produktion, wie Chemisierung) führten zu einer weiteren Vergrößerung der Großblöcke der zu einer Kooperative gehörenden Flur.

Zielobjekte von Maßnahmen zur Verbesserung der Lebensverhältnisse auf dem Lande wurden also nicht alle ländlichen Siedlungen, sondern nur zu Siedlungen mit Zentrumsfunktion umfunktionierte mittelgroße Gruppensiedlungen (1000-2000 E.). Erweiterung und Verbesserung der Infrastruktur erwies sich nur in diesen, nicht in den Kleinstsiedlungen (unter 50 E.) oder kleinen bis mittelgroßen ländlichen Gruppensiedlungen (unter 300 E.) als ökonomisch vertretbar.

Merkmale solcher Siedlungszentren waren ein – nach sozialistischen Vorstellungen – attraktives Ortszentrum, die räumliche Trennung der Funktionen Wohnen, Wirtschaften und Erholen, vielgeschossige Wohnhäuser mit modernen Wohnungen, industriemäßig betriebene Produktionsanlagen der Landwirtschaft und Verarbeitungsstätten und eine gute infrastrukturelle Grundausstattung (z. B. Schulen, Arztpraxen, Sporthallen usw.). Über die Verbesserung der Lebensbedingungen der Bewohner des ländlichen Zentrums und der seines Einzugsbereichs sowie über die Aufgabe von Kleinstsiedlungen, sollte dem Entwicklungsgefälle Stadt-Land entgegengewirkt werden.

Daß Anspruch und Wirklichkeit auseinanderklafften, erwies sich spätestens mit der Wiedervereinigung 1989. Die Änderung des politischen Systems und damit der Gesellschafts- und Wirtschaftsform wird zu starken Veränderungen der ländlichen Siedlungen und ihrer Fluren in der ehemaligen DDR führen.

8.5 Aufgaben und Literatur zur Vertiefung

1. Stellen Sie die für die einzelnen Phasen der Siedlungsentwicklung Deutschlands charakteristischen Siedlungs- und Flurformen zusammen.
2. Interpretieren Sie die Karte Abb. 34 der ländlichen Ortsformen in Mitteleuropa im ausgehenden Mittelalter.
3. Interpretieren Sie die Entwicklung des Dorfes Anspach zwischen 1910 und 1985 (DIERCKE WELTATLAS 1988, S. 64).

Lit.: BOBEK 1959; BORN 1974, 1977; LIENAU 1995a; NITZ 1974, 1984.

9 Raumordnung und Siedlungsplanung im ländlichen Raum

9.1 Ziele der Raumordnung und Siedlungsplanung

Raumordnungsmaßnahmen und Siedlungsplanung zielen im weitesten Sinne auf Verbesserung der Lebensqualität der in einem Raum lebenden Menschen.

Der Begriff *Lebensqualität* – er ist umfassender als der des *Lebensstandards* – beinhaltet neben materiellen auch immaterielle Faktoren. Eine Messung (Quantifizierung) ist darum schwierig. Gleichwohl gibt es die verschiedensten Versuche, Lebensqualität über Merkmale des Gesundheitswesens, des Bildungsangebotes, des Arbeitsplatzangebotes, der Umweltqualität, der Freizeiteinrichtungen u.a.m. zu erfassen, wobei zugleich Maße für die Erreichbarkeit der Einrichtungen festgelegt werden müssen (s. Dezentralitätsindex, Kap. 5.1.3).

Die Bewertung der Lebensqualität eines Raumes oder einer Siedlung durch die Menschen drückt sich in deren Reaktionen auf sie aus, in artikulierter Zufriedenheit oder Unzufriedenheit, in Ab- oder Zuwanderung („Abstimmung mit den Füßen"). Unterschiedliche Lebensqualitäten, genauer: unterschiedlich empfundene Lebensqualitäten können darum auch über Reaktionen erfaßt werden.

Planung heißt gedanklicher Entwurf einer vorgestellten Ordnung, einer gewünschten Struktur und Entwicklung, im Falle von Siedlungsplanung also der Siedlungsstruktur und -entwicklung. Sie beruht dabei auf Leitbildern, die mit der Zeit Wandlungen unterliegen.

Unter *Leitbildern* versteht man die Orientierung bestimmende, Handlungen und Entscheidungen lenkende Vorstellungen. Sie orientieren sich an den gesellschaftlichen Zielen und Grundrechten.

Nach den Dimensionen planerischer Maßnahmen kann zwischen *Makro-*, *Meso-* und *Mikroebene* unterschieden werden.

Siedlungsentwicklung im ländlichen Raum ist engstens verknüpft mit der gesamten Entwicklung des ländlichen Raumes. Alle ihn betreffenden raumordnerischen Maßnahmen betreffen auch die Siedlungsentwicklung. Als *Raumordnung* werden die Maßnahmen des Staates definiert, die darauf abzielen, die räumlichen Bedingungen den Plänen und Zielvorstellungen entsprechend zu verändern (SEIFERT 1986, S. 6). Unter *Siedlungsplanungen* werden alle Fachplanungen verstanden, die sich direkt auf die Siedlungsentwicklung beziehen. Jede Form von Siedlungsplanung ist Bestandteil von Raumplanung (Raumordnungsplanung), auf das Ziel gerichteter Entwürfe, die Raumstruktur so zu verbessern, daß diese den Vorstellungen bzw. Leitbildern entspricht.

9.2 Raumordnung und Siedlungsplanung in der Vergangenheit

Staatliche bzw. landesherrliche Maßnahmen zur Raumordnung und Siedlungsentwicklung gibt es – so modern die Begriffe erscheinen mögen – bereits seit der Antike.

Die Regulierungen der Bewässerung im alten Ägypten sind ebenso dazuzurechnen wie die planmäßige Ansiedlung von aus dem Dienst ausgeschiedenen Soldaten in den durch Eroberung dem Römischen Reich einverleibten Gebieten (s. die *Zenturiatsfluren*, KÜNZLER-BEHNCKE 1961). Auch die planmäßige Besiedlung im Rahmen der Ostkolonisation oder der Kolonisation unter Friedrich d. Gr. etwa im Oderbruch oder Maria Theresias im Banat gehört dazu.

Der *innere Landesausbau* in Deutschland durch bodenreformerische Maßnahmen, durch Melioration und Neulandgewinnung spielte auch später eine sehr wichtige Rolle für die Siedlungsentwicklung, z.B. bei der preußischen Ostmarkenpolitik (Gesetz über die „Beförderung deutscher Ansiedlung in den Provinzen Westpreußen und Posen" von 1886 und die „Beförderung der Errichtung von Rentengütern" von 1891). Bis zum Ersten Weltkrieg entstanden in den genannten Gebieten über 20000 Rentengüter (Siedlerstellen, an denen der Inhaber nur ein bedingtes Eigentumsrecht hat).

Nach dem Ersten Weltkrieg bildete das „Reichssiedlungsgesetz" von 1919 die Grundlage vor allem für die Ansiedlung aus dem Krieg zurückgekehrter Soldaten und die Vergrößerung von Betrieben durch Landzulagen (*Anliegersiedlung*).

Nach dem Zweiten Weltkrieg sollte eine durch die Militärregierungen erlassene Bodenreform, die nach der Betriebsgröße gestaffelte Landabgaben vorsah, die Ansiedlung von Vertriebenen und Flüchtlingen ermöglichen, was nur in beschränktem Umfang erreicht wurde. In der DDR allerdings führte die *Bodenreform* und anschließende *Kollektivierung* zu einer fundamentalen Umgestaltung des ländlichen Raumes und seiner Siedlungen.

Kolonisationsmaßnahmen wurden in der Vergangenheit jedoch auch zu politischen Zwecken eingesetzt. „Volk ohne Raum" oder „Schutz vor Überfremdung" lieferten die Begründung für eine imperialistische Siedlungspolitik. Auch die Einrichtung der Rentengüter in den Provinzen Westpreußen und Posen war v.a. unter politischen Gesichtspunkten (Stärkung des völkischen Elementes) erfolgt.

9.3 Theoretische Grundlagen und Arbeitsweisen der Raumordnung und Siedlungsplanung

Theoretisch fundiert werden Raumordnung und Siedlungsplanung durch *Raumwirtschaftstheorie* und *Raumforschung*.

Die *Raumwirtschaftstheorie* bezieht sich auf die räumliche Verteilung der Produktionsstandorte und des Konsums, der Wohn- und Beschäftigungsstandorte und deren Veränderung (Agglomeration, Deglomeration), die *Raumforschung* auf die Raumanalyse und die zu erwartende Raumentwicklung; zu den Methoden regionaler Analyse und Prognose s. J.H. MÜLLER (1976).

In die Analyse müssen u.a. eingehen:

● die Struktur der Bevölkerung nach allen wichtigen demographischen und sozioökonomischen Merkmalen und ihrer Verteilung nach Gemeinden und Siedlungen;

● die wirtschaftliche Struktur des Raumes nach Art und Umfang des Arbeitsplatzangebotes und ihrer Entwicklung nach Gemeinden und Siedlungen. Ein besonderes Gewicht kommt dabei in den ländlichen Gemeinden der Analyse der Agrarstruktur zu;

● die Bevölkerungsentwicklung nach Gemeinden und Siedlungen und Art und Umfang der Wanderungsströme;

● Art und Umfang der Versorgungs- und Dienstleistungseinrichtungen aller Art, deren Einzugsbereich und deren Erreichbarkeit von den einzelnen Wohnstandorten;

● die bauliche Entwicklung der Siedlungen (die nicht identisch zu sein braucht mit der Bevölkerungsentwicklung!);

● die natürlichen Bedingungen (Boden, Wasser, Klima).

Wichtige Hilfsmittel der Analyse sind *Beobachtung* und *Kartierung*, z.B. die Kartierung von historischen Baudenkmälern und anderen materiellen Zeugnissen der Vergangenheit und deren listenmäßige Erfassung (vgl. Tab. 11), um damit eine Grundlage für die Erhaltung kulturellen Erbes zu schaffen. Eine Kartierung der Häuser (z.B. nach Giebel- und Traufständigkeit, Verwendung spezifischer Baumaterialien, Spezifika der Dach- und Wandgestaltung etc.) vermag wichtige Hinweise zu liefern auf die Entwicklung einer Siedlung und ihre soziale Differenzierung, eine Gebäudenutzungskartierung auf die Siedlungsfunktion und eine innere funktionale Gliederung.

Geht es um Aussagen der Reichweite von Einrichtungen der Siedlung, also Fragen der Zentralität, sind *Befragungen* im Umland wichtig. Die Befragung ist auch sonst in der „angewandten" Siedlungsgeographie ein wichtiges Forschungsmittel, etwa um Meinungen über geplante Maßnahmen zu erfahren, um Entscheidungen zu stützen, um Einflüsse von Bevölkerungsgruppen (z.B. Gastarbeitern) auf die bauliche Entwicklung herauszubekommen usf. Man kann sich dabei *quantitativer* und *qualitativer Verfahren* bedienen.

Mit Hilfe des *semantischen Differentials* (Polaritätsprofils) lassen sich Einstellungen von Personengruppen erforschen, indem anhand von Eigenschaftsdimensionen geprüft wird, welchen Eindruck bestimmte Objekte (z.b. die Art der Bepflanzung eines Platzes) auf die befragte Person machen, um daraus Hinweise für die optimale Siedlungsgestaltung abzuleiten (zum semantischen Differential s. ATTESLANDER 1984, S. 273 ff.).

Mit Hilfe von Statistiken entnommenen oder selbst erhobenen *Strukturkennziffern* (Daten, Variablen) lassen sich Unterschiede zwischen den Siedlungen in Ausstattung, Funktion, etc. bestimmen und z.b. besondere Problemgebiete erkennen. Wichtige *Strukturkennziffern* sind die Beschäftigtenzahlen in den einzelnen Wirtschaftssektoren und innerhalb der Wirtschaftssektoren in den Branchen, Art und Umfang der vorhandenen Arbeitsstätten, Standortquotienten (Anteil der Arbeitsstätten einer bestimmten Art an der Gesamtzahl der Arbeitsstätten oder der Arbeitsstätten einer Branche oder eines Sektors in der Gemeinde im Vergleich mit den Anteilen in der Region), Bevölkerungsaufbau, Erwerbsquote, Pendelwanderung, Bevölkerungsentwicklung und deren Zustandekommen (natürliches Wachstum, Wanderung), Zentralitätsgrad oder auch im Gegenteil das Ausmaß der Zentralitätsferne.

Die Daten, aus denen die Kennziffern gebildet werden, können meist den amtlichen *Gemeindestatistiken* entnommen werden, müssen jedoch, sofern entsprechende Daten fehlen oder veraltet sind, ggf. als Stichprobe selbst erhoben werden. Mit Hilfe einer *Shift-Analyse* läßt sich das wirtschaftliche Wachstum einer Siedlung mit dem der Region vergleichen. Eine Form der siedlungs- oder gemeindebezogenen Zusammenfassung von Strukturdaten ist die *Gemeindetypisierung* (s. S. Kap. 5.5).

Mathematisch-statistische *Prognosemodelle*, in die z.B. die Entwicklung bestimmter Strukturkennziffern in der zurückliegenden Zeit eingeht, sind Hilfsmittel zur Abschätzung der zukünftigen Entwicklung von Siedlungen.

9.4 Organisation der Planung

Raumplanung und Raumordnung können in sehr unterschiedlicher Weise organisiert sein. *Wie* sie im einzelnen organisiert sind, muß für jedes Land ermittelt werden. I.d.R. wird man, wie in Deutschland, das hier als Beispiel dient, die Planung nach sachlichen Bereichen und nach unterschiedlichen Ebenen ordnen können. Es kann unterschieden werden zwischen *Gesamtplanungen* einerseits, *Fachplanungen* andererseits (s. Abb.35).

Aufgabe der *räumlichen Gesamtplanung* ist die Gestaltungsplanung von Raumeinheiten. Das kann das gesamte Deutschland sein, ein Land, eine Region oder eine Gemeinde. Damit sind zugleich Planungsebenen und Planungsträger bezeichnet.

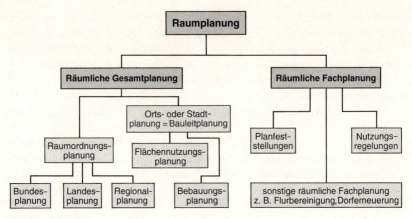

Quelle: Peine 1987

Abb. 35: *Raumplanung und ihre Teilbereiche.*

Verantwortlich für Planungen auf Bundesebene ist das *Bundesministerium für Raumordnung und Städtebau*, auf Landesebene die Landesministerien, auf Regionalebene der Regierungspräsident, Kreise oder Landschaftsverbände, auf lokaler Ebene schließlich die Stadt- oder Gemeinderäte. Die Aufgabe der *Raumordnungsplanung* bezieht sich auf Räume jenseits der Ortsebene, die sog. *städtebauliche Planung* – der Name ist irreführend, da sie auch die nichtstädtischen Siedlungen einbezieht – auf die lokale Ebene. Die *Raumordnungsplanung* ist relativ allgemein und besitzt mehr Richtliniencharakter mit unmittelbar rechtlichen Bindungen v.a. für die Träger öffentlicher Verwaltungen. Mit seiner *Rahmenkompetenz* gibt der Staat die Ziele der Raumordnung vor, deren Konkretisierung und Durchführung bei den Ländern und Regionen liegt. Die *„städtebauliche"* Planung regelt die Nutzung von Grund und Boden *parzellenscharf* und damit auch Rechte und Pflichten des Grundeigentümers.

Die *rechtlichen Regelungen* finden sich, soweit es die gesamte Republik betrifft, im *Bundesraumordnungsgesetz* (BROG). Die Landesregelungen sind einerseits im BROG, andererseits in den *Landesplanungsgesetzen* (LPlG) normiert, in denen auch die Regionalplanung geregelt ist, während die städtebauliche Planung durch das *Baugesetzbuch* (BauGB) geregelt wird.

Zu den raumrelevanten *Fachplanungen* und darauf basierenden raumgestalterischen Maßnahmen gehören Straßenbau, Wasserwirtschaft, Landschaftsplanung, *Dorferneuerung* und *Flurbereinigung*. Sie können als Fachplanungen und -durchführungen, aber auch ausdrücklich als gemeinsame Planungsmaßnahmen von Bund, Ländern, Regionen (Regierungsbezirken, Landschaftsverbänden, Kreisverbänden etc.) und Kommunen geregelt sein.

Raumordnung und Siedlungsplanung im ländlichen Raum 203

Die Fachplanungen lassen sich untergliedern in *Planfeststellungen*, die die Aufstellung verbindlicher Pläne für den Bau von Straßen etc. betreffen, *Nutzungsregelungen* für eingeschränkte Bodennutzung von Militäranlagen, Naturschutzgebieten o.ä. und *sonstige Planungen*, unter die auch die siedlungsgeographisch wichtigen Planungen zur Flurbereinigung und Dorferneuerung gehören.

Instrumente für die Realisierung von Raumordnungsplanung und städtebauliche Planung sind das *Bundesraumordnungsprogramm* (BROP), die *Landesplanungsprogramme* und *Flächennutzungs-* und *Bebauungspläne* (dazu genauer PEINE 1987, S. 14 ff.). Voraussetzung für jede Planung sind verläßliche *Entwicklungsprognosen*. Sie ihrerseits fußen auf einer problembezogenen *Regionalanalyse*.

9.5 Siedlungsplanung auf Makroebene: Raumordnung und Landesplanung

9.5.1 Begriffe, Leitvorstellungen

Zur *Makroebene* werden alle Maßnahmen gerechnet, die sich auf überörtlicher Ebene abspielen. Sie reichen von siedlungsbezogenen Gesetzen und Maßnahmen der Raumordnung, die das gesamte Staatsgebiet oder doch größere Einheiten von diesem betreffen, bis hin zu staatlichen oder überstaatlichen Kolonisationsvorhaben.

Siedlungsbezogene raumordnerische Maßnahmen wird man dabei erst dann der Siedlungsplanung zurechnen können, wenn sie speziell auf die Veränderung der Siedlungsstruktur gerichtet sind. Das heißt z.B., daß eine Erhöhung der Kilometerpauschale erst dann als siedlungsplanerische Maßnahme gewertet werden kann, wenn sie ausschließlich oder überwiegend dem Zweck dient, die Siedlungsentwicklung in agglomerationsfernen ländlichen Räumen zu stützen.

Unter *Raumordnung* (vgl. dazu B. E. 18, 19. Aufl. 1992, s.v. Raumordnung, Raumordnungspolitik) wird fachübergreifendes staatliches Handeln zur Verbesserung der räumlichen Struktur verstanden, z.B. hinsichtlich der Ausstattung mit zentralörtlichen Einrichtungen, der technischen und sozialen Infrastruktur, der Wohnqualität oder der Quantität und Qualität der Arbeitsplätze. Der Begriff wird häufig mit dem Begriff *Landesplanung* gekoppelt, womit die Zusammengehörigkeit von planerischen Maßnahmen und deren Durchführung zum Ausdruck gebracht wird. Der Begriff *Raumplanung* wird meist in weiterem Sinn als räumliche Planung der öffentlichen Hand auf *allen* Ebenen verstanden.

Leitvorstellungen (= Leitbilder) und *Grundsätze* der Raumordnung sind für Deutschland im *Bundesraumordnungsgesetz* vom 8.4.1965 festgelegt. Sie orientieren sich an den allgemeinen gesellschaftlichen Zielen und Grundrechten und unterliegen mit der Zeit Wandlungen.

Zu den *Leitvorstellungen* in den westlichen Demokratien gehören:
• freie Entfaltung der Persönlichkeit, freie Standort- und Berufswahl;
• Gleichwertigkeit der Lebensbedingungen in allen Teilräumen Deutschlands;
• Schutz, Pflege und Entwicklung der natürlichen Lebensgrundlagen;
• ausgewogene Raumstruktur mit Verdichtungsräumen und ländlichen Räumen.

Damit wird es zur Aufgabe der Raumordnung und Landesplanung dieser Staaten, bestehende *räumliche Disparitäten* zu verringern, dafür zu sorgen, daß die Lebensbedingungen von den Menschen in den verschiedenen Räumen als gleichwertig empfunden werden.

Für die ländliche Siedlungsentwicklung heißt dieses:
• Erhalt der Lebensfähigkeit der ländlichen Siedlungen auch in peripheren Räumen;
• Berücksichtigung der Ökologie bei der Siedlungsentwicklung.

Für die Verbindung von Stadt und Land bedeutet dies auch Schaffung eines ausreichenden Verkehrsnetzes; es bedeutet nicht die Angleichung bzw. den Ausgleich von Stadt und Land in Infrastrukturausstattung, Arbeits- und Wohnverhältnissen, wie es als Leitbild nach Marx in den sozialistischen Staaten vertreten wurde. Für die flächenhafte Verfingerung von städtischem und ländlichem Raum hatte MOEWES (1980, S. 442 ff.) das Leitbild des *Stadt-Land-Verbundes* entwickelt.

9.5.2 Ordnungskonzepte und Instrumente der Siedlungsentwicklung auf Makroebene

Unterschiedliche Förder- bzw. Ordnungskonzepte zur Lenkung der Siedlungsentwicklung (= Instrumente der Siedlungsstrukturpolitik) sind (vgl. GÜSSEFELDT 1980; MAIER 1994, S. 243):
• Schaffung abgestufter *Hierarchien zentraler Orte* und deren *Vernetzung* sowie von Funktionsbereichen auch in dezentraler Lage, die die zur Versorgung der Bevölkerung notwendigen Einrichtungen bereitstellen;
• Koordination der Raum- und Siedlungsentwicklung durch *Achsensysteme* (nicht identisch mit Bandstädten!), die als Leitschienen für die Ausbreitung von Agglomerationsvorteilen in den ländlichen Raum dienen (sollen).

Diese Konzepte bzw. Instrumente sind Teile des Instrumentariums zur Steuerung der räumlichen Entwicklung insgesamt. Ob dabei bestimmte

Raumordnung und Siedlungsplanung im ländlichen Raum

Regionen *vorrangig* durch spezielle staatliche Maßnahmen (z.B. Investitionen) gefördert werden sollen oder ob man Disparitätenausgleich besser durch die Förderung *endogener Potentiale* erreicht, ist umstritten; es spricht jedoch manches für letzteres (STRÄTER 1984).

Die Förderkonzepte sind den räumlichen Strukturen und Rahmenbedingungen anzupassen, die heute in Deutschland und im westlichen Europa u.a. durch folgende Merkmale und Trends gekennzeichnet sind (vgl. MAIER 1994, S. 241 f.):

- zunehmende Bedeutung der natürlichen Umwelt und damit von deren Schutz;
- steigendes Bedürfnis nach qualitativ hochwertigem und genügendem Wohnraum in Eigentum;
- sich beschleunigender landwirtschaftlicher Strukturwandel und dessen Folgen für die Siedlungsstruktur;
- wachsende Ansprüche der Städte an die ländlichen Räume als Wohnraum, als Erholungs- und Freizeitraum, als Ressource für Wasser- und Lufterneuerung, als Verkehrsraum, als Standort für Abfallbeseitigung und anderes.

Die ländlichen Räume und ihre Siedlungen sind dabei in unterschiedlicher Weise betroffen, die Instrumentarien darum unterschiedlich anzuwenden und wirksam, je nachdem, ob es sich z.B. handelt um (vgl. GÖB et al. 1974, S. 4):

- agglomerationsnahe ländliche Räume,
- ländliche Räume mit hinreichender zentralörtlicher Ausstattung,
- agglomerationsferne (periphere), zentralörtlich und infrastrukturell unzureichend ausgestattete Räume (Abseits-, Passivräume).

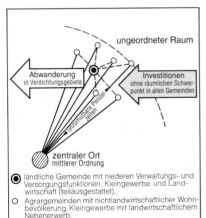 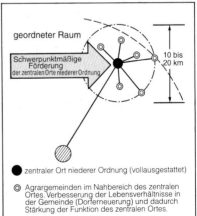

Abb. 36: *Ordnung und Förderung im ländlichen Raum. Die Auswirkungen schwerpunktmäßiger Förderung (GÜSSEFELDT 1980 und HÜBLER 1965).*

Zweifellos sind Konzepte wie die oben beschriebenen nicht ohne weiteres auf andere Staaten, Regionen oder Gesellschaften übertragbar. Dünn besiedelte Entwicklungsländer mit anders ausgebildeten Siedlungsnetzen, als sie z.B. in Deutschland bestehen, erfordern andere Entwicklungskonzepte.

Zu raumordnerischen Maßnahmen auf Makroebene gehören alle staatlichen zur *Schaffung von Siedlungen und Wirtschaftsflächen*. Der Zwang dazu ergibt sich überall dort, wo einer wachsenden Bevölkerung Möglichkeiten zum Erwerb ihres Lebensunterhaltes geschaffen werden müssen. Der Bevölkerungsdruck kann dabei aus starkem natürlichem Bevölkerungswachstum oder/und aus Zuwanderung (z. B. Flüchtlingsströmen) resultieren.

Alle privaten und öffentlichen Maßnahmen, die auf Ansiedlung von Bevölkerung gerichtet sind, werden unter dem Oberbegriff des *Siedlungswesens* zusammengefaßt. Sofern sie den ländlichen Bereich betreffen, wird von *ländlicher Siedlung* oder *innerer Kolonisation* gesprochen. Der Terminus *ländliche Siedlung* wird hier also in anderem Sinne gebraucht als er in Kap. 1 definiert wurde.

Innere Kolonisation oder ländliche Siedlung war in früheren Jahrhunderten vorrangiges Ziel der Landesentwicklung und des Landesausbaus. Die Erschließung von Land für neue Siedlerstellen geschieht einerseits durch *Melioration* von bislang nicht nutzbarem Land (Moore, Niederungen, Heide) und *Neulandgewinnung* (durch Eindeichung, Trockenlegung), andererseits durch Maßnahmen der *Bodenreform* in Form von Aufteilung von Großbesitz oder allgemeiner einer *Neuordnung der Besitzverhältnisse*.

Maßnahmen der inneren Kolonisation sind in den meisten europäischen Staaten mit dem Schrumpfen der noch erschließbaren Flächen zurückgetreten hinter Maßnahmen zur Strukturverbesserung der ländlichen Räume, spielen aber bis in die jüngste Vergangenheit eine Rolle. Erst die agrare Überproduktion im Gefolge der EG/EU-Agrarpolitik und der Zwang, die Landbewirtschaftung zu reduzieren, führten zu deren Ende.

Die ländliche Neusiedlung im westlichen Mitteleuropa vom Ende des 19. Jh. bis zur Gegenwart wird in mehreren Beiträgen in der *„Erdkunde"* 40, 1986, resümiert (s. KRINGS 1986).

Abb. 37 zeigt die Siedlungsplanung im zwischen 1937 und 1942 dem Meer abgerungenen Nordostpolder im Ijsselmeer in den Niederlanden (vgl. K. MEYER 1964, S. 148).

Raumordnung und Siedlungsplanung im ländlichen Raum

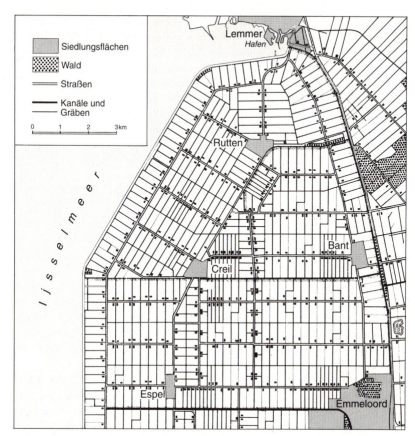

Abb. 37: *Besiedlungsplan des Nordostpolders in den Niederlanden (nach K. MEYER 1964, S. 148, ergänzt und teilweise korrigiert nach Topografische Kaart van Nederland 1:25000, Bl. 15H, 15F, 16C, 20F, uitgave 1994).*

Um ein zentrales Dorf mit meist weniger als 2000 E. (geplant waren ca. 3000 E.) gruppieren sich die bis 25 ha großen Höfe in einer Entfernung bis zu 5 km vom Dorf (Gemarkungsgröße ca. 4000 ha). Die Höfe liegen zumeist randlich versetzt auf ihren Hofgrundstücken, was die Infrastrukturversorgung erleichtert. Aufgrund der steigenden Mechanisierung und Motorisierung erwiesen sich die Einzugsbereiche der Dörfer als zu klein, so daß für die 1950-1968 eingedeichten Flevolandpolder ein sehr viel größerer Einzugsbereich der zentralen Dörfer bei entsprechend besserer Ausstattung dieser unteren zentralen Orte geplant wurde. Im Siedlungsplan ist eine deutliche hierarchische Struktur erkennbar (dazu BURGGRAAFF 1986).

Eine ähnliche, noch schematischer seinem Wabenmuster folgende Siedlungsstruktur hatte bereits CHRISTALLER (1940) im Rahmen des Emslandplanes für die zu besiedelnden meliorierten Flächen im Bourtanger Moor entworfen: Um ein Hauptdorf, für dessen Ausstattung er genaue Richtlinien gab, sollte jeweils ein Kranz von sechs Dörfern in einem Abstand von 2 km zum Hauptdorf gelegt werden (GRAAFEN 1986, S. 180 f.).

9.6 Raumordnung und Siedlungsplanung auf Mesoebene

Siedlungsplanung auf der Mesoebene (= Regionsebene) geschieht v.a. im Rahmen der *Regionalplanung*. Sie ist das Bindeglied zwischen großräumiger Planung auf staatlicher Ebene und kleinräumiger kommunaler Planung.

Unter *Regionalplanung* (s. B.E. 18, 19. Aufl. 1992, s.v. Regionalplanung) wird das Aufstellen von Plänen und Programmen zur räumlichen Ordnung größerer staatlicher Teilräume (Kreise, Planungsregionen, Regierungsbezirke etc.) verstanden, die über die *kommunalen Bauleitpläne* hinausgehen. Die Regionalplanung kann einerseits durch regionale Planungsgemeinschaften, die sich durch Zusammenschlüsse von Gemeinden und Gemeindeverbänden gebildet haben, geschehen, oder aber letztere sind an staatlichen Planungen in einem förmlichen Verfahren zu beteiligen.

In vielen Verdichtungsgebieten Deutschlands haben sich rings um die Kernstädte besondere Verbände gebildet, die nicht nur mit Planungs-, sondern auch Durchführungsaufgaben betraut sind, wie der Umlandverband Frankfurt a.M. oder der Kommunalverband Ruhrgebiet (E. MEYNEN (Hg.), 1985, s.v. Regionalplanung)

Auf die Entwicklung ländlicher Siedlungen bezogene Maßnahmen sind u.a.

- Ausbau des Verkehrswegenetzes;
- regionale Maßnahmen zur Verbesserung des Arbeitsplatzangebotes in kleineren Siedlungen;
- Planungen zur touristischen Entwicklung;
- Verbesserung der technischen und sozialen Infrastruktur in ländlichen Räumen.

Es geht auf dieser Ebene (s. dazu MAIER 1994, S. 244) aber auch um Entwicklung von Strategien der Stadt- und Dorferneuerung, z.B. Erhaltung oder Wiederherstellung alter Dorfkerne, Nutzung funktionslos gewordener Gebäudesubstanz, Verkehrsberuhigung oder Verbesserung der Wohnsituation. Instrumente dafür sind (ggf. als Teilbereiche des Regionalplanes und unter Beachtung ökologischer und landschaftsplanerischer Belange) u.a.:

- gemeindeübergreifende Konzepte für die Siedlungsentwicklung und gemeindeübergreifendes Management bei der Durchführung der Konzepte;
- Ausweisung größerer zusammenhängender Flächen für Wohnen und Gewerbe;
- Ausweisung von Vorrangflächen für die Siedlungsentwicklung.

Wenn die in der BRDeutschland zwischen 1967 und 1978 durchgeführte *kommunale Gebietsreform* (auch: *Gemeindegebietsreform*) zu den Maßnahmen auf Mesoebene gerechnet wird, so weil diese Verwaltungsreform in den einzelnen Bundesländern in sehr unterschiedlicher Art und Intensität durchgeführt wurde.

Raumordnung und Siedlungsplanung im ländlichen Raum 209

Abb. 38: Gedenkstein zur Erinnerung an die Gemeinde Leutstetten bei München, die mit der Gemeindegebietsreform ihre Eigenständigkeit verlor (nach eig. Foto gezeichnet).

Ziel der Reform war es, durch Gemeindezusammenlegung (s. Abb. 38) und Konzentration der Verwaltungen deren Leistungsfähigkeit zu erhöhen und damit den gestiegenen Anforderungen gewachsen zu machen. Die Leistungssteigerung erwartete man durch mehr spezialisiertes, hauptamtliches Personal, Rationalisierung und Einsatz von technischen Hilfsmitteln, die finanziell v.a. von den kleinen Gemeinden nicht hätten getragen bzw. aufgebracht werden können. Weder die Gesetzgebung der Länder noch die Rechtsprechung zur kommunalen Gebietsreform läßt ein einheitliches und vollständiges Zielsystem erkennen (B.E. 19. Aufl., 1990, S. 206). Der Zusammenschluß erfolgte grundsätzlich freiwillig, wurde aber in vielen Fällen nur unter massivem Druck und unter Mißachtung historischer Tradition erreicht. Insgesamt sank mit der kommunalen Gebietsreform die Zahl der kreisangehörigen Gemeinden in der alten Bundesrepublik von 24371 (1960) auf 8505.

Folge der Reform ist eine Konzentration von Verwaltungseinrichtungen auf Kern- und Mittelpunktsiedlungen, was den Verlust dieser Einrichtungen in Wohnnähe für viele Menschen und verlängerte Wege zu ihnen bedeutet. Folge ist auch eine drastische Verringerung ehrenamtlich tätiger Kommunalpolitiker, was dazu führte, daß viele Siedlungen in den Gemeindeparlamenten nicht mehr vertreten sind. Die Abqualifizierung der Dörfer zu „Ortsteilen" (was terminologisch falsch ist), z.T. verbunden mit Namensverlust, bewirkte

Identitätsverlust, bisweilen aber auch erfolgreiche Proteste der Betroffenen. Für letzteres ist „Lahn" ein Beispiel, jener unter dem Namen des Flusses 1977 getätigte und kurz danach (1979) wieder aufgehobene Siedlungsverbund von Gießen und Wetzlar und den dazwischen liegenden Dörfern. Der Name „Lahn" ist dabei so originell, wie es „Rhein" sein würde für einen Zusammenschluß von Mainz und Wiesbaden.

Die Diskussion um die Gemeindereform und die Bewertung ihrer Folgen ist noch nicht abgeschlossen. Zweifellos gestiegene Leistungsfähigkeit steht gegen Verlust an Demokratie, Bürgerbeteiligung, Bürgernähe und lokaler Kompetenz der Verwaltungen (vgl. GUNST 1990, HENKEL und TIGGEMANN 1990). Die Folgen des Verlustes von verordneter Zentralität mit der Kreisgebietsreform in kleineren Versorgungsorten des ländlichen Raumes sind ebenso wie der Verlust an Bürgerferne vielfach allerdings nicht so negativ, wie man erwartet, wie eine Untersuchung von J. KRIPPNER (1993) an Beispielen aus Franken zeigt.

9.7 Siedlungsplanung auf der Mikroebene

9.7.1 Bauleitplanung und Fachplanungen

Als *Mikroebene* bezeichnen wir die unterste Ebene der Raumordnung, die *Gemeindeplanung*. Das ist einerseits die *Bauleitplanung*, andererseits sind es *Fachplanungen*.

Unter *Bauleitplanung* wird nach BauGB (§ 1 ff.) die Regelung der baulichen – in der Terminologie des BauGB der *„städtebaulichen"* – Entwicklung einer Gemeinde verstanden. Dazu gehört die rechtsverbindliche Festlegung der Bodennutzung und v.a. der Art der Bebauung.

Die Bauleitplanung (K. WOLF in: E. MEYNEN 1985, S. 92 f.) beinhaltet dabei einerseits die Erarbeitung und Darstellung eines baulichen Entwicklungskonzeptes, andererseits die Durchsetzung der baulichen Konzeptionen. Letztere sind niedergelegt im *Bauleitplan*. Er ist die „gesetzlich geregelte Planfeststellung für die bauliche und sonstige Nutzung von Grundstücken zur Ordnung der städtebaulichen Entwicklung in Stadt und Land". Zu unterscheiden ist dabei zwischen dem *vorbereitenden Bauleitplan (=Flächennutzungsplan)* und dem *verbindlichen Bauleitplan (=Bebauungsplan)*. Der aus dem Flächennutzungsplan entwickelte, für Planungsträger und betroffene Bürger verbindliche *Bebauungsplan* enthält über Art und Umfang baulicher Nutzung konkrete Angaben, die den Auflagen der Bauordnung und anderen planungsrechtlichen Festsetzungen entsprechen müssen.

Im – gewöhnlich im Maßstab 1:500 oder 1:1000 dargestellten – Bebauungsplan sind Baugrenzen (Baulinien, Fluchtlinien), Bauhöhe, Nutzungsmaße und gestalterische Auflagen enthalten. *Baunutzungsverordnung* und *Planzeichenverordnung* regeln die Art der Darstellung. Die Uniformität und Sterilität vieler Neubauviertel in ländlichen Siedlungen ist das Produkt eng gehaltener Vorschriften im Bauleitplan.

Das *Planverfahren zum Bebauungsplan* sieht folgendermaßen aus:
1. Der Gemeinde-(Stadt-)rat beschließt für ein Gebiet die Aufstellung eines Bebauungsplanes;
2. die Verwaltung bzw. von ihr beauftragte private Planungsbüros erarbeiten einen Bebauungsplanentwurf unter Beteiligung von Trägern öffentlicher Belange;
3. das Gemeindeparlament beschließt die Offenlegung. Der Plan wird öffentlich bekannt gemacht und liegt einen Monat öffentlich aus. Während dieser Phase kann jeder Bedenken und Anregungen einbringen;
4. der Rat prüft die Einwendungen und beauftragt ggf. die Verwaltung mit Überarbeitung;
5. nach Überarbeitung und ggf. nochmaliger Auslegung beschließt der Rat den Bebauungsplan als Satzung;
6. die Verwaltung legt den als Satzung beschlossenen Bebauungsplan den höheren Verwaltungsbehörden (z.B. Landesministerium) zur Genehmigung vor;
7. nach Genehmigung und öffentlicher Bekanntgabe ist der Bebauungsplan rechtskräftig.

Die Dauer des Verfahrens beträgt i.d.R. mindestens 1 1/2 Jahre. Neben den Möglichkeiten der Bauleitplanung im Rahmen des Baugesetzbuches haben Gemeinden weitere Möglichkeiten zur Verbesserung der Siedlungsstruktur durch (s. MAIER 1994, S. 244):
- gemeindeübergreifende Flächennutzungsplanung,
- kommunales Flächenmanagement z.B. durch Vorkaufsrechte,
- Wohn- und Gewerbeflächen-Marketing,
- interkommunale Gewerbeflächenpolitik.

Wichtig für die Gestaltung ländlicher Siedlungen sind auch und insbesondere die *Fachplanungen*, zu denen
- Strukturverbesserungsmaßnahmen im Rahmen von *Flurbereinigung*,
- Dorf- und Landesverschönerungsmaßnahmen der *Heimat-* und *Denkmalpflege* und
- sogenannte *städtebauliche Maßnahmen* zur Beseitigung baulicher Mißstände gehören.

Als *Städtebau* ist die Lenkung der räumlichen, insbesondere der baulichen Entwicklung im gemeindlichen Bereich definiert (HdRR 3.Aufl., 1970, Sp. 3116). Der Begriff dokumentiert nicht nur die Denkrichtung, unter der zunächst Dorferneuerung betrieben wurde, sondern zugleich die Planung *von oben* und die Fremdsteuerung der Entwicklung des ländlichen Raumes.

Vom BMBau geförderte angewandte Forschung in Modellvorhaben zur „städtebaulichen Erneuerung von Dörfern und Ortsteilen" dient u.a. der Erprobung der Eignung des bauplanungs-, bauordnungs- und baunebenrechtlichen Instrumentariums für die Bewältigung der Aufgaben und der vergleichenden Analyse und Bewertung der unterschiedlichen Förder- und Rechtsinstrumente.

9.7.2 Flurbereinigung und Dorferneuerung

Der Strukturwandel in der Landwirtschaft, die räumlich-funktionale Arbeitsteilung mit entsprechendem Funktionswandel des ländlichen Raumes sowie veränderte Lebensformen (Mobilität durch Motorisierung, Eigenheim im Grünen, steigende Ansprüche an den Lebensstandard) stellen die ländlichen Gemeinden vor neue, sich ständig verändernde Aufgaben. Verfall der alten Bausubstanz, fehlende Attraktivität der Dorfkerne, hohe Auspendleranteile oder selektive Abwanderung von Bevölkerung, soziale Segregation, Verlust von zentralen Funktionen und von Versorgungseinrichtungen, Verarmung der natürlichen Umwelt u.a.m. sind das Ergebnis von Veränderungen auf Mikro-, Meso- und Makroebene.

Flurbereinigung und *Dorferneuerung* bezeichnen Maßnahmen auf der Mikroebene zur Verbesserung der strukturellen Bedingungen im ländlichen Raum, die in besonderer Weise auf das Siedlungsbild einwirken.

Einen Überblick über Flurbereinigungen gibt F. NAGEL (1978). Art und Entwicklung der Flurbereinigung nach dem Zweiten Weltkrieg sind durch die Flurbereinigungsgesetze von 1953 und 1976 bestimmt. Flurbereinigung und Dorferneuerung werden immer enger auch gesetzlich miteinander verknüpft.

Mit dem Inkrafttreten des *Bundesbaugesetzes* 1960 war die Flurbereinigungsbehörde nicht mehr die einzige Institution, die für die Ordnung des ländlichen Raumes zuständig war. Bundesbaugesetz und Flurbereinigungsgesetz wurden durch Novellierungen 1976 besser aufeinander abgestimmt. Mit der Novellierung wurde auch dem integralen Vorgehen Rechnung getragen und die umfassende Dorferneuerung im heutigen Sinne positiv rechtlich verankert.

Flurbereinigung

Flurbereinigung (auch: Feldbereinigung, Flur- oder Feldregulierung, Grundstückzusammenlegung, Separation, amtlich oft *Umlegung* genannt) beinhaltet nach dem Flurbereinigungsgesetz von 1976, das ein älteres von 1953 ablöste, alle Maßnahmen staatlicher oder auch privat vereinbarter Art, durch die das aufgrund von Erbteilungen zersplitterte und unwirtschaftlich gewordene Besitzparzellengefüge in der Flur durch Zusammenlegung für die

Bewirtschaftung geeigneter gemacht wird. Damit sollen der Arbeitsaufwand vermindert und angemessene Lebensbedingungen im ländlichen Raum gefördert werden. Mit der Neuordnung des Besitzparzellengefüges ist ein Bündel von weiteren Maßnahmen zur Strukturverbesserung verbunden, um eine höhere Wirtschaftlichkeit der landwirtschaftlichen Betriebe zu erreichen:
- Aussiedlung von Betrieben aus zu enger Dorflage;
- Verbesserung des Wegenetzes;
- Melioration der Nutzfläche durch Be- und Entwässerungsmaßnahmen, Schutzmaßnahmen gegen Überflutung etc.

War das ältere Gesetz vom 14.7.1953 ganz auf Strukturverbesserungsmaßnahmen zur Erhöhung der Wirtschaftlichkeit der landwirtschaftlichen Betriebe ausgerichtet, so werden im neuen Flurbereinigungsgesetz vom 16.3.1976 landschaftspflegerische und natur- und kulturlandschaftserhaltende Maßnahmen betont (§ 41).

Ist die Flurbereinigung beschlossen, bilden die beteiligten Grundstückseigentümer zu ihrer Durchführung eine Teilnehmergemeinschaft. Diese trifft als Körperschaft des öffentlichen Rechtes Entscheidungen. Eine staatliche Flurbereinigungsbehörde nimmt die Neuverteilungen vor (wobei Flächenverluste bis 5% von den Landwirten für Wege und Gewässerbau in Kauf genommen werden müssen) und überwacht die mit der Bereinigung verbundenen Maßnahmen.

Nach § 37 Flurbereinigungsgesetz hat „die Flurbereinigungsbehörde bei der Durchführung der Maßnahmen .. die öffentlichen Interessen zu wahren, vor allem den Erfordernissen der Raumordnung, der Landesplanung und einer geordneten städtebaulichen Entwicklung, des Umweltschutzes, des Naturschutzes und der Landschaftspflege, des Denkmalschutzes, der Erholung, der Wasserwirtschaft einschließlich der Wasserversorgung und Abwasserbeseitigung, der Fischerei, des Jagdwesens, der Energieversorgung, des öffentlichen Verkehrs, der landwirtschaftlichen Siedlung, der Kleinsiedlung, des Kleingartenwesens und der Gestaltung des Orts- und Landschaftsbildes sowie einer möglichen bergbaulichen Nutzung und der Erhaltung und Sicherung mineralischer Rohstoffvorkommen Rechnung zu tragen. Die Veränderung natürlicher Gewässer darf nur aus wasserwirtschaftlichen und nicht nur aus vermessungstechnischen Gründen unter rechtzeitiger Hinzuziehung von Sachverständigen erfolgen."

Rd. 80% der Kosten eines Verfahrens werden von der „Gemeinschaftsaufgabe Verbesserung der Agrarstruktur und des Küstenschutzes" getragen, den Rest müssen die Betroffenen (ggf. mit Hilfe zinsgünstiger Kredite) selbst finanzieren.

Neben der Regelflurbereinigung gibt es vereinfachte Verfahren und die sog. Unternehmens-Flurbereinigungen bei Vorhaben, die große Flächen beanspruchen (z.B. Autobahn- und Kanalbauten) und eine Neuordnung der Fluren in den betroffenen Gebieten unter Gleichverteilung bzw. mit Ausgleich der Lasten (Flächenverluste) erfordern.

Maßnahmen zur Flurbereinigung sind z.T. eng verknüpft mit Maßnahmen zur Verbesserung der Siedlungsstruktur, insbesondere im Fall der Aussiedlung ländlicher Betriebe (vgl ERNST 1967).

214 *Raumordnung und Siedlungsplanung im ländlichen Raum*

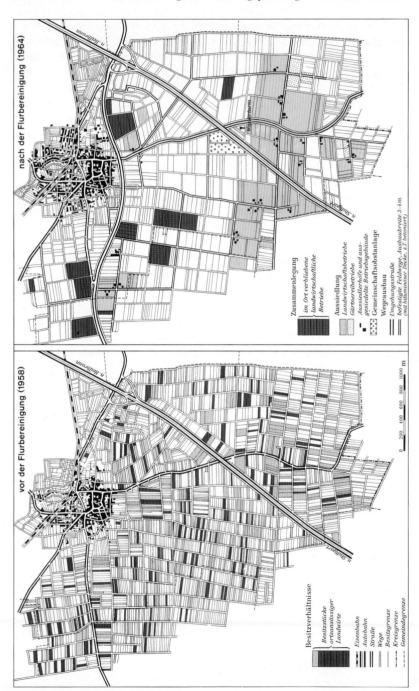

Unter *Aussiedlung* versteht man die Verlegung eines landwirtschaftlichen Betriebes aus beengter Dorflage in die Feldflur oder an den Ortsrand. Aussiedlung (s. Abb. 39) ist verbunden mit dem Neubau von Wohn- und Wirtschaftsgebäuden (*Aussiedlerhof*) auf der meist arrondierten Betriebsfläche. Zur einfacheren (und damit billigeren) Versorgung mit technischer Infrastruktur werden häufig Hofgruppen gebildet. Zwischen 1956 und 1965 wurden vom Staat über 16.000 Aussiedlungen in der Bundesrepublik Deutschland gefördert, viele davon in Verbindung mit einer *Aufstockung* des Betriebes, d.h. Vergrößerung zum Erhalt der Lebensfähigkeit.

Maßnahmen einer Neuordnung von Flur und Siedlung sind, bei sich im Laufe der Zeit mit den gesellschaftspolitischen Rahmenbedingungen wandelnden Konzeptionen, keineswegs neu (vgl. HOISL 1994), sondern fanden – verbunden mit einer unterschiedlichen Palette von Einzelmaßnahmen – z.B. unter den Namen *enclosure* (England), *enskifte*, *solskifte*, *lagaskifte* (Nordeuropa), *Vereinödung* (Allgäu), *Verkoppelung* (Schleswig-Holstein) bereits vor dem 19. Jh. statt. Die Flurneuordnungen wurden im 19. Jh. und beginnenden 20. Jh. in den deutschen Ländern in sehr unterschiedlicher Intensität und Zielsetzung durchgeführt. Die Bezeichnungen dafür waren u.a. „Konsolidation" (Hessen), „Separation" (in Preußen), „Arrodierung" (Bayern) und „Verkoppelung" (Schleswig-Holstein, Hannover).Die Bereinigungen beschränkten sich besonders in den Realteilungsgebieten häufig auf eine Verbesserung des Wegenetzes, mit dem die Besitzparzellen individuell erreichbar gemacht wurden (Ablösung der Zelgenwirtschaft). Teilweise gingen die Bereinigungen jedoch sehr viel weiter und führten zu einer vollkommenen Neugestaltung des Besitzparzellengefüges. In Nordwestdeutschland waren die *Allmendteilungen* (*Gemeinheitsteilungen*, Aufteilung der bis dahin in Gemeinbesitz befindlichen Allmenden in Privatbesitz; vgl. Abb. 11) vielfach mit Flurbereinigung verbunden.

Das *Preußische Zusammenlegungsgesetz* von 1872, die *Preußische Umlegungsordnung* von 1920 und schließlich die *Reichsumlegungsordnung* von 1937 – die erste reichseinheitliche Regelung – sind Vorläufer der nach dem Zweiten Weltkrieg in Deutschland erfolgenden Neuordnungen, deren Motivationen und Zielsetzungen sich mit der Zeit wandelten. Hatten bei den Reformmaßnahmen bis in das 19. Jh. v.a. von den Grund- und Landesherren erwartete Leistungssteigerungen (und damit erhöhte Steuereinnahmen) die Reformen motiviert, ging es später (1920) auch um die Regelung privater Belange von Bauern, die durch Bau öffentlicher Anlagen in Mitleidenschaft gezogen waren und um die Regelung öffentlicher Belange durch Enteignung (1937). Nach dem Kriege standen im westlichen Deutschland mit der Flurbereinigung zunächst die Förderung agrarpolitischer Ziele (1953), dann (1976) zusammen

◄ Abb. 39: *Flur des Dorfes Möglingen bei Stuttgart vor und nach der Flurbereinigung 1958-1964 (nach* DIERCKE WELTATLAS *1974, S. 34).*

mit Verbesserung der Produktionsbedingungen auch Naturschutz und Landespflege im Mittelpunkt der Maßnahmen. Die Neuordnungen im östlichen Teil Deutschlands (Bodenreform, Kollektivierung) waren v.a. ideologisch motiviert und Produkte einer veränderten Gesellschafts- und Wirtschaftsordnung. Die Konversion dieser Strukturen ist für die BRDeutschland nach der Wiedervereinigung eine wichtige Aufgabe, zu der bereits zahlreiche Gesetze erlassen wurden.

Dorferneuerung
Die Dorferneuerung umfaßt im weitesten Sinne alle Maßnahmen zur wirtschaftlichen und kulturellen Strukturverbesserung ländlicher Gemeinden, im engeren Sinne alle auf die Siedlung bezogenen.

Für die Zeit nach dem Zweiten Weltkrieg unterscheidet HENKEL *(1993, S. 215) eine erste Phase (bis ca. 1975) der Ortsauflockerung und Sanierung und eine zweite Phase der Dorferneuerung. Den veränderten Ansprüchen an die Lebens-, insbesondere die Wohn- und Wirtschaftsbedingungen, und den technischen Möglichkeiten entsprechend, standen naturgemäß zunächst Verbesserungen der sanitären Anlagen, der Beheizung, Belüftung etc., der technischen Ausstattung der Höfe und die Auflockerung der Ortslagen im Vordergrund der Maßnahmen, bevor in einer zweiten Phase Strukturdefizite und in der ersten Phase angerichtete Schäden den Kernpunkt der Dorferneuerung bilden konnten.*

An der Dorferneuerung sind neben der Flurbereinigung die o.g. Fachplanungen bzw. Fachbehörden (v.a. Ministerien für Landwirtschaft und Städtebau) des Heimatschutzes und der Denkmalpflege sowie des sog. Städtebaus beteiligt. Ihre rechtlichen Grundlagen sind u.a. das Baugesetzbuch (bes. § 136 ff.), das Flurbereinigungsgesetz (bes. § 1 und § 37) und das Strukturhilfegesetz. Die „Richtlinien über die Gewährung von Zuwendungen zur Förderung der Dorferneuerung" bilden – jedenfalls in NRW – die Grundlage für die finanzielle Förderung.

Die gestiegene Aufmerksamkeit, die die ländliche Siedlung in jüngerer Zeit erfuhr, äußert sich auch in der 1984 erfolgten Einbeziehung der Dorferneuerung in die Gemeinschaftsaufgabe *„Zukunftsinvestitionsprogramm des Bundes und der Länder zur Verbesserung der Agrarstruktur und des Küstenschutzes"* und in Wettbewerben wie *„Unser Dorf soll schöner werden"* – ein Titel, der allerdings nicht sehr glücklich gewählt ist, weil er suggeriert, daß das Dorf nicht schön sei (dazu BLEYER 1990).

Bezeichnend für die ursprüngliche Zielsetzung des seit 1961 alle zwei Jahre durchgeführten Wettbewerbes „Unser Dorf soll schöner werden" ist der anfängliche Untertitel „unser Dorf in Grün und Blumen". Seitdem hat in diesem Wettbewerb („Dorfolympiade") eine Bewertungsveränderung stattgefunden, indem nicht nur kurzlebige Verbesserungen wie Aufräumen, Säubern, Blumendekoration und Dorfbegrünung, sondern Maßnahmen zur ganzheitlichen Verbesserung der Lebenswelt eines Dorfes einbezogen werden. In die Bewertung gehen heute ein: 1. die allgemeine Entwicklung und Gestaltung des Ortes, 2. bürgerschaftliche Aktivitäten und Selbsthilfeleistungen, 3. die Baugestaltung im öffentlichen und privaten Bereich, 4. die Grüngestaltung des Ortes im öffentlichen und privaten Bereich und 5. die Einbindung des Ortes in die Landschaft (Bewertungsbogen zum Landeswettbewerb NRW 1994/5). In der Bewertungskommission, die ihre Entscheidung v.a. aufgrund eines kurzen Rundganges durch das Dorf fällt, wirken Fachkräfte aus verschiedensten Bereichen und Organisationen mit. Kritik richtet sich u.a. dagegen, daß die Bewertung der „Dorfschönheit" sehr subjektiv und v.a. aus der Sicht des Städters formuliert ist und daß die Veranstalter der ländlichen Bevölkerung quasi vorschreiben, was schön ist bzw. zu sein hat.

Im Rahmen der Gemeinschaftsaufgabe erhalten öffentliche Träger Zuschüsse etwa zur Verbesserung der innerörtlichen Verkehrsverhältnisse, zur Erhaltung und Gestaltung des dörflichen Charakters und zur Errichtung von Gemeinschaftsanlagen, z.B. Dorfgemeinschaftshäusern mit Aufenthalts- und Versammlungsräumen und gemeinschaftlich genutzten landwirtschaftlichen Maschinen. Privatpersonen können zur Anpassung landwirtschaftlicher Bausubstanz an die aktuellen Erfordernisse und Einpassung in das Ortsbild aus dem Programm Zuschüsse erhalten. Zur Verbesserung der Lebensverhältnisse auf dem Lande ist Dorferneuerung heute eine wichtige politische Aufgabe.

Das von HENKEL (1979, 1984) formulierte Konzept der *erhaltenden Dorferneuerung* geht davon aus, daß die Erhaltung des Dorfes als ländlicher Lebensraum die Bewahrung seiner individuellen, historisch gewachsenen Eigenart voraussetzt. Diese war durch die Veränderungen in den vierzig Jahren nach dem Zweiten Weltkrieg, in denen u.a. mehr historische Bausubstanz vernichtet wurde als durch den Krieg, vielerorts verloren gegangen. Die negativen Veränderungen bestehen im einzelnen in:

• fortschreitender Vernichtung der überlieferten Bausubstanz in den alten Dorfkernen bis hin zur Beseitigung alter Platzanlagen und Veränderung oder sogar totalem Auslöschen des überkommenen Siedlungsgrundrisses; statt dessen entstanden breite, kommunikationsfeindliche und gefährliche Durchfahrtsstraßen, Neubauten, die nicht mehr durch die verwendeten Baumaterialien landschaftsgebunden sind, sondern überall stehen könnten, teure, oft wenig genutzte öffentliche Bauten (Turnhallen, Schwimmbäder usw.);

• fragwürdiger Modernisierung von Altbauten (Fassadenverkleidungen, Fenster);

• disharmonischen Dorferweiterungen in städtischer, uniformer Bauweise und vielfach ohne Bezug zum Siedlungskern (Zersiedlung der Landschaft);

• Verlust der ursprünglichen physiognomischen und funktionalen Vielfalt und Naturnähe durch Verrohrung von Wasserläufen, Asphaltierung von Wegen usw.

Die Ursachen der Entwicklung dürfen nicht nur in mangelnder Sensibilität der Bewohner bzw. ihrer politischen Vertreter für überkommene Werte gesucht werden, sondern sind vor allem in den allgemein veränderten gesellschaftlichen Bedürfnissen und in der sozioökonomischen Wandlung, die die ländlichen Siedlungen durchgemacht haben, zu suchen. Die umwälzenden Veränderungen, die v.a. durch die Entwicklung des Verkehrswesens ermöglicht wurden, führten dazu, daß die Beziehungen der Bewohner der ländlichen Siedlungen zu der gewachsenen Siedlungsstruktur verloren gingen. Mit deren Zerstörung wurde jedoch auch die Individualität der Siedlungen zerstört und damit das, was *Heimat* ausmacht, das, womit sich die Bewohner identifizieren können (zu lokaler Identität und lokaler Identifikation s. INF. Z. RAUMENTWICKLUNG 3, 1987). Die Wahrnehmung des Verlustes führte zum Konzept der erhaltenden Dorferneuerung, das heute in der Praxis weitgehend Berücksichtigung findet.

Eine sorgfältige Bestandsaufnahme der Siedlungssubstanz und der historischen Kulturlandschaftselemente (vgl. dazu GUNZELMANN 1987, K.M. BORN 1993 und Tab. 11) ist dafür ebenso wichtig wie die Kenntnis der lokalen

Tab. 11: Liste von Gestaltelementen für eine historisch-topographische Bestandsaufnahme von Siedlung und Flur zur Orts- und Flurbildanalyse.

1. Siedlung:
- Ortsgrundriß
- Gebäudealter, -funktion und -gestalt
- Schmuckelemente (z.B. Kratzputz, Pferdeköpfe am Giebel)
- Begrenzungen der Siedlungen gegen die Flur
- besondere Gestaltelemente wie Dorflinde, Denkmäler, Heiligenfiguren (z.B. Brückenheilige)

2. Flur:
- Flurformen
- Zeugnisse kulturtechnischer Maßnahmen zur Landbewirtschaftung (Ackerterrassen, Wölbäcker, Raine, Feldeinhegungen wie Wallhecken, Lesesteinwälle, Mergelgruben, Bewässerungsanlagen);
- Zeugnisse früherer Landnutzung wie Hudewälder, Wachholderheiden und Feldbäume;
- Zeugen gewerblicher Nutzung: Mühlen, Kohlenmeiler, Steinbrüche, Stauteiche, Reste bergbaulicher Tätigkeit;
- alte Straßen, Wege (Hohlwege, Pflasterungen), Kanäle, Schleusen, Treidelpfade, Bahndämme;
- Sonstiges: Grenzsteine, Landwehren, Bildstöcke (Betsäule, Marterl), Wegekreuze, Kruzifixe.

3. Kriterien zur Bewertung:
    Alter, Erhaltungsstand, Seltenheit, künstlerischer und ästhetischer Wert, regionaltypische Bedeutung.

Quelle: nach Gunzelmann 1987, S. 134.

Geschichte. Die Bewertung der Elemente ist dabei im einzelnen schwierig und wird subjektiv bleiben. BORN (1993, S. 49) unterscheidet u.a. zwischen wissenschaftlichem, kulturhistorischem, ökologischem, ästhetischem, touristischem und didaktischem Wert als Kriterien für die Bewertung.

Grundlage für die Dorferneuerung bildet der *Dorferneuerungsplan.* Er muß in Text und Karte eine Bestandsaufnahme, eine Bestandsbewertung und Entwicklungsprognose sowie ein Planungskonzept mit Maßnahmenkatalog und zu veranschlagenden Kosten enthalten. In der *Bestandsanalyse (Ortsbildanalyse, Inventarisation)* werden die das Ortsbild prägenden Elemente (s. dazu BERNER HEIMATSCHUTZ 1989 und Tab. 11) aufgelistet, in der Bestandsbewertung nicht nur gewichtet, sondern auch die vorhandenen Mängel aufgezeigt. Planung und Durchführung sollen unter Mitwirkung der Dorfbewohner (*Partizipation*) erfolgen. Orientierungshilfen bieten ggf. *Ortsbild-* und *Gestaltungssatzungen.*

Perspektiven und Probleme der weiteren Entwicklung

Regional sind Probleme und Maßnahmen erhaltender Dorferneuerung und Flurbereinigung sehr unterschiedlich und abhängig von den Orts- und Flurformen, der Art der Bewirtschaftung, der Nähe zu Agglomerationen u.a.m. Ein Hauptproblembereich sind heute in den Dorfsiedlungsgebieten v.a. die alten *Dorfkerne,* die vielfach durch schlechte und verfallende Bausubstanz, häßliche Baulücken, überalterte, sozial schwache Bevölkerung und ein schlechtes Wohnumfeld gekennzeichnet sind, während die Dörfer an ihren Rändern durch platzaufwendige Neubauten und Neubaugebiete immer weiter in die Flur hineinwachsen, was zu immensem *Landschaftsverbrauch* und einem Auseineinanderfließen der Siedlung (Zersiedlung) in den vergangenen Jahrzehnten führte (dazu u.a. ZILLENBILLER 1980, SPEER, KISTENMACHER und STICH 1980).

Dabei geht es nicht nur um die Erhaltung der Bausubstanz des Dorfkernes allein, sondern um dessen *Wiederbelebung als lebendige Mitte.* Die Lebensfähigkeit der ländlichen Siedlungen hängt nicht nur von intakter, traditionsverbundener bzw. traditionsverpflichteter Bausubstanz ab, sondern v.a. von einer die Grundbedürfnisse der Bevölkerung befriedigenden Infrastruktur. Die Infrastrukturentwicklung der letzten Jahrzehnte ist im ländlichen Raum durch Abnahme und Konzentration gekennzeichnet. Der traditionelle „*Tante-Emma-Laden*", nicht nur wichtige, fußläufig erreichbare Versorgungsquelle vor Ort, sondern auch Kommunikationszentrum, verschwand oder ist im Verschwinden begriffen. An seine Stelle sind – wie in den USA üblich – nur per Auto erreichbare Supermärkte getreten. Gleiches gilt für Schulen. Die Einrichtung von Schulzentren bedingte die Aufgabe der kleinen, wohnortnahen Schulen mit der Folge oft belastender Schulfahrten für die Kinder und Beziehungslosigkeit der Eltern zur Schule. Mit Schule und „*Tante-Emma-Laden*" verschwanden insbesondere mit der kommunalen Gebietsreform viele andere

Einrichtungen in den Dörfern. Selbst Kirchen blieben nicht verschont, wenn sie auch nicht in gleich gravierendem Umfang wie viele andere Einrichtungen betroffen waren. Immerhin findet der regelmäßige sonntägliche Gottesdienst längst nicht mehr in allen Kirchen statt, und ein Pfarrer betreut oft viele Gemeinden (zu den Folgen der Gebietsreform s. Kap. 9.6).

KUNST (1989, vgl. HENKEL 1993, S. 244) errechnete für das westliche Mittelfranken zwischen 1960 und 1980 einen Rückgang von fast 50% der Infrastruktureinrichtungen in den ländlichen Siedlungen, angefangen bei Kindergärten über Post, Schulen und Arztpraxen bis hin zu Kinos. Allein Einrichtungen der Geldinstitute folgten nicht immer diesem Trend.

Um ein Ausbluten der ländlichen Siedlungen zu verhindern und in ihnen akzeptable Lebensbedingungen zu erhalten oder wieder zu schaffen, ist dieser Entwicklung nicht nur Einhalt zu gebieten, sondern sie ist wieder umzukehren. Dabei ist von meist durch Planer und die Politik vorgegebenen Werten einer „notwendigen" Einwohnerzahl als Voraussetzung für den Erhalt bzw. die Wiederherstellung bestimmter infrastruktureller Einrichtungen ebenso Abstand zu nehmen wie von bestimmten Lagekriterien.

Wiederbelebung der kleinen Grundschulen (hier bahnen sich unter neuen pädagogischen Einsichten bereits Veränderungen an, s. KRAMER 1993), multifunktionale *Läden*, die Post-, Bank- und andere Dienste übernehmen und auf diese Weise lebensfähig sind, oder sog. *Nachbarschaftsläden*, in Eigenregie von Dorfbewohnern geführte multifunktionale Läden, und Rückverlagerung oder Neuschaffung kommunaler Einrichtungen mögen Wege dazu sein (vgl. AMINDE und NICOLAI 1982, KRETSCHMANN 1988).

Ein weiterer Problemkreis ist die *Flur*. Trotz stärkerer Berücksichtigung ökologischer Belange im Flurbereinigungsgesetz von 1976 werden immer noch große ökologische Schäden mit Bereinigungsverfahren durch Begradigung von Bachläufen, Anlage von Gräben und Drainagen und damit Absenkung des Grundwasserspiegels, durch Beseitigung von Hecken und Feldgehölzen bei zweifelhaftem wirtschaftlichem Nutzen (landwirtschaftliche Überproduktion, Grundwasserbelastung) angerichtet. Mit dem *Wegeplan* und der Anlage eines schematischen Wegenetzes verschwinden vielfach alte Wege, mit der Parzellenzusammenlegung alte Feldgrenzen (Raine, Wallhecken etc.), mit der Anpassung der Oberflächengestalt an Bearbeitkeit mit großem technischem Gerät alte Ackerterrassen, Tümpel und andere „Unebenheiten". Die Uniformierung und ökologische Verarmung der Kulturlandschaft schreitet fort. Die Fehler, die hier gemacht werden und gemacht wurden, werden leider in anderen Ländern wiederholt.

Die heute in allen Bundesländern vorgeschriebenen *landschaftspflegerischen Begleitpläne* bei Flurbereinigungen sollen solche Schäden zwar durch Ausgleichsmaßnahmen verhindern, tun dies in der Praxis aber nur teilweise. Immerhin lassen sich, wie Abb. 39 im Vergleich mit Abb. S. 51, 3, DIERCKE

Raumordnung und Siedlungsplanung im ländlichen Raum 221

WELTATLAS 1988 zeigt, zwischen Bereinigungsverfahren nach den Gesetzen von 1953 und 1976 doch deutliche Unterschiede und Fortschritte erkennen.

Um zum Ausdruck zu bringen, daß zur Bewahrung der individuellen Eigenart eines Raumes auch die der Wirtschaftsflächen gehört, sollte man dem Begriff der erhaltenden Dorferneuerung den der *erhaltenden Flurbereinigung* an die Seite stellen. Das bedeutet die Erhaltung und ggf. ersatzweise Neuanlage von Biotopen für die bedrohte heimische Flora und Fauna, der Hecken, Feldgehölze, Raine, Ackerterrassen, Grenzsteine, Wege und anderen historischen Zeugnissen, u.U. auch alter Flureinteilungen. Nur so lassen sich Vielfalt und ästhetische Reize der Kulturlandschaft bewahren und die Möglichkeiten einer Identifikation der in ihr lebenden Menschen mit dieser fördern und erhalten.

9.8 Aufgaben und Literatur zur Vertiefung

1. Diskutieren Sie an einem Dorfbeispiel Ihrer Umgebung Vor- und Nachteile des Wettbewerbes „Unser Dorf soll schöner werden".

2. Versuchen Sie, durch Gespräche mit Einwohnern und Kommunalpolitikern einer mit der kommunalen Gebietsreform entstandenen Großgemeinde die eingetretenen Veränderungen zu erfassen und zu bewerten.

3. Unternehmen Sie eine historisch-topographische Bestandsaufnahme in Ihrer Heimatgemeinde oder im ländlichen Raum Ihrer Umgebung (vgl. Tab. 11).

4. Beschreiben und interpretieren Sie die Flurbereinigung des Dorfes Möglingen (Abb. 39) und vergleichen Sie die Maßnahme mit der Flurbereinigung von Neustadt an der Weinstraße (DIERCKE WELTATLAS 1988, S. 51).

Lit.: BROHM 1986, S. 776-784; C.-H. HAUPTMEYER et al. 1983; G. HENKEL 1993, Kap. 4; F. J. LILOTTE 1983; J. MAIER 1994; F.-J. PEINE 1987, S. 8-65; U. PLANCK und J. ZICHE 1979, S. 399-423.

Abkürzungsverzeichnis

BAE	Berichte aus dem Arbeitsgebiet Entwicklungsforschung, Inst. f. Geogr. d. Universität Münster
B.E.	Brockhaus Enzyklopädie
BzdL	Berichte zur deutschen Landeskunde
Erdk.	Erdkunde
FzdL	Forschungen zur deutschen Landeskunde
Geogr. Helv.	Geographica Helvetica
GR	Geographische Rundschau
HdRR	Handwörterbuch der Raumforschung und Raumordnung, 2. Aufl., Hannover 1970
MÖGG	Mitteilungen der Österreichischen Geographischen Gesellschaft
Pet. Mitt.	Petermanns Mitteilungen
SF	Siedlungsforschung
TESG	Tijdschrift voor Economische en Sociale Geografie
ZAA	Zeitschrift für Agrargeschichte und Agrarsoziologie
ZAM	Zeitschrift für Archäologie des Mittelalters
ZfW	Zeitschrift für Wirtschaftsgeographie
ZKL	Zeitschrift für Kulturtechnik und Landesentwicklung

Literaturverzeichnis

A Gesamtdarstellungen

BORN, M., Geographie der ländlichen Siedlungen; Teil I. Die Genese der Siedlungsformen in Mitteleuropa, Stuttgart 1977.

ELLENBERG, H., Bauernhaus und Landschaft in ökologischer und historischer Sicht; Stuttgart 1990.

HAMBLOCH, H., Allg. Anthropogeographie; Erdk. Wissen 31; Wiesbaden 1982[5].

HENKEL, G., Der ländliche Raum; Stuttgart 1993.

KLUTE, F. (Hrsg.), Die ländlichen Siedlungen in den verschiedenen Klimazonen; Breslau 1933.

LIENAU, C., Geographie der ländlichen Siedlungen. Stand und Ansätze der Forschung; in: GR 41, 1989, S. 134-140.

MEYER, K., Ordnung im ländlichen Raum; Stuttgart 1964.

MEYNEN, E. (Hrsg.), Internationales Geographisches Glossarium; Stuttgart 1985.

NIEMEIER, G., Siedlungsgeographie. Das Geographische Seminar; Braunschweig 1977[4].

NITZ, H.J., Ländliche Siedlungen und Siedlungsräume - Stand und Perspektiven in Forschung und Lehre; in: Verh. d. Dt. Geographentages 42; Wiesbaden 1980, S. 79-102.

OTREMBA, E. (Hrsg.), Atlas der deutschen Agrarlandschaft; Wiesbaden 1962.

PLANCK, U. und J. ZICHE, Land- und Agrarsoziologie; Stuttgart 1979.

SCHRÖDER, K. H. und G. SCHWARZ, Die ländlichen Siedlungsformen in Mitteleuropa. Grundzüge und Probleme ihrer Entwicklung; FzdL 175, Trier 1978[2].

SCHWARZ, G., Allgemeine Siedlungsgeographie; Berlin 1966[3], Berlin, New York 1989[4].

UHLIG, H. und C. LIENAU (Hrsg.), Flur und Flurformen. Types of Field Patterns. Le Finage Agricole et sa structure Parcellaire; Materialien zur Terminologie der Agrarlandschaft 1, 1978[2] (1. Aufl. Gießen 1967).

Ders., Die Siedlungen des ländlichen Raumes. Rural Settlements; ebda. 2, Gießen 1972.

WEBER, E., und B. BENTHIEN, Einführung in die Bevölkerungs- und Siedlungsgeographie; Gotha 1976.

B Quellen und zitierte Literatur

ABEL, W., Geschichte der deutschen Landwirtschaft vom frühen Mittelalter bis zum 19. Jh.; Stuttgart 1978[3].

ABLER, R., J. S. ADAMS und P. GOULD, Spatial Organization; London 1972.

AKADEMIE FÜR RAUMFORSCHUNG UND LANDSCHAFTSPLANUNG, HANNOVER (Hrsg.), Ländlicher Raum; Beiträge 110, Hannover 1987.

AMINDE, H.-J. und M. NICOLAI; Öffentliche und private Einrichtungen im Dorf; Arbeitsber. der Univ. Stuttgart, Inst. für ländl. Siedlungsplanung, 9, Stuttgart 1982.

ARNOLD, W., Ansiedelungen und Wanderungen deutscher Stämme zumeist nach hessischen Ortsnamen; Marburg 1875, 1881[2].

ATTESLANDER, P., Methoden der empirischen Sozialforschung. Sammlung Göschen 2100; Berlin, New York 1984[5].

BACH, A., Deutsche Namenskunde; 3 Bd., Heidelberg 1953-1956.

BACHMANN, K. W., Die Besiedlung des alten Neuseeland; Diss. Leipzig 1931.

BADER, K. S., Dorf und Dorfgemeinde in der Sicht des Rechtshistorikers; in: ZAA 12, 1964, S. 10-20.

Ders., Studien zur Rechtsgeschichte des mittelalterlichen Dorfes; 3 Bde., Weimar und Wien, Köln, Graz 1957-1973.

BÄHR, J., Gemeindetypisierung mit Hilfe quantitativer statistischer Verfahren (Beispiel Regierungsbezirk Köln); in: Erdk. 25, 1971, S. 249-264.

BAHRENBERG, G., Zur Frage optimaler Standorte von Gesamthochschulen in Nordrhein-Westfalen. Eine Lösung mit Hilfe der Linearen Programmierung; in: Erdk. 28, 1974, S. 101-114.

Ders., und E. GIESE, Statistische Methoden und ihre Anwendung in der Geographie; Stuttgart 1975.

BARTEL, J., Ein Entwicklungsmuster der Haufendörfer, gezeigt an Beispielen aus den Randlandschaften des Hohen Venns; in: BzdL 40, 1968, S. 253-270.

BARTELS, D., Das Problem der Gemeindetypisierung; in: GR 17, 1965, S. 22-25.

Ders., Strandleben; in: ders. und HARD, G. (Hrsg.), Lotsenbuch für das Studium der Geographie; Bonn-Kiel 1975[2], S. 14-48.

BARTZ, F., Französische Einflüsse im Bilde der Kulturlandschaft Nordamerikas; in: Erdk. 1955, S. 286-305.

BECK, H., D. DENECKE und H. JANKUHN (Hrsg.), Untersuchungen zur eisenzeitlichen und frühmittelalterlichen Flur in Mitteleuropa und ihrer Nutzung; Abh. d. Akad. d. Wiss. in Göttingen, Phil.-Hist. Kl., 3. Folge, 115 und 116, Göttingen 1979 und 1980.

BENTMANN, R. und M. MÜLLER, Die Villa als Herrschaftsarchitektur. Versuch einer kunst- und sozialgeschichtlichen Analyse; Frankfurt/M. 1971[2].

BERNER HEIMATSCHUTZ (Hrsg.), Mein Dorf - Dorfentwicklung und Ortsbildpflege im Unterricht; Bern 1989.

BEYER, L., Die Baumberge; Münster 1975.

BEYER, R., Der ländliche Raum und seine Bewohner, Bamberger Geogr. Schr. 6; Bamberg 1986.

BLANCKENBURG, P. von, Einführung in die Agrarsoziologie; Stuttgart 1962.

BLEYER, J., Möglichkeiten und Grenzen des Wettbewerbs „Unser Dorf soll schöner werden" - Ergebnisse einer Zielerreichungskontrolle; in: Natur und Landschaft 65, 1990, S. 29-31.

BLICKLE, P., Deutsche Untertanen; München 1981.

BLOCH, M., Les caractéres originaux de l'histoire rurale Francaise; Oslo 1931.

BOBEK, H., Über einige funktionelle Stadttypen und ihre Beziehungen zum Lande; in: Comptes Rendus Congr. Int. Geogr. Amsterdam 1938, 3, S. 88-102.

Ders., Die Hauptstufen der Gesellschafts- und Wirtschaftsentfaltung in geographischer Sicht; in: Die Erde 90, 1959, S. 259-298.

Ders., Entstehung und Verbreitung der Hauptflursysteme Irans - Grundzüge einer sozialgeographischen Theorie; in: MÖGG 118, 1976, S. 274-304 und 119, 1977, S. 34-51.

BOCKHOLT, W., und P. WEBER (Hrsg.), Gräftenhöfe im Münsterland; Warendorf 1988.

BOESCH, H., Japanische Landnutzungsmuster; in: Geogr. Helv. 1959, S. 22-34.

BORN, K. M., Die Erhaltung historischer Kulturlandschaftselemente durch die Flurbereinigung in Westdeutschland; in: ZKL 34, 1993, S. 49-55.

BORN, M., Arbeitsmethoden der deutschen Flurforschung; in: BARTELS, D. (Hrsg.), Wirtschafts- und Sozialgeographie, 1970b, S. 245-261.

Ders., D. R. LEE und J. R. RANDELL, Ländliche Siedlungen im nordöstl. Sudan; Arb. aus dem Geogr. Inst. Saarland 14; Saarbrücken 1971.

Ders., Die Entwicklung der deutschen Agrarlandschaft; Darmstadt 1974.

Ders., Siedlungsgenese und Kulturlandschaftsentwicklung in Mitteleuropa; Gesammelte Beiträge von M. BORN, hg. von K. FEHN, Erdk. Wissen 53; Wiesbaden 1980.

BOUSTEDT, O., Grundriß der empirischen Regionalforschung, Teil 3 Siedlungsstrukturen; Taschenb. z. Raumplanung 6; Hannover 1975.

BREITLING, P., Der Einfluß sozialer, wirtschaftlicher und rechtlicher Gesichtspunkte auf Hausformen und Bauweise; Diss. Braunschweig 1967.

BREUER, T., Zur siedlungsgeographischen Problematik der aktuellen Ortsumsiedlung im Rheinischen Braunkohlerevier; in: BzdL 63, 1989, S. 125-155.

BROHM, W., Die Planung der Bodennutzung; in: JuS 1986, S. 776-784.

BRONGER, D., Der sozialgeographische Einfluß des Kastenwesens auf Siedlung und Agrarstruktur im südl. Indien; in: Erdk. 24, 1970, S. 89-106 und 194-207.

BRÜGGEMANN, B., und R. RIEHLE, Das Dorf. Über die Modernisierung einer Idylle; Frankfurt/M , New York 1986.

BUCHANAN, R. H., R. A. BUTLIN und D. MCCOURT (Hrsg.), Fields, Farms and Settlement in Europe; Belfast 1976.

BÜHLER, A., Der Platz als bestimmender Faktor von Siedlungsformen in Ostindonesien und Melanesien; in: Regio Basiliensis 1, 1959/60, S. 202-212.

BÜNSTORF, J., Die ostfriesische Fehnsiedlung als regionaler Siedlungsform-Typus und Träger sozial-funktionaler Berufstradition; Gött. Geogr. Abh. 37, 1966.

BUNDESMINISTERIUM FÜR RAUMORDNUNG, BAUWESEN UND STÄDTEBAU (Hrsg.), Städtebauliche Dorferneuerung; Bonn-Bad Godesberg 1990².

BURDACK, J., Dörfliche Neubaugebiete und soziale Segregation im ländlichen Umland einer Mittelstadt. Untersucht am Beispiel von Gemeinden im Landkreis Bamberg; in: BzdL 64, 1990, S. 175-196.

BURGGRAAFF, P., Ländliche Neusiedlungen in den Niederlanden vom Ende des 19. Jahrhunderts bis zur Gegenwart; in: Erdk. 40, 1986, S. 207-217.

BUTZIN, B., Zentrum und Peripherie im Wandel. Erscheinungsformen und Determinanten der „Counterurbanisation" in Nordeuropa und Kanada; Münstersche Geogr. Arb. 23, Münster 1986.

BYLUND, E., Theoretical Considerations Regarding the Distribution of Settlement in Inner North Sweden; in: Geogr. Ann. 42, 1960, S. 225-231.

CHRISTALLER, W., Die zentralen Orte in Süddeutschland; Jena 1933.

Ders., Grundgedanken zum Siedlungs- und Verwaltungsaufbau im Osten; in: Neues Bauerntum 1940, S. 305-312.

CLEMENS, P., Lastrup und seine Bauerschaften; Bremen-Horn 1955.

DACEY, M. F., Analysis of central place and point patterns by a nearest neighbour method; Lund Studies in Geography, Ser. B, 24, 1962, S. 55-75.

DANIELZYK, R. und R. KRÜGER, Ostfriesland: Alltag, Bewußtseinsformen und Regionalpolitik in einem strukturschwachen Raum; in: BzdL 67, 1993, S. 115-138.

DENECKE, D., Zum Stand der interdisziplinären Flurforschung; in: H. BECK et al. (Hrsg.), Teil II, Göttingen 1980, S. 370-423.

Ders., Erhaltung und Rekonstruktion alter Bausubstanz in ländlichen Siedlungen; in: BzdL 55, 1981, S. 343-380.

Ders., Wüstungsforschung als siedlungsräumliche Prozeß- und Regressionsforschung; SF 3, 1985, S. 9-35.

DION, R., Essai sur la formation du paysage rural français; Tours 1934.

DÖRRENHAUS, F., Wo der Norden dem Süden begegnet: Südtirol; Bozen 1959.

Ders., Villa und Villegiatura in der Toskana; Erdk. Wissen 44; Wiesbaden 1976.

V.D. DRIESCH, U., Historisch-geographische Inventarisierung von persistenten Kulturlandschaftselementen des ländlichen Raumes als Beitrag zur erhaltenden Planung; Diss. Bonn 1988.

DUSSART, F. (Hrsg.), L'Habitat et les paysages ruraux d'Europe. Comptes rendus du symposium 1969; in: Les Congres et Coll. de l'Univ. de Liège, vol. 58, 1971.

EBERLE-ROTH, S., Siedlungsflächenwachstum und Bevölkerungsentwicklung im südöstlichen Bauland zwischen 1975 und 1985; in: BzdL 63, 1989, S. 207-232.

Literaturverzeichnis

EGLI, H.-R., Ländliche Neusiedlungen in der Schweiz vom Ende des 19. Jahrhunderts bis zur Gegenwart; in: Erdk. 40, 1986, S. 197-207.

EHLERS, E., Kuparivaara- Puolakkavaara-Jouttiaapa. Beispiele gegenwärtiger Agrarkolonisation in Nordfinnland; in: Erdk. 21, 1967, S. 212-226.

Ders., Die Stadt Bam und ihr Oasen-Umland/Zentlraliran. Ein Beitrag zu Theorie und Praxis der Beziehungen ländlicher Räume zu ihren kleinstädtischen Zentren im Orient; in: Erdk. 29, 1975, S. 38-51.

Ders., Die agraren Siedlungsgrenzen der Erde; Erdk. Wissen 69; Wiesbaden 1984.

EIDT, R. C., Pioneer Settlements in NW-Argentina; Madison 1971.

Ders., Detection and Examination of Anthrosols by Phosphate Analysis; in: Science 197, 1977, S. 1327-1333.

EIYNCK, A., Bauernhäuser im Klassizismus, Historismus, Jugendstil. Quellen und Materialien zum ländlichen Hausbau des Westmünsterlandes im Industriezeitalter; Vreden 1990.

ELLENBERG, H., Steppenheide und Waldweide. Ein vegetationskundlicher Beitrag zur Siedlungs- und Landschaftsgeschichte; in: Erdk. 8, 1954, S. 188- 194.

Ders., Bäuerliche Bauweisen in geoökologischer und genetischer Sicht; Erdk. Wissen 72; Stuttgart 1984.

ENDRISS, G., Die Separation im Allgäu; in: Geogr. Ann. 43, 1961, S. 46-56.

ENEQUIST, G., Zur Siedlungsgeographie Schwedens; in: GR 7, 1955, S. 161-163.

ENYEDI, G., Le village hongrois et la grande exploitation agricole; in: Ann. de Géogr. 73, 1964, S. 687-700.

ERNST, E., Veränderungen in der westdeutschen Kulturlandschaft durch bäuerliche Aussiedlungen; in: GR 19, 1967, S. 369-382.

Ders., Hessisches Freilichtmuseum. Der Beitrag des „Hessenparks" zur regionalen Identität; in: GR 43, 1991, S. 303-309.

EVERS, W., Grundfragen der Siedlungsgeographie und Kulturlandschaftsentwicklung im Hildesheimer Land; Schr. d. wirtschaftswiss. Ges. z. Stud. Niedersachsens, N. F. 64, Bremen-Horn 1957.

FAUTZ, B., Sozialstruktur und Bodennutzung in der Kulturlandschaft des Swat (Nordwesthimalaya); Gießener Geogr. Schr. 3, 1963.

FEHN, H., Niederbayerisches Bauernland; in: Das Bayerland 46, 1935, S. 577-593.

FEHN, K., Aufgaben der genetischen Siedlungsforschung in Mitteleuropa. Bericht über die 1. Arbeitstagung des Arbeitskreises für genetische Siedlungsforschung in Mitteleuropa; in: ZAM 3, 1975, S. 69-94.

Ders., Überlegungen zur Standortbestimmung der Angewandten Historischen Geographie in der Bundesrepublik Deutschland; in: SF 4, 1986, S. 215-224.

FEZER, F., Karteninterpretation; Braunschweig 1974.

FIEDERMUTZ, A., Afrikanische Bautraditionen; in: Forschungs-Journal der WWU-Münster 1, 1994, S. 20-26.

FLATRÈS, P., Géographie rurale de quatre contrées celtiques: Irlande, Galles, Cornwall et Man; Rennes 1957.

Ders., (Hrsg.), Paysages Ruraux Européens. Travaux de la conférence Européenne permanente pour l'étude du paysage rural, Rennes-Quimper; Rennes 1979.

FREUND, B., Sozialbrache - Zur Wirkungsgeschichte eines Begriffs; in: Erdk. 47, 1993, S. 12-24.

GALLUSSER, W.A., Das Schweizer Dorf der Gegenwart in geographisch-methodischer Sicht; in: Geogr. Helv. 32, 1977, S. 57-59.

GEIGER, F., Zur Konzentration von Gastarbeitern in alten Dorfkernen; in: GR 27, 1975, S. 61-71.

GIESE, E., Siedlungsausbau und soziale Segration der Bevölkerung in ländlichen Siedlungen der Geest in Nordwestdeutschland; Westf. Geogr. Stud. 33, Münster 1976, S. 113-129.

GÖB, R., et. al., Entwicklung ländlicher Räume; Studien zur Kommunalpolitik; Schriftenreihe des Inst. für Kommunalwiss. der K. Adenauer Stiftung Bd. 2; Bonn 1974.

GORMSEN, E., Haben Dörfer Zukunft? Strukturwandel und Entwicklungsperspektiven; in: MINISTERIUM DES INNERN U. F. SPORT RH. PFALZ (Hrsg.), Zukunft für das Dorf. Gemeinsam nachdenken - miteinander handeln; Mainz 1989, S. 35-45.

Ders. und H. SCHÜRMANN, Strukturforschung und Planung im ländlichen Raum. Ein Beitrag zur angewandten Landeskunde mit Beispielen aus Rheinlandpfalz; in: BzdL 63, 1989, S. 385-408.

GRAAFEN, R., Ländliche Neusiedlungen im Gebiet der Bundesrepublik Deutschland vom Ende des 19. Jahrhunderts bis zur Gegenwart; in: Erdk. 40, 1986, S. 175-185.

GRABSKI, U., Ökologie und Dorfentwicklung. Strukturprobleme der Dörfer aus ökologischer Sicht und Wege zu ihrer Lösung; in: GR 41, 1989, S. 163-168.

GRADMANN, R., Das ländliche Siedlungswesen des Königreichs Württemberg. Forsch. z. dt. Landes- und Volkskunde, 11, Stuttgart 1913.

Ders., Altbesiedeltes und jungbesiedeltes Land; in: Studium Generale 1, 1948, S. 163-177.

GREES, H., Sozialgenetisch bedingte Dorfelemente im ostschwäbischen Altsiedelland; in: Die europäische Kulturlandschaft im Wandel. Festschr. f. K. H. SCHRÖDER; Kiel 1974, S. 41-68.

Ders., Ländliche Unterschichten und ländliche Siedlungen in Ostschwaben; Tüb. Geogr. Stud. 58, 1975.

GRENZEBACH, K., Siedlungsgeographie - Westafrika (Nigeria, Kamerun). Ländliche Siedlungen. Afrika-Kartenwerk Beiheft W 9; Berlin 1984.

GROHMANN-KEROUACH, B., Der Siedlungsraum der Ait Ouriaghel im östlichen Rif; Heidelberger Geogr. Arb. 35, 1971.

GÜSSEFELDT, J., Die Veränderung der theoretischen Grundlagen für Konzepte zur Entwicklung der Siedlungsstruktur in der Bundesrepublik Deutschland.; in: ZfW 24, 1980, S. 22-33.

GUNST, D., Gebietsreform, Bürgerwille und Demokratie. Entsprach die kommunale Gebietsreform tatsächlich und rechtlich dem Gemeinwohl? in: Arch. f. Kommunalwiss. 29, 1990, S. 189-209.

GUNZELMANN, T., Die Erhaltung der historischen Kulturlandschaft. Angewandte Historische Geographie des ländlichen Raumes mit Beispielen aus Franken; Bamberger Wirtschaftsgeogr. Arb.4, Bamberg 1987.

HAARNAGEL, W., Die prähistorischen Siedlungsformen im Küstengebiet der Nordsee; in: Erdk. Wissen 18; Wiesbaden 1968, S. 67-84.

Ders., Die Grabung Feddersen-Wierde. Methode, Hausbau, Siedlungs- und Wirtschaftsformen sowie Sozialstruktur; Wiesbaden 1979.

HAGGETT, P., Einführung in die kultur- und sozialgeographische Regionalanalyse (aus dem Engl. übertragen von D. BARTELS und B. und V. KREIBICH); Berlin 1973.

Ders., Geographie. Eine moderne Synthese; New York 1983 (dt. Übers. nach der 3. rev. Originalausg. aus dem Engl. von R. HARTMANN u. a.).

HAHN, R., Jüngere Veränderungen der ländlichen Siedlungen im europäischen Teil der Sowjetunion; Stuttgarter Geogr. Stud. 79, 1970.

HAMBLOCH, H., Einödgruppe und Drubbel; Siedlung und Landschaft in Westfalen 4, Münster 1960.

Ders., Der Höhengrenzsaum der Ökumene; Westf. Geogr. Studien 18; Münster 1966.

Ders., Höhengrenzen von Siedlungstypen in den Gebirgsregionen der westlichen USA; in: GZ 55, 1967, S. 1-41.

HANSEN, V. (Hrsg.), Collected Papers presented at the Permanent European Conference for the Study of the Rural Landscape at Roskilde 1979; Kopenhagen 1981.

HANTSCHEL, R. und E. THARUN, Anthropogeographische Arbeitsweisen; Braunschweig 1980.

HARD, G. und R. SCHERR, Mental maps, Ortsteilimage und Wohnstandortwahl in einem Dorf der Pellenz; in: BzdL 50, 1976, S. 175-220.

HARTKE, W., Die soziale Differenzierung der Agrarlandschaft im Rhein-Main-Gebiet; in: Erdk. 7, 1953, S. 11 -27.

Literaturverzeichnis 229

Ders., Die geographischen Funktionen der Sozialgruppe der Hausierer am Beispiel der Hausierergemeinden Süddeutschlands; in: BzdL 31, 1963, S. 209-232.

HAUPTMEYER, C.-H., H. HENCKEL und A. ILIEN, Annäherungen an das Dorf; Hannover 1983.

HAUS, U., Lokale Identität im Zeichen der Gebietsreform in Oberfranken. Drei Fallbeispiele aus dem ländlichen Raum; in: BzdL 64, 1990, S. 131-156.

HEINEBERG, G., Stadtgeographie; Paderborn, München, Wien, Zürich 1986.

HEINRITZ, G., Zentralität und zentrale Orte; Stuttgart 1979.

HENKEL, G., Die Entsiedlung ländlicher Räume Europas in der Gegenwart; Fragenkreise 23517, Paderborn 1978.

Ders., Dorferneuerung. Die Geographie der ländlichen Siedlungen vor neuen Aufgaben; in: GR 31, 1979, S. 137-142.

Ders., Dorferneuerung in der Bundesrepublik Deutschland; in: GR 36, 1984, S. 170-176.

Ders. und H.-J. NITZ (Hrsg.), Ländliche Siedlungen einheimischer Völker Außereuropas - genetische Schichtung und gegenwärtige Entwicklungsprozesse; Essener Geogr. Arb. 8, Paderborn 1984.

Ders. und R. TIGGEMANN (Hrsg.), Kommunale Gebietsreformen - Bilanzen und Bewertungen; Essener Geogr. Arb. 19; Paderborn 1990.

HERMANNS, H. und C. LIENAU, Siedlungsentwicklung in Peripherräumen Griechenlands - außengesteuerte Wiederbelebung in Abhängigkeit von Tourismus und Arbeitsmigration; in: Marburger Geogr. Schr. 84, 1981, S. 233-254.

Ders., Rückwanderung griechischer Gastarbeiter und Regionalstruktur ländlicher Räume in Griechenland; BAE 10, Münster 1982.

HETTNER, A., Die Lage der menschlichen Ansiedlungen; in: GZ 1895, S. 361-375.

Ders., Die wirtschaftlichen Typen der Ansiedlung; in: GZ 8, 1902,S.92-100.

HÖMBERG, A., Grundfragen der deutschen Siedlungsforschung; Berlin 1938.

HOFMEISTER, B., Stadtgeographie; Braunschweig 1969[1], 1994[7].

HOISL, R., Landentwicklung unter veränderten Rahmenbedingungen; in: ZKL 35, 1994, S. 221-223.

HOTTES, K., F. BECKER und J. NIGGEMANN, Flurbereinigung als Instrument der Siedlungsneuordnung; Mat. zur Raumordnung 16, Bochum 1975.

HOYER, K., Der Gestaltwandel ländlicher Siedlungen unter dem Einfluß der Urbanisierung - eine Untersuchung im Umland von Hannover; Gött. Geogr. Abh. 83, Göttingen 1987.

HÜBLER, K H., Zur Frage der zentralen Orte im ländlichen Raum; in: Inf. d. Inst. f. Raumf. 15, 1965, S. 1-19.

HUTTENLOCHER, F., Funktionale Siedlungstypen; in: BzdL 7, 1949/50, S. 76-86.

HÜTTERMANN, A., Karteninterpretation in Stichworten; Kiel 1975.

HÜTTEROTH, W.-D., Ländliche Siedlungen im südlichen Inneranatolien in den letzten vierhundert Jahren; Göttinger Geogr. Abh. 46, 1968.

ILIEN, A., Dorfforschung als Interaktion; in: C.-H. HAUPTMEYER et al. (Hrsg.) 1983, S.59-112.

IRSIGLER, F., Der Einfluß politischer Grenzen auf die Siedlungs- und Kulturlandschaftsentwicklung; in: SF 9, 1991, S. 9-23.

ISARD, W., Location and space-economy: a general theory relating to industrial location, market areas, land use, trade and urban structure; New York 1956.

JÄGER, H., Arbeitsanleitung für die Untersuchung von Wüstungen und Flurwüstungen; in: BzdL 12, 1953, S. 15-19.

Ders., Wüstungsforschung und Geographie; in: GZ 56, 1968, S. 165-180.

Ders., Historische Geographie; Braunschweig 1973[2].

Ders., Die Allmendteilungen in Nordwestdeutschland in ihrer Bedeutung für die Genese der gegenwärtigen Landschaften; in: Geogr. Ann. 43, 1961, S. 138-150.

Ders., A. KRENZLIN und H. UHLIG (Hrsg.), Beiträge zur Genese der Siedlungs- und Agrarlandschaft in Europa; Erdk. Wissen 18; Wiesbaden 1968.

JÄKEL, H., Ackerbürger und Ausmärker in Alsfeld/Oberhessen; Rhein-Mainische Forsch. 40, Frankfurt/M. 1953.

JANKUHN, W., Vor- und Frühgeschichte; Bd. 1, Stuttgart 1969.

JANSSEN, W., Methodische Probleme archäologischer Wüstungsforschung; in: Nachr. d. Akad. d. Wiss. Göttingen, I. Phil. Hist. Kl. , 2, 1968, S. 29-56.

Ders., Aufgaben der genetischen Siedlungsforschung in Mitteleuropa; in: K. FEHN, 1975, S. 76-81.

JUILLARD, E. und A. MEYNIER, Die Agrarlandschaft in Frankreich. Forschungsergebnisse der letzten 20 Jahre; Münchener Geogr. H. 9, Regensburg 1955.

KARGER, A., Die Entwicklung der Siedlungen im westl. Slawonien; Kölner Geogr. Arb. 15; Wiesbaden 1963.

KAUFMANN, G. (Hrsg.), Stadt-Land-Beziehungen; Verh. d. 19. Dt. Volkskundekongresses, Göttingen 1975.

KIELCZEWSKA-ZALESKA, M. (Hrsg.), Rural Landscape and settlement evolution in Europe; Proceedings of the Conference Warsaw 1975, Geographia Polonica 38, 1978.

KING, L. J., A quantitative expression of the pattern of urban settlements in selected areas of the United States; in: TESG 53, 1962, S. 1-7.

KLÖPPER, R., Der geographische Stadtbegriff; in: Geogr. Taschenbuch 1956/57, S. 453-461.

KÖTZSCHKE, R., Ländliche Siedlung und Agrarwesen in Sachsen; FzdL 77, Remagen 1953.

Kolloquium über Fragen der Flurgenese (hg. v. H. MORTENSEN und H. JÄGER); in: BzdL 29, 1962, S. 199-350.

KOPP, I., Untersuchungen zur Siedlungsgenese, Wirtschafts- und Sozialstruktur in Gemeinden des Südost-Spessarts; Mainzer Geogr. Stud. 8, 1975.

KOVALEV, S. A., Transformation of rural settlements in the Soviet Union; in: Geoforum 9, 1972, S. 33-45.

KRAMER, C., Die Entwicklung des Standortnetzes von Grundschulen im ländlichen Raum; Heidelberger Geogr. Arb. 93, 1993.

KREISEL, W., Die Walserbesiedlung. Vorrücken und Rückweichen einer alpinen „frontier"; in: SF 8, 1990, S.127-158.

DERS., W. D. SICK und J. STADELBAUER (Hrsg.), Siedlungsgeographische Studien; Festschrift f. G. SCHWARZ; Berlin 1979.

KRENZLIN, A., Dorf, Feld und Wirtschaft im Gebiet der großen Täler und Platten östlich der Elbe; FzdL 70, Remagen 1952.

Ders. Probleme geographischer Hausforschung, gezeigt am Beispiel des norddeutschen Einheitshauses; in: Zeitschr. d. Univ. Greifswald 6, math.-naturwiss. Reihe Nr. 6/7, Greifswald 1954/5, S. 629-641 (=Krenzlin, Beiträge ... 1983, S. 193-205).

Ders., Zur Genese der Gewannflur in Deutschland; in: Geogr. Ann. 43, 1961, S. 190-204.

Ders., Zur Frage der kartographischen Darstellung von Siedlungsformen; in: BzdL 48, 1974, S. 81-95.

Ders., Die Entwicklung der Gewannflur als Spiegel kulturlandschaftlicher Vorgänge; in: Dt. Geogr. Tg. Köln 1961, Tagungsbericht u. wiss. Abh., Wiesbaden 1962, S. 305-322.

Ders., Die Aussage der Flurkarten zu den Flurformen des Mittelalters; in: H. BECK et al. (Hrsg.), Göttingen 1979, S. 376-409.

Ders., Beiträge zur Kulturlandschaftsgenese in Mitteleuropa. Gesammelte Aufsätze aus vier Jahrzehnten. hg. von H.-J. NITZ und H. QUIRIN, Erdk. Wissen 63, Wiesbaden 1983.

Ders. und L. REUSCH, Die Entstehung der Gewannflur nach Untersuchungen im nördlichen Unterfranken; Frankfurter Geogr. Hefte 35, Frankfurt 1961.

KRETSCHMER, I., Das ländliche Siedlungsbild Österreichs - kartographisch neu dokumentiert; in: MÖGG 120, II, 1978, S. 243-264.

KRETSCHMANN, W., Rekommunalisierung: Provinz gegen Staat; in: SCHMIDT, T. (Hrsg.): Entstaatlichung; Berlin 1988, S. 67-74.

Literaturverzeichnis

KRINGS, W., Ländliche Neusiedlung im westlichen Mitteleuropa vom Ende des 19. Jh. bis zur Gegenwart: Ehrgeizige Pläne - enttäuschende Resultate? in: Erdk. 40, 1986, S. 227-235.

KRIPPNER, J., Folgen des Verlustes von verordneter Zentralität in kleineren Versorgungsorten des ländlichen Raumes. Eine Bilanz der Kreisgebietsreform in Bayern an Beispielen aus Franken; Bamberger Geogr. Schr., Sonderfolge 4, 1993.

KROGMANN, E. und A. PRIEBS, Die Veränderung der Standortstruktur des Lebensmitteleinzelhandels im Nahbereich Wesselburen (Dithmarschen) - Eine Fallstudie zur Grundversorgung im ländlichen Raum; in: BzdL 62, 1988, S. 27-49.

KRÜGER, R., Typologie des Waldhufendorfes nach Einzelformen und deren Verbreitungsmustern; Göttinger Geogr. Abh. 42, 1967.

KÜNZLER-BEHNCKE, R., Das Zenturiatsystem in der Po-Ebene; in: Frankf. Geogr. H. 37, 1961, S. 159-170.

KÜMMERLE, K., Dürmentingen, ein gewerbestarkes Dorf im mittleren Oberschwaben; in: BzdL 66, 1992, S. 379-402.

KUHN, W., Die deutsche Ostsiedlung in der Neuzeit, Bd. I; Köln-Graz 1955.

Ders., Vergleichende Untersuchungen zur mittelalterlichen Ostsiedlung; Ostmitteleuropa in Vergangenheit und Gegenwart 16; Köln 1973.

KUNST, F., Infrastruktur im ländlichen Raum unter den Bedingungen funktionsräumlicher Maßstabsvergrößerung; in: Inf. z. Raumentwicklung 1, 1989, S. 39-50.

LAMB, H. H., Klima und Kulturgeschichte; rororo, Hamburg 1989.

LAMNEK, S., Qualitative Sozialforschung. Bd. 1, Methodologie; München 1988.

LEISTER, I., Rittersitz und adeliges Gut in Holstein und Schleswig; Schr. d. Geogr. Inst. d. Univ. Kiel 14, 2, Kiel 1952.

Ders., Landwirtschaft und ländliche Siedlung in Co. Durham, England; in: Geogr. Ann. 52, 1970, S. 40-91.

LETTRICH, E., Das ungarische Tanyensystem; in: Münchner Studien z. Sozial- und Wirtschaftsgeographie 13, Regensburg 1975, S. 76-126.

LICHTENBERGER, E., Der ländliche Raum im Wandel; in: Das Dorf als Lebens- und Wirtschaftsraum. Internationales Symposium in Mieders 28.-30.9.1981, hg. von d. österr. Ges. f. Land- u. Forstwirtschaftspolitik; Wien 1982, S. 16-37.

LIENAU, C., Zur terminologischen Erfassung von Siedlung und Flur; in: DUSSART, F. (Hrsg.), 1971a, S. 443-450.

Ders., Entwurf eines terminologischen Rahmens für die geographische Erfassung der ländlichen Siedlungen nach sozial-ökonomischer Funktion und Struktur; in: ebenda, 1971b, S. 293-309.

Ders. und H. UHLIG, 1972, s. UHLIG H. und C. LIENAU.

Ders., Geographische Fachsprache und Probleme ihrer lexikalen Darstellung; in: H. UHLIG und C. LIENAU (Hrsg.), Gießener Geogr. Schr. 35, 1973, S. 25-31.

Ders., Siedlungsgeographie, Sozialgeographie und Kulturgeographie; in: Rhein-Main. Forsch. 80 (Festschr. f. A. KRENZLIN), 1975, S. 263-275.

Ders. und H. UHLIG, 1978, s. UHLIG, H. und C. LIENAU 1978.

Ders., Die Turmsiedlungen der inneren Mani (Peloponnes). Über Zusammenhänge von Siedlungsgestalt und Gesellschaftsstruktur; in: KREISEL, W., W.D. SICK und J. STADELBAUR (Hrsg.), 1979, S. 171-196.

Ders., Streifengemengefluren - zu Terminologie, außereuropäischer Verbreitung und Ansätzen ihrer Erklärung; in: Erdk. Wissen 59 (Festschr. f. H. UHLIG), Bd. 2; Wiesbaden 1982a, S. 160-171.

Ders., Beobachtungen zur Siedlungsentwicklung in ländlichen Räumen Griechenlands; in: GZ 70, 1982b, S. 230-236.

Ders., Die Siedlungen der Mani/Peloponnes - Ausdruck physischer Bedingungen und gesellschaftlicher Strukturen; in: Abh. d. Göttinger Akad. d. Wiss., Göttingen 1995a.

Ders., Die Muslime Nordost-Griechenlands und ihre Kulturlandschaft; in: Festschr. f. X. DE PLANHOL, Paris 1995b.

LIENENBECKER, H. und U. RAABE, Die Dorfflora Westfalens; Bielefeld 1993.

LILOTTE, F. J., Entwicklung, Stand und künftige Konzeption der Flurbereinigung in Westfalen; in: Münstersche Geogr. Arb. 15, 1983, S. 287-305.

LINDE, H., Grundfragen der Gemeindetypisierung; in: Forschungs- und Sitzungsber. d. Akad. f. Raumforsch. u. Landespl. 3., Raum und Wirtschaft; Bremen-Horn 1953, S. 58-121.

LÖFFLER, G., Quantitative Methoden und der Einsatz der EDV in der genetischen Siedlungsforschung; in: Forum 2, Arbeitskreis für genet. Siedlungsforsch., 1978, S. 13-14.

Ders., Die Entwicklung von Siedlungsmustern. Quantitative Untersuchungen zur mittelalterlichen Kolonisation in Ostholstein; in: BzdL 53, 1979, S. 211-229.

LOOSE, R, Forschungsschwerpunkte und Zukunftsaufgaben der historischen Geographie: Ländliche Siedlungen; in: Erdk. 36, 1982, S. 91-96.

LOUIS, H., Die ländlichen Siedlungen in Albanien; in: F. KLUTE (Hrsg), 1933, S. 47-55.

MAIER, J. Die Zukunft ländlicher Räume in Deutschland - Siedlungsentwicklung und Siedlungsstrukturpolitik; in: ZKL 35, 1994, S. 241-246.

MANSHARD, W., Afrikanische Waldhufen- und Waldstreifendörfer - wenig bekannte Formenelemente der Agrarlandschaften in Oberguinea; in: Die Erde 92, 1961, S. 246-258.

MARTINY, R., Hof und Dorf in Altwestfalen; Forsch. z. dt. Landes- und Volkskunde 24, 5; Stuttgart 1926.

MATTES, H., und C. LIENAU, Natur und Mensch am Jenissei; BAE 23, Münster 1994.

MATZAT, W., „Genetische" und „historische" Erklärung in der Geographie und die analytische Wissenschaftstheorie; in: Rhein-Mainische Forsch. 80 (Festschr. f. A. KRENZLIN); Frankfurt/M. 1975, S. 59-80.

MECKELEIN, W., Jüngere siedlungsgeogr. Wandlungen in der Sowjetunion; in: GZ 52, 1964, S. 242-270.

MEIBEYER, W., Die Rundlingsdörfer im östlichen Niedersachsen; Braunschweiger Geogr. Stud. 1, Braunschweig 1964.

MEITZEN, A., Siedlungen und Agrarwesen der Westgermanen, Ostgermanen, der Kelten, Römer, Finnen und Slawen, 4 Bde.; Berlin 1895.

MOEWES, W., Sozial- und wirtschaftsgeographische Untersuchung der nördlichen Vogelsbergabdachung - Methode zur Erfassung eines Schwächenraumes; Gießener Geogr. Schr. 14, 1968a.

Ders., Gemeindetypisierung nach dynamisch-strukturellen Lagetypen; in: Inf. f. Raumordn. 18, 1968b, S. 37-55.

Ders., Grundfragen der Lebensraumgestaltung; Berlin 1980.

MONHEIM, R, Die Agrostadt Siziliens, ein städtischer Typ agrarischer Großsiedlungen; in: GZ 59, 1971, S. 204-225.

MORRILL, R. L., Simulation of central place patterns over time; in: Lund Studies in Geography, Series B, 24, 1962, S. 109-120.

MOSE, J., Eigenständige Regionalentwicklung - neue Chancen für die ländliche Peripherie? Vechtaer Stud. zur. Angewandten Geographie u. Regionalwiss. 8, Vechta 1993.

MÜLLER, J. H., Methoden zur regionalen Analyse und Prognose; Taschenb. z. Raumplanung, Hannover 1976^2.

MÜLLER-WILLE, W., Langstreifenflur und Drubbel. Ein Beitrag zur Siedlungsgeographie Westgermaniens; in: Dt. Arch. f. Landes- u. Volksforsch. 8, 1944, S. 9-44.

Ders., Agrarbäuerliche Landschaftstypen in Nordwestdeutschland; in: Tagungsber. u. wiss. Abh. d. Dt. Geographentages Essen 1953, Wiesbaden 1955 (= Westf. Geogr. Stud. 40, 1983, S. 255-262).

Ders., Probleme und Ergebnisse geographischer Landesforschung und Länderkunde. Gesammelte Beiträge 1936-1979; Westf. Geogr. Stud. 39 u. 40, Münster 1983.

MUSTERBLATT für die TK 1:100.000, hg. vom Bayer. LVA, München, 1961.

MUSTERBLATT für die TK 1:50.000, bearb. vom LVA Baden-Württemberg, 3. Ausg. 1970.

MUSTERBLATT für die TK 1:25.000, hg. vom LVA NRW, 2. Ausg. 1981.

MYRDAL, G., Ökonomische Theorie und unterentwickelte Regionen; Frankfurt/M. 1974.

NAGEL, F. N., Historische Verkoppelung und Flurbereinigung der Gegenwart - ihr Einfluß auf den Wandel der Kulturlandschaft; in: ZAA 26, 1978, S. 13-41.

NIEMEIER, G., Typen der ländlichen Siedlungen in Spanisch-Galicien; in: Zschr. d. Ges. f. Erdk. Berlin 81, 1934, S. 161-183.

Ders., Gewannfluren, ihre Gliederung und die Eschkerntheorie; in: Pet. Mitt. 90, 1944, S. 57-74.

Ders., Frühformen der Waldhufen; in: Pet. Mitt. 93, 1949, S. 14-27.

Ders., Die Problematik der Altersbestimmung von Plaggenböden. Möglichkeiten und Grenzen von archäologischen und C-14-Datierungen; in: Erdk. 26, 1972, S. 196-208.

Ders., Die Bedeutung von Sozialgruppen heutiger und früherer Ständegesellschaften für die Gestaltung ländlicher Siedlungen; in: Verh. d. Dt. Geographentages 40; Wiesbaden 1976, S. 292-311.

NIGGEMANN, J., Ländliche Siedlungen im Strukturwandel; in: Erdk. 38, 1984, S. 94-97.

NITZ, H. J., Siedlungsgeographische Beiträge zum Problem der fränkischen Staatskolonisation im süddeutschen Raum; in: ZAA 11, 1963, S. 34-62 (= NITZ 1994, 1, S. 37-65).

Ders., Die Orts- und Flurformen der Pfalz; in: Pfalzatlas, Textband, 6. Heft; Speyer 1969.

Ders., Zur Entstehung und Ausbreitung schachbrettartiger Grundrißformen ländlicher Siedlungen und Fluren; in: Göttinger Geogr. Abh. 60, 1972, S. 375-400.

Ders. (Hrsg.), Historisch-genetische Siedlungsforschung. Genese und Typen ländlicher Siedlungen und Flurformen; Wege der Forschung 300, Darmstadt 1974.

Ders., Konvergenz und Evolution in der Entstehung ländlicher Siedlungsformen; in: Verh. d. Dt. Geographentages 40; Wiesbaden 1976a, S. 208-227.

Ders., Moorkolonien. Zum Landesausbau im 18./19. Jh. westlich der Weser; in: Westf. Geogr. Stud. 33, 1976b, S. 159-180.

Ders., Martin Borns wissenschaftliches Werke unter besonderer Berücksichtigung seines Beitrages zur Erforschung der ländlichen Siedlungen in Mitteleuropa; in: BzdL 53, 1979, S. 187-209.

Ders., Die „Ständige Europäische Konferenz zur Erforschung der ländlichen Kulturlandschaft"; in: SF 3, 1985a, S. 213-226.

Ders., Die außereuropäischen Siedlungsräume und ihre Siedlungsformen; in: SF 3, 1985b, S. 69-85.

Ders., Siedlungsgeographie als historisch-gesellschaftswissenschaftliche Prozeßforschung; in: GR 36, 1984, S. 162-169.

Ders., Historische Kolonisation und Plansiedlung in Deutschland und allgemeine und vergleichende Siedlungsgeographie, Ausgewählte Arbeiten; hg. von H. BECK, Kleine Geogr. Schr. 8 und 9, Göttingen 1994.

NOUVORTNE, A., Stadt als Rechtsgebilde; in: HdRR Bd. 3, 1970, Sp. 3090 ff.

OGRISSEK, R., Dorf und Flur in der DDR; Leipzig 1961.

ORWIN, C. S. und C. S., The open fields; Oxford 1967[3].

OTREMBA, E., Allgemeine Agrar- und Industriegeographie; Stuttgart 1960[2].

PAPENHUSEN, F., Die Neubesiedlung Griechenlands; in: Zeitschr. d. Ges. f. Erdk. Berlin 1933, S. 34-52.

PATELLA, L. (Hrsg.), I Paesaggi Rurali Europei. Atti del convegno internazionale indetto a Perugia 1973; Deputazione di Storia Patria per l'Umbria App. al Boll. N. 12; Perugia 1975.

PEINE, F.-J., Raumplanungsrecht; Tübingen 1987.

PENZ, H., Ländliche Neusiedlungen im Gebiet des heutigen Österreich vom Ende des 19. Jahrhunderts bis zur Gegenwart; in: Erdk. 40, 1986, S. 185-196.

PLANCK, U., Vom Dorf zur Landgemeinde; in: GR 36, 1984, S. 180-185.

POTT, R. und J. HÜPPE, Die Hudelandschaften Nordwestdeutschlands; Münster 1991.

RICHTHOFEN, F. v., Vorlesungen über Allgemeine Siedlungs- und Verkehrsgeographie; bearb. u. hg. v. O. SCHLÜTER; Berlin 1908.

RIPPEL, J. H., Eine statistische Methode zur Untersuchung von Flur- und Ortsentwicklung; in: Geogr. Ann. 43, 1961, S. 252-263.

RÖDEL, D. und P. RÜCKERT, Die Erfassung mittelalterlicher urbarieller Quellen mittels EDV und die Möglichkeiten ihrer Auswertung für die historische Siedlungsforschung; in: SF 10, 1992, S. 263-279.

ROTH, J., Bevölkerungsbewegung und Siedlungsflächenwachstum im Gebiet des westlichen Großen Heubergs und seiner angrenzenden Gemeinden zwischen 1974 und 1985; in: BzdL 63, 1989, S. 181-206.

SANDNER, G., Agrarkolonisalion in Costa-Rica: Siedlung, Wirtschaft und Sozialgefüge an der Pioniergrenze; Schriften a. d. Geogr. Inst. d. Univ. Kiel 19, 3; Kiel 1961.

SCHÄFER, R., STRICKER, H.-J. und D. VON SOEST, Kleinstädte und Dörfer in den neuen Bundesländern; Schriftenreihe des Deutschen Städte- und Gemeindebundes 48, Göttingen 1992.

SCHARLAU, K., Neue Probleme der Wüstungsforschung; in: BzdL 17, 1956, S. 266-275.

SCHEMPP, H., Gemeinschaftssiedlungen auf religiöser und weltanschaulicher Grundlage; Tübingen 1969.

SCHENK, W. und K. SCHLIEPHAKE, Zustand und Bewertung ländlicher Infrastrukturen: Idylle oder Drama? - Ergebnisse aus Unterfranken; in: BzdL 63, 1989, S. 157-179.

SCHEPERS, J., Haus und Hof westfälischer Bauern; Münster 1994[7].

SCHIER, B., Hauslandschaften und Kulturbewegungen im östlichen Mitteleuropa, Reichenberg 1932, Göttingen 1966[2].

SCHLÜTER, O., Die Siedlungen im nordöstlichen Thüringen. Ein Beispiel für die Behandlung siedlungsgeographischer Fragen; Berlin 1903.

Ders., Die Siedlungsräume Mitteleuropas in frühgeschichtlicher Zeit; FzdL 63, 1952, 74, 1953 und 110, Remagen 1958.

SCHOLZ, F., Sozialgeographische Theorien zur Genese streifenförmiger Fluren in Vorderasien; in: Verh. des Dt. Geographentages 40; Wiesbaden 1976, S. 334-350.

SCHOTT, C., Orts- und Flurformen Schleswig-Holsteins; in: Schriften d. Geogr. Inst. d. Univ. Kiel, Sonderband: Beiträge z. Landeskunde v. Schleswig-Holstein, 1953, S. 105-133.

SCHRÖDER, K. H., Die Flurformen in Württemberg-Hohenzollern; Tübinger Geogr. u. Geol. Abh. 29, Öhringen 1944.

Ders., Der Wandel der Agrarlandschaft im ostelbischen Tiefland seit 1945; in: GZ 52, 1964, S. 289-316.

Ders., Das bäuerliche Anwesen in Mitteleuropa; in: GZ 62, 1974, S. 241-271.

SCHÜTTE, L., Potthof und Kalthof. Namen als Spiegel mittelalterlicher Besitz- und Wirtschaftsformen in Westfalen; in: Niederdeutsches Wort 30, 1990, S. 109-151.

SCHÜTZEICHEL, R. (Hrsg.), Gießener Flurnamen-Kolloquium; Beiträge zur Namenforschung N.F., Beiheft 23, Heidelberg 1985.

Ders. (Hrsg.), Ortsnamenwechsel; ebda, Beiheft 24, Heidelberg 1986.

SCHWIND, U., Typisierung der Gemeinden nach ihrer sozialen Struktur als geographische Aufgabe; in: BzdL 8, 1950, S. 53-68.

SEIFERT, V., Regionalplannung; Braunschweig 1986.

SICK, W.-D., Siedlungsschichten und Siedlungsformen; Vorarbeiten zum Sachbuch der allemanischen und südwestdeutschen Geschichte, H. 1, Freiburg 1972.

Ders., Planmäßig geregelte ländliche Siedlungen und Landerschließung in Madagaskar; in: W. KREISEL, W.-D. SICK und J. STADELBAUER (Hrsg). 1979, S. 213-238.

SIEVERS, A., Das singhalesische Dorf; in: GR 10, 1958, S. 294-303.

SIMMS, A., Assynt - die Kulturlandschaft eines keltischen Reliktgebietes im nordwestschottischen Hochland; Gießener Geogr. Schr. 16, Gießen 1969.

Ders., Deserted medieval villages and fields in Germany, a survey of the literature with a select bibliography; Journ. of Hist. Geogr. 2, 1976, S. 223-238.

Smit, J. G., Ländliche Neusiedlungen im westlichen Mitteleuropa vom Ende des 19. Jahrhunderts bis zur Gegenwart; in: Erdk. 40, 1986, S. 165-174.

Speer, A., H. Kistenmacher und R. Stich, Maßnahmen gegen die Entleerung von Ortskernen; hg. vom Min. d. Finanzen Rh.-Pfalz, Mainz 1980.

Sperling, W., Über die Siedlungsformen in der Slowakei; in: Beiträge z. Genese d. Siedlungs- u. Agrarlandschaft in Europa; Erdk. Wissen 18, 1968, S. 166-173.

Stahl, K. und G. Curdes, Umweltplanung in der Industriegesellschaft; rororo tele, Hamburg 1970.

Steinbach, E., Gewanndorf und Einzelhof; in: Historische Aufsätze, Festschr. f. A. Schulte; Düsseldorf 1927, S. 44-61.

Steingrube, W., Die Entwicklung des Standortsystems der Grundschulen im Landkreis Rotenburg/W. seit 1950; in: BzdL 58, 1984, S. 97-128.

Sträter, D., Disparitätenförderung durch großräumige Vorrangfunktionen oder Disparitätenausgleich durch endogene Entwicklungsstrategien? in: Raumforsch. u. Raumordn. 42, 1984, S. 238-246.

Temlitz, K., Anger – Verbreitung, Wortbedeutung und Erscheinungsbild; in: Spieker 25, 1977, S. 367-389.

Thorpe, H., The Green Village as a distinctive form of settlement on the North European plain; in: Bull. Soc. Belge d'Et. Géogr. 30, 1961, S. 61 ff.

Tichy, F., Deutung von Orts- und Flurformen im Hochland von Mexiko als kulturreligiöse Reliktformen altindianischer Besiedlung; in: Erdk. 28, 1974, S. 194-207.

Ders., Politischer Umbruch im Spiegel der Ortsnamen im zentralmexikanischen Hochland; in: R. Schützeichel (Hrsg.), Beitr. z. Namenforschung, N. F. 18.; Heidelberg 1980, S. 139-149.

Timmermann, O. F., Der Inbegriff „Heide" in den offenen Fluren Mitteleuropas; in: Festschr. f. K. Kayser, Sonderbd. Kölner Geogr. Arb., Wiesbaden 1971, S. 212-225.

Tömmel, I, Der Gegensatz von Stadt und Land im realen Sozialismus; Urbs et Regio 22, Kassel 1981.

Ders., Stadt/Land; in: Metzler Handbuch für den Geographieunterricht, hg. von L. Jander, W. Schramke und H.-J. Wenzel; Stuttgart 1982, S. 403-414.

Trier, J., Das Gefüge des bäuerlichen Hauses im deutschen Nordwesten; in: Westf. Forsch. 1, 1938, S. 36-50.

Ders. Holz, Etymologien aus dem Niederwald; Münstersche Forsch. 6, 1952.

Uhlig, H., Typen kleinbäuerlicher Siedlungen auf den Hebriden; in: Erdk. 13, 1959, S. 98-124.

Ders., Typen der Bergbauern und Wanderhirten in Kaschmir und Jaunsar-Bawar; in: Verh. d. Dt. Geographentages 33; Wiesbaden 1962, S. 211-215.

Ders., Bevölkerungsgruppen und Kulturlandschaften in Nord-Borneo; in: Heidelberger Stud. z. Kulturgeogr. 15, Wiesbaden 1966, S. 265-296.

Ders., Wassersiedlungen in Monsun-Asien; in: W. Kreisel, W. D. Sick und J. Stadelbauer (Hrsg.), Berlin-New York 1979, S. 273-305.

Vidal De La Blache, P., Principes de Géographie Humaine; Paris 1922.

Vits, B., Die Wirtschafts- und Sozialstruktur ländlicher Siedlungen in Nordhessen vom 16. bis zum 19. Jahrhundert; Marb. Geogr. Schr. 123, Marburg 1993.

Voyatzis, B., Das griechische Dorf; in: Von der Agrar- zur Industriegesellschaft (hg. von F. Ronneberger und G. Teich) 17; Darmstadt 1968.

Wagner, K., Leben auf dem Lande im Wandel der Industrialisierung; Frankfurt a.M. 1986.

Wagstaff, J. M., House types as an index in settlement study: a case study from Greece; in: Transactions of the Inst. of Brit. Geogr. 37, 1965, S. 69-75.

WEBER, P., Planmäßige ländliche Siedlungen im Dillgebiet. Eine Untersuchung zur historischen Raumforschung; Marburger Geogr. Schr. 26, 1966.

WEINREUTER, E., Stadtdörfer in SW-Deutschland; Tübinger Geogr. Stud. 32, 1969.

WEISS, R., Häuser und Landschaften der Schweiz; Erlenbach-Zürich, Stuttgart 1959.

WENZEL, H. J., Die ländliche Bevölkerung. Materialien zur Terminologie der Agrarlandschaft Bd. 3 (hg. von H. UHLIG und C. LIENAU); Gießen 1974.

WESTERMANN ATLAS ZUR WELTGESCHICHTE, 3 Teile, Braunschweig 1956.

WIEGELMANN, G., Diffusionsmodelle zur Ausbreitung städtischer Kulturformen; in: G. KAUFMANN (Hrsg.), Stadt-Land-Beziehungen. Verh. d. 19. Dt. Volkskundekongresses 1973; Göttingen 1975, S. 255-266.

Ders. (Hrsg.), Kulturelle Stadt-Land-Beziehungen in der Neuzeit; Münster 1978.

WILHELMY, H., Hochbulgarien I: Die ländlichen Siedlungen und die bäuerliche Wirtschaft; in: Schr. d. Geogr. Inst. d. Univ. Kiel 4, 1935.

Ders. und W. ROHMEDER, Die La Plata-Länder; Braunschweig 1963.

WINDHORST, H.-W., Strukturveränderungen in ländlichen Siedlungen; in: GR 41, 1984, S. 198-205.

WIRTH, A., Bewahrung lokalen Bewußtseins bei Umsiedlungsmaßnahmen im rheinischen Braunkohlerevier; in: BzdL 64, 1990, S. 157-173.

YANG, M. C., A Chinese Village: Taitou, Shantung Province; New York 1945.

YUILL, R. S., Simulation study of barrier effects in spatial diffusion problems; Michigan Inter-University Community of Mathematical Geographers, discussion papers 5, 1965.

ZILLENBILLER, E., Wie sollte das Dorf der Zukunft aussehen? in: LANDESZENTRALE FÜR POLITISCHE BILDUNG BADEN-WÜRTTEMBERG (Hrsg.), Das Ende des alten Dorfes? Stuttgart 1980, S. 86-102.

ZSCHOCKE, H., Die Waldhufensiedlungen am linken deutschen Niederrhein; Kölner Geogr. Arb. 16, 1963.

Register

A

Achsensystem 204
Ackerbau 56
Ackerbauerndorf 97
Ackerbürgerstadt 100
Ackernahrung 130
Ackerterrasse 160, 174
Adobe 53
Affiliation 138
Agglomeration 151
Agglomerationsmodell 150, 151, 182
Agrardichte 65
agrare Siedlungsgrenze 141
Agrarsiedlung 96
Agrarverfassung 103
Agrostadt 98, 155, 186
aktuelle Siedlungsstruktur 34
Allmende 21, 39, 75, 175, 176
Allmendefläche 81
Allmendeteilung 39, 176, 177
Allmendweide 185
Alltagsbewußtsein 35
Almdorf 45
Almsiedlung 143
Almwirtschaft 105
Alphütte 51
Altbauer 174
Altenteil 51, 60
Altenteiler-Wohnung 51
Altlandschaft 30, 169
Altsiedelgebiet 64
Altsiedelland 171, 172
Altsiedlung 158
Analogieverfahren 160
Anerbensitte 110
Anger 70
Angerdorf ... 21, 68, 71, 158, 172, 173, 190
Ankerbalken 49
Ankerbalkenhaus 57
Ankerbalkenkonstruktion 49
Anliegersiedlung 199
Anökumene 140, 141
Anspänner 174

Apsidenform 45
Arbeiterbauerndorf 109, 179
Arbeiterhäuschen 112
Arbeitsmigration 108
Arbeitsplatzdichte 65
Arbeitsstättenfunktion 95, 96
Arrodierung 215
Aufsiedlung 178
Aufstockung 215
Ausgedinge 51
Auspendlersiedlung 95
Auspendlerstrom 95
Aussiedlerhof 64, 114, 215
Aussiedlung 57, 179, 180, 213, 215
Austrag 51
Auswanderung 108
Auszug 51

B

Backhaus 44, 51
Badeort 102
Bannbezirk 75
Bannverkehrslage 128
Barriere 138
Barriere-Effekt 140
Bauer 110
Bauernbefreiung 176, 186
Bauerndorf 175, 179
Bauerngarten 91
Bauernlegen 175
Bauerschaft 119
Baugesetzbuch 202, 216
Baugrund 54
Bauleitplan 208
Bauleitplanung 210
Baunutzungsverordnung 211
Baustoff 42
Bauweise 42
Bebauungsdichte 64, 65
Bebauungsplan 203, 211
Befragung 200
Behausung 40, 44, 94

Behausungsart 42
Behausungsstätte 41
Beiland 190
Benutzungsart 104
Benutzungsdauer 104
Benutzungsfolge 104
Bergbausiedlung 97
Berggasthof 97
Besiedlung 135
Besitzlage 159
Besitzparzellengefüge 77
Betriebsform 56
Betriebsgröße 56
Bevölkerungsdichte 65
Bewohnungsweise 104
Bienenkorbhütte 42
Binnenkolonisation 176
Block 77
Block/Streifenflur 78, 79
Blockbau 53
Blockbauweise 42
Blockeinödflur 84
Blockflur 78, 79, 84
Blockflurtyp 82
Blockgemengeflur 182, 195
Blockgewannflur 22
Blockwall 160
Blutrache 187
bocage 33, 84
bodenfest 44
Bodenpreis 102
Bodenreform 178, 195, 199, 206, 216
bodenstet 104
bodenvag 43, 104, 142
bodenvage Behausung 184
Bodenwertgradient 104
Breitstreifen 77
Breitstreifenflur 83
Breitstreifeneinödflur 182
Breitstreifengemengeflur 84
Brink 81
Brinksitzer 110
Bude 55
Bundesministerium für
   Raumordnung und Städtebau 202
Bundesbaugesetz 180, 212
Bundesraumordnungsgesetz 202, 204
Bundesraumordnungsprogramm 203
Bürgerhalle 102

C

^{14}C-Methode 160
celtic field 161
Clanstruktur 187
Counterurbanisation 150
country house 97
Croftersiedlung 109
curtes 170

D

Dach 43
Dachbalkenhaus 57
Dachbalkenzimmerung 50
Dachbedeckung 53
Dachform 52
Dachgestaltung 42
Dammufersiedlung 124
Daseinsgrundfunktion 93
Datscha 97
Dauersiedlung 143
Deglomerationsprozeß 152
Dendrochronologie 24, 161
Denkmalpflege 211
Dependenzmodell 182, 150, 154
Dezentralität 100
Dezentralitätsindex 101
Dichotomiemodell 150
Dienstleistungssiedlung 97
Diffusion 136
Dörrhaus 51
Domäne 175
Doppelhof 62
Doppelsiedlung 64
Dorf 23, 39, 62, 64, 99, 171
Dorferneuerung 17, 23, 36, 178, 179,
   180, 202, 208, 212, 216
Dorferneuerungsplan 219
Dorfgemeinschaft 108
Dorfgemeinschaftshaus 109
Dorfkern 61, 103, 110, 114, 219
dorfnaher Grünlandring 90
Dorfökologie 36
Dorfsiedlung 185
Dorfsiedlungsgebiet 63
Dreifelderwirtschaft 171, 191
Dreikanter 51
Dreisässenhaus 48
Dreiseithof 48, 51
Dreizelgenwirtschaft 171
Dreschplatz 51
Drubbel 21, 84, 110, 158

Register

E

Eiderstädter Haubarg 46, 48, 56
Eigenheim 96
Eigentum 77
Einbauhof 45, 46
Einhaus 48
Einhauswohnung 45
Einheitshof 45, 46, 56
Einhof 46
Einöde 64, 82
Einödflur 82
Einödlage 78
Einpendlersiedlung 95
Einpendlerstrom 95
Einplansiedlung 190
Einraumwohnung 45
Einzelhof 135, 171, 182, 185, 187
Einzelhofgebiet 63
Einzelhofsiedlung 62
Einzelsiedlung 62, 64, 193
enclosed field 84
enclosure 33, 185, 215
Engadiner Haus 46, 48
enskifte 215
Entsiedlung 135
ephemere Nutzung 104
episodische Nutzung 104
Erbe 174
Ergänzungsform 181
Erholungssiedlung 102
Ernhaus 46
Esch 81, 84
Eschflur 83, 84
Etterdorf 72
Exurbanisierung 149

F

Fachplanung 201
Fachwerkbau 42, 43, 53
fattoria 185
Fehnkolonie 70, 129, 138, 176
Feldbereinigung 212
Feldregulierung 212
Fenster 53
Ferienhaus 61
Feriensiedlung 97, 102
Fernsiedlung 104
Fernverkehrslage 128
Fernweidewirtschaft 105
Feuerschutzeinrichtung 44
Feuerstelle 44

Feuerversicherung 52, 54
Feuerwehr 60
Firstdachhütte 42
Fischersiedlung 97
Flachdach 52
Flachdachhaus 53
Flächennutzungsplan 203
Flächennutzungsplanung 211
flatt 22
Fleck 100
Flett 48
Flößersiedlung 176
Flüchtlingssiedlung 74
Flur 10, 20, 38, 75, 220
Flurbereinigung 23, 36, 64, 178, 179,
  202, 211, 212
Flurbereinigungsbehörde 213
Flurbereinigungsgesetz 180, 212, 216, 220
Flurbildanalyse 218
Flurbuch 159
Flurform 26, 29, 75, 159
Flurformtyp 87
Flurforschung 159
Flurkarte 77, 159
Flurname 161
Flurregulierung 212
Flurstück 77
Flurwüstung 174
Flurzwang 171, 172
Flußhufendorf 70
Förderkonzept 205
Formensequenz 182
Fortadorf 21, 68, 71
fränkische Staatskolonisation 170
fränkisches Gehöft 46, 51, 161
Freiheit 100
Freizeitsiedlung 102
Fremdenverkehrsdorf 97
Fremdenverkehrsort 102
Fronhof 170, 185
Fuhrmannssiedlung 97, 176
funktionale Lage 128
Funktionswandel 93, 157, 179
Funktionswechsel 157, 179
furlong 22

G

Gärtner 174
Garage 41
Gassendorf 70
Gastarbeiter 114
Gasthaus 102

Gebäude	40
Gebietskörperschaft	119
Gebietsreform	219
Geestrandsiedlung	124
Geestrandslage	125
Gehöft	41
Gelängeflur	23, 83, 84
Gemarkung	39, 75, 119
Gemarkungsgrenze	26
Gemarkungslage	128
Gemeinde	118, 171, 208
Gemeindegebietsreform	208
Gemeindehaus	102
Gemeindestatistik	119, 201
Gemeindetypisierung	32, 36, 201
Gemeindeverband	208
Gemeindezusammenlegung	209
Gemeinheitsteilung	177, 215
Gemeinschaftsbau	60
Gemeinschaftshaus	180
Gemeinschaftssiedlung	117
Gemenge	82
Gemengelage	78
genetische Siedlungsforschung	35
Genossenschaftsflur	82
Genossenschaftssiedlung	158
geochronologische Lage	128
geotopologische Lage	124
geregelte Straßennetzanlage	66
Gesamtplanung	180, 201
Geschoßflächenzahl	65
gesellschaftlicher Entfaltungsprozeß	54
Gesellschaftsentfaltung	183
Gesellschaftsstruktur	35, 54
Gestaltungssatzung	219
Gewann	21
Gewanndorf	31, 72
Gewannflur	21, 23, 30, 31, 86, 87, 185, 191
Gewerbesiedlung	96, 97
Glashüttensiedlung	97
Gräftenhof	55
green village	71
Grenze	140
Großblock	77
Großblockeinödflur	84
Großblockflur	82, 195, 196
Großdorf	64
Großfamilien-Einzelgehöft	188
Großfamiliengehöft	184
Großgemeinde	119
Großgewannflur	190
Grubenbau	44
Grundflächenzahl	65
Grundform	181
Grundrißform	64, 65
Grundstückspreis	102
Grundzentrum	99
Gruppensiedlung	68, 73
Gulf	46
Gulfhaus	46, 48, 50, 54, 57, 129
Güllebehälter	51
Gut	185
Gutsarbeiterhäuschen	175
Gutsbesitzer	112
Gutsbildung	174, 193
Gutsflur	82, 84
Gutshaus	112, 175
Gutshof	54
Gutssiedlung	109
Gutswirtschaft	175, 186

H

Hacienda	56, 112
Häusler	110
Häuslersiedlung	109
Hagenhufendorf	172
Hagenhufenflur	83
Hakenhof	48, 51, 56
Halbhufner	110
Hallenhaus	56
hamlet	23
Hammersiedlung	97
Handwerkerdorf	62, 97
Haufendorf	31, 62, 66, 71, 86, 182
Haufenhof	50
Haufensiedlung	66
Haufenweiler	71
Hauländerei	194
Hauptsiedlung	104
Hauptwohnsitz	104
Haus	42
Hausforschung	32, 40
Hausgarten	60, 61, 92
Haushalt	44, 96
Hausiererdorf	97
Hausstatt	94
Heide	81
Heilbad	128
Heimatpflege	211
Heimsiedlung	104
Herd	44
Herrenhaus	55, 112, 175
Herrenhof	185
herrschaftlich organisierte Agrargesellschaft	185

Register

Heuerling 110
Hinterlandmodell 150
Histe 50
historisch-genetische
 Siedlungsforschung 35
Hochform 181
Höhengrenze 142
Höhle 184
Höhlenbau... 44
Höhlensiedlung..................................... 73
Hof 40
hofanschließende Streifenflur............... 87
hofanschließender Breitstreifenflur 76
Hofanschluß..................................... 69, 78
Hofeinheit 40
Hofhaus... 51
Hofreite 40, 41
Hofstatt 40, 97
Holländerdorf...................................... 194
Hollandgänger 129
Holzschindel 53
Hufe 69, 175, 190
Hufendorfbegriff................................... 70
Hufenflurbegriff.................................... 83
Hufengewannflur 190
Hufner... 110, 174
Hütte 42
Hüttensiedlung...................................... 97
Hyperurbanisierung 149

I

Iglu 42, 184
Image 19
Individualsiedlung 158
Industriedorf 62, 179
Industriesiedlung 96
Infrastruktur 34
Infrastruktureinrichtung...................... 220
Initialform.................................... 157, 181
innere Kolonisation..................... 178, 206
Inventarisation 219
Itinerar.. 28

J

Jesuiten-Reducción............................... 68
Jo-Ri-System 82
Jungsiedelgebiet................................... 64
Jungsiedelland 172
Jungsiedlung 158

K

Kältegrenze 142
Käsespeicher 50
Kätner 174
Kamin 44
Kammer 45
Kamp 82
Kampflur... 82
Kapelle 41, 187
Kapitalismus 185
Karte 25
Kartierung.. 200
Kastenwesen 112
Kataster... 77
Katasterbuch 77, 159
Katasterkarte 24, 65, 159
Kate 55
Kehlbalken... 43
Keller 41, 56
Kellergasse 51, 103
Kernsiedlung 99, 104, 209
Kirchburg... 55
Kirchdorf 99
Kirche 53, 60, 102, 109
Kirchspiel 119
Kleinblock 77
Kleinblockflur...................................... 82
Kleinblockgemengeflur 78, 84
Kleingruppensiedlung....................... 171
Kleinzentrum 99
Klostersiedlung 74, 102
Knotenpunkt 128
Köhlersiedlung 97, 176
Königshof 170
Kötter 110, 174
Kolchose 82
Kollektivierung 196, 199, 216
Kollektivsiedlung 158
Kolonie 194
Kolonisation 74, 173
Kommassation 64
kommunale Gebietsreform 119, 208
Kommune 119
Konservenfabrik 177
Konsolidation 215
Konstruktion 54
Konstruktionsform 42, 49
Kontinuummodell 150
Kornbrennerei 177
Korrespondenzmethode 159
Kotte 55
Kraal 68
Kral 68

Kratzputz 55
Kreuzangerdorf 71
Kreuzreihensiedlung 69
Krüppelwalmdach 43
Kübbung 49
Küche 45
Kulle 55, 188
Kultbau 61
Kultsiedlung 102
Kulturfolger 89
Kulturkreiszugehörigkeit 55
Kümmerform 181
Kuppelhütte 42
Kureinrichtung 102
Kurort 97, 102, 128
Kurzstreifen 77

L

ländlich 9
ländliche Arbeitsstättensiedlung 95
ländliche Gewerbesiedlung 97
ländliche Gruppensiedlung 63
ländliche Neusiedlung 35, 178
ländliche Siedlung 13, 15, 29, 206
ländliche Wohnsiedlung 95
ländlicher Raum 9, 10, 205
Längserschließung 45
Längsstreifenflur 81
lagaskifte 215
Lage 123
Land 148, 155
Landarbeiter 112
Landarbeiterhäuschen 56
Landarbeitersiedlung 109
Landesausbau 199
Landesplanung 203
Landesplanungsgesetz 202
Landesplanungsprogramm 203
Landnahmezeit 169
Landwirtschaftliche
  Produktionsgenossenschaft 196
Langhaus 51, 55
Langstreifen 77
Langstreifenflur 23, 32, 83, 84, 158
Langstreifengemengeverbandsflur 182
Langstreifenverband 81
Latifundiensiedlung 112
Laube 97
Lebensqualität 34, 198
Lebensstandard 198
Lehmarchitektur 55
Lehmbau 42

Leibeigenschaft 176
Leibgedinge 51
Leibzucht 51
Leitbild 198, 204
Leitvorstellung 204
Lesesteinhaufen 160, 174
lineare Siedlung 69, 72, 172
Linearsiedlung 66
Liniendorf 70, 190, 194
Lokalbewußtstein 35
Lothringer Haus 46
LPG 186, 196
Luftkurort 128

M

Maibaum 109
Maiensäß 51
Mansardendach 43
Mark 110
Markenteilung 177
Markt 100, 103
Marktflecken 100
Marschhufendorf .... 23, 30, 70 , 194
Marschhufenflur 83
Marschhufensiedlung 129, 172
Maschinen-Ausleih-Station 195
Maschinen-Traktoren-Station 195
Mehrbauhof 48, 50, 51, 56
Mehrraumwohnung 45
Mehrsiedlungssystem 50, 105
Melioration 206
mezzadria 185
Minderstadt 100
mitteldeutsches Gehöft 51
Mittellängsdiele 46
Mittellängstennenhaus 52
Mittelpunktsiedlung 99, 209
Mittelzentrum 21, 100
Modell 26
Moorhufenflur 83
Moorhufensiedlung 70, 172
Moorkolonie 138
Moorkultivierung 178
Moschee 60
Muttersiedlung 136

N

Nachbarschaft 108
Nachbarschaftshilfe 108
Nachbarschaftsladen 220

Register 243

Nächst-Nachbar-Verfahren 131
Nahverkehrslage 128
Naßgrenze 142
Naturgefahr 54
Nebensiedlung 104, 106, 195
Neubauviertel..................................... 61
Neulandgewinnung 178, 206
Neuordnung 64
Neuordnung der Besitzverhältnisse 206
Neusiedlerstelle 178, 195
Niederdeutsches Hallenhaus 46, 48, 52
Niedersachsenhaus 46
Nomadismus 105
Nutzungsregelung 203

O

Oasensiedlung 142
Oberzentrum 21
Obstwiese 90
Ödlandkultivierung 178
Ökumene 140
Ofen 44, 59
openfield 33
openfield system 22, 185
Ortsbildanalyse 218, 219
Ortsbildsatzung 219
Ortsform 26, 64
Ortsgröße 26, 61
Ortslage 124
Ortsname 24, 124, 161
Ortsnamenforschung 35
Ortswüstung 174
Ostkolonisation 172, 175, 190
Ostsiedlung 172, 175

P

Paarhof 51, 54
Pacht 77
Parkanlage 102
Parzelle 77
Parzellenkomplex 81
Parzellenkomplextyp 79
Parzellenlage 78
Parzellenverband 78, 81
Parzellenverbandstyp 79
Patiohaus 51
periodische Nutzung 104
Periökumene 141
peripher 155
Peripheriesiedlung 146

permanente Siedlung 104
Pfahlbau 44, 54
Pfettendach 43
Phosphatmethode 24, 161
Planfeststellung 203
Planform 173, 193
Plangewannflur 22, 173, 191
Plansiedlung 158, 176
Plantagenflur 82
Plantagensiedlung 112
Planung 198
planungsbezogene Siedlungsforschung. 36
Planzeichenverordnung 211
Platz 70, 103
Platzdorf 68, 72
Platzsiedlung 66, 70
Polargrenze 142
Pollenanalyse 24, 161
Post 60
Postleitzahl 124
Primärform 157
Pultdach 43

Q

Querbalken 49
Quererschließung 45

R

Radialflur 84
Radialhufendorf 70
Radialhufenflur 83, 84
Radiokarbonmethode 24, 160
Rahmenkompetenz 202
Rain 174
Randsiedlung 104
Raststatt 102
Rauchfang 44
Raumbewertung 35
Raumform 42
Raumforschung 200
Raumordnung 198, 203
Raumordnungsgesetz 180
Raumordnungsplanung 202
Raumplanung 203
Raumverteilungsindex 131
Raumwahrnehmung 35
Raumwirtschaftstheorie 200
Realteilungssitte 110
Rechteckhütte 42
Regelflurbereinigung 213
Regionalanalyse 203

Regionalbewußtsein 35
Regionalisierung 130
Regionalplanung 208
Reichssiedlungsgesetz 199
Reichweite 99, 100
Reihendorf 69, 194
Reihendrubbel 81
Reihensiedlung 30, 63, 76, 87, 170, 181
Reihenweiler 69
Reisebeschreibung 28
Rentengut 199
Rentenkapitalismus 185
Residualmodell 150
Reurbanisierung 149
Riegenschlagflur 68, 173
Ringdrubbel 81
Rückkoppelung 153
Rückschreibungsmethode 159
Rundangerdorf 71
Rundhütte 42
Rundling 21, 23, 30, 71, 158, 173, 191, 193
Rundplatzdorf 68, 193
Rundplatzweiler 68
Rundsiedlung 21
runrig 33
Ruralisierung 149
Rutenberg 49

S

Sackgasse 68
Sackgassendorf 70, 191
Sackgassenstruktur 115
Saisonsiedlung 104
Sammelbauhof 50, 51
Satteldach 43, 60
Schachbrettdorf 72
Schachbrettsiedlung 66, 73, 176
Schachbrettstruktur 115
Scheune 41, 45, 50
Scheunengasse 51
Scheunenviertel 103
Schieferplatte 53
Schilfdach 52
Schloß 112, 175
Schmalstreifen 77
Schreinerdorf 97
Schuldorf 99
Schule 60, 109, 219
Schuppen 41, 45, 50, 60
Schützenstand 109
schwarze Küche 44

Schwarzwaldhaus 48, 54
Seldner 110
semipermanente Siedlung 104
Sennhütte 50
Separation 212, 215
Shift-Analyse 201
shott 22
Siedlung 9, 20, 118
Siedlungsarchäologie 24
Siedlungsart 104, 184
Siedlungsdichte 129
Siedlungseinheit 10, 129
Siedlungselement 38
Siedlungsformenreihe 181
Siedlungsformensequenz 181
Siedlungsfunktion 32
Siedlungsgeographie 15, 16
Siedlungsgrenze 143, 144
Siedlungsgröße 61
Siedlungsgrößentyp 63
Siedlungsindividuum 37
Siedlungsmuster 123, 131
Siedlungsplanung 17, 198, 206
Siedlungsverband 106, 107
Siedlungsverlagerung 126
Siedlungswesen 206
Sieldungsmuster 130
Sielhafenort 135
Silageturm 51
sippenbäuerliches Gehöft 187
Slumbildung 149
solskifte 215
Sommerdorf 104, 106
Sonderform 56
Sozialbrache 179
soziale Differenzierung 55
Sparren 49
Sparrendach 43, 52
Speicher 41, 45, 48, 50
Spieker 50
Spornlage 124
Spornsiedlung 124
Sportstatt 102
Squatter-Siedlung 149
Stadt 13, 148, 155
Stadt-Land-Gegensatz 155
Stadt-Land-Verbund 204
Stadtdorf 62, 64, 135
Stadtrecht 13
Stadtregion 12
Städtebau 211
städtebauliche Planung 202
Städtewesen 185
Ständer 49

Register 245

Stall 41, 45, 50
Stallscheune 50
Stallwohnung 45
Stammdorf 104
Stammwohnsitz 104
Standortwahl 133
Steinbau 42
Steppenheidetheorie 24, 29, 169
Straßendorf 62, 69, 70, 172, 173, 191, 193
Straßennetzanlage 72
Streifen 77, 81
Streifenflur 78, 84, 195
Streifengemengeflur 86
Streifengemengeverbandsflur .. 22, 87, 182
Streifengewannflur 22
Streifenkomplex 86
Streifenverband 86
Streuhof 48, 50, 105
Streusiedlung 73, 193
Streusiedlungsgebiet 63
Strohdach 52
Strukturhilfegesetz 216
Strukturkennziffer 201
Stube 44, 45
Stubenhaus 45
Subökumene 140, 141

T

Tal 100
Tante-Emma-Laden 219
Tembe 55
Tempel 60
temporäre Siedlung 104
Tenne 51, 52
Terrassendach 43
Territorium 39
Thünenscher Ring 151
Titularstadt 100
Töpferdorf 97
Tonnendach 54
Tonnendachhütte 42
Toplage 124
topographisch-genetische Methode 160
topographische Lage 124
township 82, 84
Transhumanz 105
Trockengrenze 142
Tschiftlik 56
Tschiftliksiedlung 112
Turm 187
Turmhof 55
Turmsiedlung 186

U

Übertragung 157
Umland 151
Umlandmodell 150
Umlegung 212
Unternehmens-Flurbereinigung 213
Unterzentrum 21, 99
Urbanisierung 149
Urbar 65
Urbarium 159
Urgesellschaft 184
Urkatasterkarte 160
Urlandschaft 30, 169

V

Verdorfung 171
Vereinödung 64, 84, 215
Vergetreidung 171
Verkehrssiedlung 102
Verkehrweg 102
Verkoppelung 186, 215
Verländlichung 149
Versammlungshaus 60
Versorgungsfunktion 99
Verstädterung 148
Vervorstädterung 149
Viehhaltersiedlung 97
Viehkral 41
Viehwirtschaft 56
Vierkant 46
Vierkanter 48, 51
Vierseithof 51
Vierständerbau 50
Vierständerhaus 57
Viertel 114
Villa 54
village 23
villeggiatura 54
Villikationssystem 170
volkseigenes Gut 195
Vollbauer 110
Vollerbe 110
Vollhufner 110

W

wahrnehmungsgeographischer Ansatz .. 19
Waldarbeitersiedlung 97, 176
Waldgrenze 142
Waldhufendorf 21, 23, 30, 69, 73, 158, 173, 181, 191, 193

Waldhufenflur 83, 84
Waldstreifendorf 70
Waldweidetheorie 169
Wallfahrtsort 128
Wallfahrtssiedlung 102
Walmdach 43
Wand 43
Wanderfeldbau 105
Wandgestaltung 42
Waschhaus 51
Wasserburg 112
Wassersiedlung 124, 125
Weberdorf 97
Wegedorf.. 70, 72
Wehrhof 55
Wehrturm 55
Weiler 21, 23, 62, 64, 187, 191
Wigbold 100
Wildbeuterstufe 184
Winkelangerdorf 71
Wintersportort 102
Winzerdorf 97
Winzerhof 56
Wirtschaftsbau 50, 56
Wirtschaftsentfaltung 183
Wochenendsiedlung 102
Wölbäcker 160, 174
Wohn-Stall-Bergehaus 46
Wohn-Stallhaus 46
Wohnart 104
Wohnbau 45
Wohndichte 65
Wohnfunktion 94
Wohnhaus 45

Wohnung 44, 45
Wohnungsart 95
Wohnweise 95, 96
wong 22
Wurtenrunddorf 21
Wurtensiedlung 124
Wüstung 174
Wüstungsforschung 30, 35, 160

Z

Zeile 69
Zeilendorf 70
Zelge 171
Zelgenwirtschaft 171, 185
Zellhaufendorf 72, 117
Zelt 42
Zeltdach 43
zentraler Ort 99, 135, 150, 151, 204
Zentralität 128, 150
zentralörtliche Funktion 99, 103
zentralörtliche Struktur 34
Zenturiatsflur 82, 199
Zersiedlung 179
Zuckerfabrik 177
Zweikanter 51
Zweiseithof 48, 51
Zweiständerbau 48, 50
Zweiständerhaus 49, 57
Zweiständerreihenbau 50
Zweiständerreihenhaus 49
Zwiehof 51

Das Geographische Seminar
Rainer Glawion / Hartmut Leser / Herbert Popp / Klaus Rother (Hrsg.)

LIEFERBARES PROGRAMM 1995

Ulrich Ante
Politische Geographie, 224 Seiten .... kart.   **16 0278**

Erik Arnberger
Thematische Kartographie, 246 Seiten .... kart.   **16 0300**

Lothar Finke
Landschaftsökologie, 206 Seiten .... kart.   **16 0295**

Roswitha Hantschel, Elke Tharun
Anthropogeographische Arbeitsweisen, 202 Seiten .... kart.   **16 0301**

Günter Heinritz, Reinhard Wießner
Studienführer Geographie, 189 Seiten .... kart.   **16 0334**

Burkhard Hofmeister
Stadtgeographie, 258 Seiten .... kart.   **16 0298**

Burkhard Hofmeister
Die gemäßigten Breiten, 215 Seiten .... kart.   **16 0313**

Hans-Jürgen Klink, Eberhard Mayer
Vegetationsgeographie, 278 Seiten .... kart.   **16 0282**

Wilhelm Lauer
Klimatologie, 267 Seiten .... kart.   **16 0284**

Jürgen Leib, Günter Mertins
Bevölkerungsgeographie, 236 Seiten .... kart.   **16 0277**

Hartmut Leser
Geomorphologie, 217 Seiten .... kart.   **16 0294**

Cay Lienau
Ländliche Siedlungen, 248 Seiten .... kart.   **16 0283**

Götz H.-G. v. Rohr
Angewandte Geographie, 237 Seiten .... kart.   **16 0302**

Klaus Rother
Die mediterranen Subtropen, 208 Seiten .... kart.   **16 0314**

Volker Seifert
Regionalplanung, 166 Seiten .... kart.   **16 0290**

Wolf-Dieter Sick
Agrargeographie, 254 Seiten .... kart.   **16 0299**

Uwe Treter
Boreale Waldländer, 210 Seiten .... kart.   **16 0312**

Horst-Günter Wagner
Wirtschaftsgeographie, ca. 200 Seiten .... kart.   **16 0296**

Friedrich Wilhelm
Hydrogeographie, 227 Seiten .... kart.   **16 0279**